微 积 分（下）

王海敏 主编

浙江工商大学出版社
ZHEJIANG GONGSHANG UNIVERSITY PRESS
·杭州·

图书在版编目(CIP)数据

微积分. 下 / 王海敏主编. —杭州：浙江工商大学出版社，2015.9(2023.8重印)

ISBN 978-7-5178-1237-1

Ⅰ. ①微… Ⅱ. ①王… Ⅲ. ①微积分－高等学校－教材 Ⅳ. ①O172

中国版本图书馆 CIP 数据核字(2015)第 192703 号

微积分(下)

王海敏　主编

责任编辑	吴岳婷	
封面设计	鲍　涵	
责任印制	包建辉	
出版发行	浙江工商大学出版社	
	(杭州市教工路 198 号　邮政编码 310012)	
	(E-mail:zjgsupress@163.com)	
	(网址:http://www.zjgsupress.com)	
	电话:0571-88904980,88831806(传真)	
排　版	杭州朝曦图文设计有限公司	
印　刷	杭州宏雅印刷有限公司	
开　本	787mm×960mm　1/16	
印　张	13.5	
字　数	274 千	
版 印 次	2015 年 9 月第 1 版　2023 年 8 月第 9 次印刷	
书　号	ISBN 978-7-5178-1237-1	
定　价	30.00 元	

目 录
Contents

第 5 章　定积分及其应用

两千年前,当希腊人试图用他们所说的穷竭法确定面积时,诞生了积分学.这个方法的基本思想十分简单,可简要地叙述为:给定一个要确定面积的区域,在这个区域内接一个多边形,使多边形区域近似于这个给定的区域,并且容易计算其面积.然后,选择另一个给出更好近似的多边形区域,并且继续这个过程.同时将多边形的边取得愈来愈多,试图穷尽这个给定的区域.这种方法可以用图 5-1 中的半圆形区域来说明,它被阿基米德(Archimedes,前 287—前 212)成功地用来求圆以及其他几个特殊图形面积的精确公式.

图 5-1　应用于半圆形区域的穷竭法

在阿基米德给出穷竭法之后,几乎停顿了 18 个世纪,直到代数符号和技巧的使用成为数学的标准部分时,才使穷竭法得到了发展.穷竭法被逐渐地转移到现在称为积分学的课题上.这是一种有着大量应用的新的强有力的学科.这种应用不仅与面积和体积的几何问题有关,而且与其他学科中的问题有关.保留穷竭法的若干原始特征的这个数学分支,在 17 世纪获得了最大进展,这主要归功于牛顿(Newton,1642—1727)和莱布尼茨(Leibniz,1646—1716)的努力,而且它的发展一直延续到 19 世纪,直到柯西(Cauchy,1789—1857)、黎曼(Riemann,1826—1866)等人奠定了它稳固的数学基础.这一理论在现代数学中仍在获得进一步改进和扩展.

本章先从几何与运动问题出发引进定积分的定义,然后讨论它的性质、计算方法及应用.

第 1 节　定积分的概念与性质

一、定积分问题举例

1. 曲边梯形的面积

在初等数学中,我们会计算三角形的面积,由此可以将多边形的面积用若干个三角形的面积和(图 5-2)来计算它. 但我们不会计算一个由曲线围成的平面图形(图5-3)的面积.

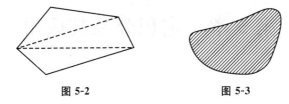

图 5-2   图 5-3

从几何直观上来看,由曲线围成的图形的面积,往往可以化为两个曲边梯形的面积的差. 所谓**曲边梯形**,是指这样的图形:它有三条边是直线段,其中两条互相平行,第三条与前两条垂直,叫作底边,第四条是一条曲线段,叫作**曲边**,任意一条垂直于底边的直线与这条曲边至多只交于一点. 例如,图 5-4 中由曲线围成的图形的面积 S 可以化为曲边梯形的面积 S_1 和 S_2 的差,即 $S = S_1 - S_2$.

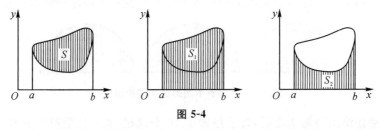

图 5-4

那么,如何计算曲边梯形的面积呢? 退一步,先求近似值. 例如,将曲边梯形分成一个个小的曲边梯形,而每一个小曲边梯形都可以近似看作一个小矩形(图 5-5),而曲边梯形的面积也就近似地看作若干个小矩形的面积之和. 换句话说,这些小矩形的面积和就是所要求的曲边梯形面积的近似值. 可以想象,如果分割得越多,近似程度就越高. 这种方法就是阿基米德用过的穷竭法.

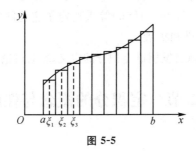

图 5-5

下面我们来讨论如何定义曲边梯形的面积以及它的计算法.

设曲边梯形是由连续曲线 $y = f(x)(f(x) \geqslant 0)$,$x$ 轴与两条直线 $x = a$,$x = b$ 所围成的(图 5-6).

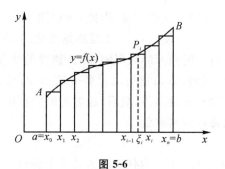

图 5-6

（1）**划分**　在区间 $[a,b]$ 中任意插入若干个分点

$$a = x_0 < x_1 < x_2 < \cdots < x_{n-1} < x_n = b,$$

把 $[a,b]$ 分成 n 个小区间

$$[x_0,x_1], [x_1,x_2], \cdots, [x_{n-1},x_n],$$

它们的长度依次为

$$\Delta x_1 = x_1 - x_0, \Delta x_2 = x_2 - x_1, \cdots, \Delta x_n = x_n - x_{n-1}.$$

过每个分点 $x_i(i=1,2,\cdots,n-1)$ 作 x 轴的垂线，把曲边梯形 $AabB$ 分成 n 个小曲边梯形. 用 A 表示曲边梯形 $AabB$ 的面积，ΔA_i 表示第 i 个小曲边梯形的面积，则有

$$A = \Delta A_1 + \Delta A_2 + \cdots + \Delta A_n = \sum_{i=1}^{n} \Delta A_i.$$

（2）**近似**　在每个小区间 $[x_{i-1},x_i](i=1,2,\cdots,n)$ 内任取一点 $\xi_i(x_{i-1} \leqslant \xi_i \leqslant x_i)$，过点 ξ_i 作 x 轴的垂线与曲边交点 $P_i(\xi_i,f(\xi_i))$，以 Δx_i 为底、$f(\xi_i)$ 为高作矩形，取这个矩形的面积 $f(\xi_i)\Delta x_i$ 作为 ΔA_i 的近似值，即

$$\Delta A_i \approx f(\xi_i)\Delta x_i(i=1,2,\cdots,n).$$

（3）**求和**　将这样得到的 n 个小矩形的面积之和作为所求曲边梯形 A 的近似值，即

$$A = \sum_{i=1}^{n} \Delta A_i \approx \sum_{i=1}^{n} f(\xi_i)\Delta x_i.$$

（4）**逼近**　为了把区间 $[a,b]$ 无限细分，我们要求小区间长度中的最大值趋于零，如记 $\lambda = \max\{\Delta x_1, \Delta x_2, \cdots, \Delta x_n\}$，则上述条件可表为 $\lambda \to 0$. 当 $\lambda \to 0$ 时，上述和式的极限即为曲边梯形的面积，即

$$A = \lim_{\lambda \to 0} \sum_{i=1}^{n} f(\xi_i)\Delta x_i.$$

2. 变速直线运动的路程

设某物体作直线运动，已知速度 $v = v(t)$ 是时间间隔 $[T_1,T_2]$ 上 t 的一个连续函数，且 $v(t) \geqslant 0$，要计算在这段时间内物体所经过的路程.

我们知道，对于匀速直线运动，有公式：路程＝速度×时间. 但是，在变速直线运动问题中,速度不是常量而是随时间变化的变量,因此,所求路程 s 不能直接按匀速直线运动的路程公式来计算. 物体运动的速度 $v = v(t)$ 是连续变化的,在很短一段时间内,速度的变化很小,近似于匀速,并且当时间间隔无限缩短时,速度的变化也无限减小. 因此,如果把时间间隔分小,在小段时间内,以匀速运动代替变速运动,那么,就可算出部分路程的近似值;再求和,得到整个路程的近似值;最后,通过对时间间隔无限细分的极限过程,就可以求得变速直线运动的路程的精确值.

具体计算步骤如下:

(1)**划分**　在时间间隔 $[T_1, T_2]$ 内任意插入若干个分点

$$T_1 = t_0 < t_1 < t_2 < \cdots < t_{n-1} < t_n = T_2,$$

把 $[T_1, T_2]$ 分成 n 个小段

$$[t_0, t_1], [t_1, t_2], \cdots, [t_{n-1}, t_n],$$

各小段时间的长依次为

$$\Delta t_1 = t_1 - t_0, \Delta t_2 = t_2 - t_1, \cdots, \Delta t_n = t_n - t_{n-1}.$$

相应地,在各段时间内物体经过的路程依次为

$$\Delta s_1, \Delta s_2, \cdots, \Delta s_n.$$

(2)**近似**　在时间间隔 $[t_{i-1}, t_i]$ 上任取一个时刻 $\tau_i(t_{i-1} \leqslant \tau_i \leqslant t_i)$,以 τ_i 时的速度 $v(\tau_i)$ 来代替 $[t_{i-1}, t_i]$ 上各个时刻的速度,得到部分路程 Δs_i 的近似值,即

$$\Delta s_i \approx v(\tau_i)\Delta t_i (i = 1, 2, \cdots, n).$$

(3)**求和**　将这样得到的 n 段部分路程的近似值之和作为所求变速直线运动的路程 s 的近似值,即

$$s \approx v(\tau_1)\Delta t_1 + v(\tau_2)\Delta t_2 + \cdots + v(\tau_n)\Delta t_n = \sum_{i=1}^{n} v(\tau_i)\Delta t_i.$$

(4)**逼近**　记 $\lambda = \max\{\Delta t_1, \Delta t_2, \cdots, \Delta t_n\}$,当 $\lambda \to 0$ 时,取上述和式的极限,即得变速直线运动的路程

$$s = \lim_{\lambda \to 0} \sum_{i=1}^{n} v(\tau_i)\Delta t_i.$$

二、定积分定义

从上面两个例子可以看到,虽然它们的实际背景不同,但最后都归结为具有相同结构的一种特定和的极限. 因此,有必要对这一问题在抽象的形式下进行研究. 这样就引出了定积分的概念.

定义　设 $f(x)$ 是定义在区间 $[a, b]$ 上的函数,用分点

$$a = x_0 < x_1 < x_2 < \cdots < x_{n-1} < x_n = b,$$

把 $[a, b]$ 分成 n 个小区间

$$[x_0,\ x_1],\ [x_1,\ x_2],\ \cdots,\ [x_{n-1},\ x_n],$$

各个小区间的长度依次为

$$\Delta x_1 = x_1 - x_0,\ \Delta x_2 = x_2 - x_1,\ \cdots,\ \Delta x_n = x_n - x_{n-1}.$$

在每个小区间 $[x_{i-1},\ x_i]$ 上任取一点 $\xi_i(x_{i-1} \leqslant \xi_i \leqslant x_i)$，作和式

$$\sigma = \sum_{i=1}^{n} f(\xi_i)\Delta x_i.$$

记 $\lambda = \max\{\Delta x_1,\ \Delta x_2,\ \cdots,\ \Delta x_n\}$，若当 $\lambda \to 0$ 时,和式极限存在,且此极限值不依赖于 ξ_i 的选择,也不依赖于对 $[a,b]$ 的分法,就称此极限值为 $f(x)$ 在 $[a,b]$ 上的**定积分**(简称**积分**),记作 $\int_a^b f(x)\mathrm{d}x$，即

$$\int_a^b f(x)\mathrm{d}x = \lim_{\lambda \to 0} \sum_{i=1}^{n} f(\xi_i)\Delta x_i,$$

其中 $f(x)$ 叫作**被积函数**,$f(x)\mathrm{d}x$ 叫作**被积表达式**,x 叫作**积分变量**,a 叫作**积分下限**,b 叫作**积分上限**,$[a,b]$ 叫作**积分区间**.

和式 σ 称为 $f(x)$ 的**积分和数**,因为在历史上是黎曼首先在一般形式给出这一定义,所以也称为**黎曼和数**.在上述意义下的定积分,也叫**黎曼积分**.

如果 $f(x)$ 在 $[a,b]$ 上的定积分存在,我们就说 $f(x)$ 在 $[a,b]$ 上**可积**(**黎曼可积**).

注意　(1)如果积分和式 $\sum_{i=1}^{n} f(\xi_i)\Delta x_i$ 的极限存在,则此极限值是个常数,它只与被积函数 $f(x)$ 以及积分区间 $[a,b]$ 有关.积分变量在积分的定义中不起本质的作用,如果把积分变量 x 改写成其他字母,例如 t 或 u,这时和的极限不变,也就是定积分的值不变,即

$$\int_a^b f(x)\mathrm{d}x = \int_a^b f(t)\mathrm{d}t = \int_a^b f(u)\mathrm{d}u.$$

所以,也就说定积分的值只与被积函数及积分区间有关,而与积分变量用什么符号表示无关.

(2)从定义可以得出以下的推断:若 $f(x)$ 在 $[a,b]$ 上可积,则 $f(x)$ 在 $[a,b]$ 上必定有界.这是因为若 $f(x)$ 在 $[a,b]$ 上无界,则这个函数至少会在其中某个小区间 $[x_{i-1},x_i]$ 上无界.因此,可在其上选取一点 ξ_i,而使 $f(\xi_i)\Delta x_i$ 大于预先给定的数,随之可使和数 σ 也如此,从而和式 $\sum_{i=1}^{n} f(\xi_i)\Delta x_i$ 就不可能有有限的极限.这就是说,在上述的黎曼积分意义下,无界函数一定不可积.在本章第 4 节中,我们将讨论无界函数的积分,在那里,积分是"反常"的黎曼积分.

什么样的函数才可积呢?在通常的微积分中,我们往往只考察连续函数的可积性.其实,黎曼积分就其本质来说,是对连续函数而言的.可以证明,黎曼可积的充要条件是函数有界并且它的不连续点不能"太多".这个问题我们不作深入讨论,而只给出以下两

个充分条件.

定理 1　设 $f(x)$ 在区间 $[a, b]$ 上连续,则 $f(x)$ 在 $[a, b]$ 上可积.

定理 2　设 $f(x)$ 在区间 $[a, b]$ 上只有有限个第一类间断点(这种函数称为**分段连续函数**),则 $f(x)$ 在 $[a, b]$ 上可积.

利用定积分的定义,前面所讨论的两个实际问题可以分别表述如下:

曲边 $y = f(x)(f(x) \geqslant 0)$,$x$ 轴及两条直线 $x = a$,$x = b$ 所围成的曲边梯形的面积 A 等于函数 $f(x)$ 在区间 $[a, b]$ 上的定积分,即

$$A = \int_a^b f(x) \mathrm{d}x.$$

物体以变速 $v = v(t)(v(t) \geqslant 0)$ 作直线运动,从时刻 $t = T_1$ 到时刻 $t = T_2$,这物体经过的路程 s 等于函数 $v(t)$ 在区间 $[T_1, T_2]$ 上的定积分,即

$$s = \int_{T_1}^{T_2} v(t) \mathrm{d}t.$$

下面我们再来看一下定积分的几何意义.

在 $[a, b]$ 上 $f(x) \geqslant 0$ 时,定积分 $\int_a^b f(x) \mathrm{d}x$ 在几何上表示由曲线 $f(x)$,两条直线 $x = a$,$x = b$ 与 x 轴所围成的曲边梯形的面积;在 $[a, b]$ 上 $f(x) \leqslant 0$ 时,由曲线 $f(x)$,两条直线 $x = a$,$x = b$ 与 x 轴所围成的曲边梯形位于 x 轴下方,定积分 $\int_a^b f(x) \mathrm{d}x$ 在几何上表示上述曲边梯形面积的负值;在 $[a, b]$ 上 $f(x)$ 既取得正值又取得负值时,函数 $f(x)$ 的图形某些部分在 x 轴上方,而其他部分在 x 轴下方(图 5-7).定积分 $\int_a^b f(x) \mathrm{d}x$ 表示 x 轴上方图形面积之和减去 x 轴下方图形面积之和.

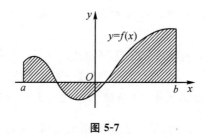

图 5-7

三、定积分的性质

为了以后计算及应用方便起见,对定积分作以下两点补充规定:

(1)当 $a > b$ 时,$\int_a^b f(x) \mathrm{d}x = -\int_b^a f(x) \mathrm{d}x$.

迄今,当使用符号 $\int_a^b$ 时,是认为下限 a 小于上限 b 的. 稍微扩展思想:考虑下限大于上限的积分是方便的. 于是就有了上面的规定. 由上式可知,交换定积分的上下限时,定积分的绝对值不变而符号相反.

(2) $\int_a^a f(x)\mathrm{d}x = 0.$

在规定(1)中令 $a = b$ 就可得到(2)这个结果.

下面讨论定积分的性质. 定积分各性质中积分上下限的大小,如不特别指明,均不加限制,并假定各性质中所列出的定积分都是存在的.

性质 1　$\int_a^b [\alpha f(x) + \beta g(x)]\mathrm{d}x = \alpha \int_a^b f(x)\mathrm{d}x + \beta \int_a^b g(x)\mathrm{d}x.$

证　函数 $\alpha f(x) + \beta g(x)$ 在积分区间 $[a,b]$ 上的积分和数为

$$\sum_{i=1}^n [\alpha f(\xi_i) + \beta g(\xi_i)]\Delta x_i = \alpha \sum_{i=1}^n f(\xi_i)\Delta x_i + \beta \sum_{i=1}^n g(\xi_i)\Delta x_i,$$

根据极限运算的性质,有

$$\lim_{\lambda \to 0} \sum_{i=1}^n [\alpha f(\xi_i) + \beta g(\xi_i)]\Delta x_i = \alpha \lim_{\lambda \to 0} \sum_{i=1}^n f(\xi_i)\Delta x_i + \beta \lim_{\lambda \to 0} \sum_{i=1}^n g(\xi_i)\Delta x_i,$$

即

$$\int_a^b [\alpha f(x) + \beta g(x)]\mathrm{d}x = \alpha \int_a^b f(x)\mathrm{d}x + \beta \int_a^b g(x)\mathrm{d}x.$$

这一性质表明,定积分关于被积函数具有线性性质. 利用数学归纳法,线性性质能推广到有限多个函数的代数和的情形.

性质 2　设 $a < c < b$,则 $\int_a^b f(x)\mathrm{d}x = \int_a^c f(x)\mathrm{d}x + \int_c^b f(x)\mathrm{d}x.$

证　因为函数 $f(x)$ 在区间 $[a,b]$ 上可积,所以不论把 $[a,b]$ 怎样分,积分和的极限总是不变的. 因此,我们在划分区间时,可以使 c 永远是个分点. 于是,$f(x)$ 在 $[a,b]$ 上的积分和数等于 $[a,c]$ 上的积分和数加 $[c,b]$ 上的积分和数,记为

$$\sum_{[a,b]} f(\xi_i)\Delta x_i = \sum_{[a,c]}{}' f(\xi_i)\Delta x_i + \sum_{[c,b]}{}'' f(\xi_i)\Delta x_i.$$

令 $\lambda \to 0$,上式两端同时取极限就得到

$$\int_a^b f(x)\mathrm{d}x = \int_a^c f(x)\mathrm{d}x + \int_c^b f(x)\mathrm{d}x.$$

这个性质表明定积分对于积分区间具有可加性.

按定积分的补充规定,不论 a,b,c 的相对位置如何,总有等式

$$\int_a^b f(x)\mathrm{d}x = \int_a^c f(x)\mathrm{d}x + \int_c^b f(x)\mathrm{d}x$$

成立. 例如,当 $a < b < c$ 时,由于

$$\int_a^c f(x)\mathrm{d}x = \int_a^b f(x)\mathrm{d}x + \int_b^c f(x)\mathrm{d}x,$$

于是得

$$\int_a^b f(x)\mathrm{d}x = \int_a^c f(x)\mathrm{d}x - \int_b^c f(x)\mathrm{d}x = \int_a^c f(x)\mathrm{d}x + \int_c^b f(x)\mathrm{d}x.$$

性质 3 如果在区间 $[a, b]$ 上 $f(x) \equiv 1$，则 $\int_a^b 1\mathrm{d}x = \int_a^b \mathrm{d}x = b - a$.

证 $\int_a^b \mathrm{d}x = \lim\limits_{\lambda \to 0} \sum\limits_{i=1}^{n} 1 \cdot \Delta x_i = \lim\limits_{\lambda \to 0}(b-a) = b - a.$

性质 4 如果在区间 $[a, b]$ 上 $f(x) \geqslant 0$，则 $\int_a^b f(x)\mathrm{d}x \geqslant 0$.

证 因为 $f(x) \geqslant 0$，所以

$$f(\xi_i) \geqslant 0 (i = 1, 2, \cdots, n).$$

又由于 $\Delta x_i > 0 (i = 1, 2, \cdots, n)$，因此

$$\sum_{i=1}^{n} f(\xi_i)\Delta x_i \geqslant 0,$$

令 $\lambda = \max\{\Delta x_1, \Delta x_2, \cdots, \Delta x_n\} \to 0$，由极限保号性就得到

$$\int_a^b f(x)\mathrm{d}x \geqslant 0.$$

推论 1 如果在区间 $[a, b]$ 上 $f(x) \leqslant g(x)$，则 $\int_a^b f(x)\mathrm{d}x \leqslant \int_a^b g(x)\mathrm{d}x.$

证 因为 $g(x) - f(x) \geqslant 0$，由性质 4 得

$$\int_a^b [g(x) - f(x)]\mathrm{d}x \geqslant 0.$$

再利用性质 1，便得要证的不等式.

推论 2 $\left| \int_a^b f(x)\mathrm{d}x \right| \leqslant \int_a^b | f(x) | \mathrm{d}x (a < b).$

证 因为

$$-| f(x) | \leqslant f(x) \leqslant | f(x) |,$$

所以由推论 1 及性质 1 可得

$$-\int_a^b | f(x) | \mathrm{d}x \leqslant \int_a^b f(x)\mathrm{d}x \leqslant \int_a^b | f(x) | \mathrm{d}x,$$

即

$$\left| \int_a^b f(x)\mathrm{d}x \right| \leqslant \int_a^b | f(x) | \mathrm{d}x.$$

推论 3 设 M 及 m 分别是函数 $f(x)$ 在区间 $[a, b]$ 上的最大值及最小值，则

$$m(b-a) \leqslant \int_a^b f(x)\mathrm{d}x \leqslant M(b-a).$$

证　因为 $m \leqslant f(x) \leqslant M$，所以由性质 4 推论 1，得

$$\int_a^b m \mathrm{d}x \leqslant \int_a^b f(x)\mathrm{d}x \leqslant \int_a^b M\mathrm{d}x.$$

再由性质 1 及性质 3，即得所要证的不等式.

这个推论说明，由被积函数在积分区间上的最大值与最小值可以估计积分值的大致范围. 例如定积分 $\int_0^{\frac{1}{2}} \dfrac{1}{\sqrt{1-x^2}}\mathrm{d}x$，它的被积函数 $f(x) = \dfrac{1}{\sqrt{1-x^2}}$ 在积分区间 $\left[0, \dfrac{1}{2}\right]$ 上是单调递增的，于是有最小值 $m = f(0) = 1$，最大值 $M = f\left(\dfrac{1}{2}\right) = \dfrac{2\sqrt{3}}{3}$. 由性质 4 推论 3，得

$$1 \times \left(\frac{1}{2} - 0\right) \leqslant \int_0^{\frac{1}{2}} \frac{1}{\sqrt{1-x^2}}\mathrm{d}x \leqslant \frac{2\sqrt{3}}{3}\left(\frac{1}{2} - 0\right),$$

即

$$\frac{1}{2} \leqslant \int_0^{\frac{1}{2}} \frac{1}{\sqrt{1-x^2}}\mathrm{d}x \leqslant \frac{\sqrt{3}}{3}.$$

性质 5（定积分中值定理）　如果函数 $f(x)$ 在积分区间 $[a, b]$ 上连续，则在 $[a, b]$ 上至少存在一点 ξ，使下式成立：

$$\int_a^b f(x)\mathrm{d}x = f(\xi)(b-a) \quad (a \leqslant \xi \leqslant b).$$

这个公式叫作**积分中值公式**.

证　因为 $f(x)$ 在 $[a, b]$ 上连续，所以 $f(x)$ 在 $[a, b]$ 上必能取到最小值 m 与最大值 M. 因此，当 $x \in [a, b]$ 时，有

$$m \leqslant f(x) \leqslant M.$$

利用性质 4 推论 3，有

$$m(b-a) \leqslant \int_a^b f(x)\mathrm{d}x \leqslant M(b-a),$$

即

$$m \leqslant \frac{\displaystyle\int_a^b f(x)\mathrm{d}x}{b-a} \leqslant M.$$

这表明，确定的数值 $\dfrac{\displaystyle\int_a^b f(x)\mathrm{d}x}{b-a}$ 介于函数 $f(x)$ 的最小值 m 与最大值 M 之间. 根据闭区间连续函数的介值定理，在 $[a, b]$ 上至少存在着一点 ξ，使得有

$$\frac{\displaystyle\int_a^b f(x)\mathrm{d}x}{b-a} = f(\xi),$$

两端各乘以 $b-a$，就得到所要证的等式.

积分中值公式的几何解释是：在区间 $[a,b]$ 上至少存在一点 ξ，使得以区间 $[a,b]$ 为底边，以曲线 $y=f(x)$ 为曲边的曲边梯形的面积等于同一底边而高为 $f(\xi)$ 的一个矩形的面积(图 5-8).

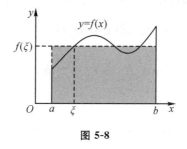

图 5-8

通常称 $\dfrac{\displaystyle\int_a^b f(x)\mathrm{d}x}{b-a}$ 为函数 $f(x)$ 在区间 $[a,b]$ 上的**平均值**，它是有限个数的平均值概念的拓广.

在科学工作中经常需要在相似条件下作若干次测量，然后计算平均值或中数，以便概括描述数据. 有许多实用的平均值形式，最普通的是算术平均. 如果 $a_1,a_2,\cdots,a_n$ 是 n 个实数，它们的算术平均 $\bar{a}$ 由公式

$$\bar{a}=\frac{1}{n}\sum_{i=1}^{n}a_i$$

定义. 如果数 a_i 是函数 $f(x)$ 在 n 个不同点处的值，比方说 $a_i=f(x_i)$，那么

$$\frac{1}{n}\sum_{i=1}^{n}f(x_i)$$

是函数值 $f(x_1),f(x_2),\cdots,f(x_n)$ 的算术平均. 可以推广这一概念，以便不仅能计算 $f(x)$ 有限个值的平均值，而且能计算 $f(x)$ 当 x 取遍一个区间的所有值的平均值.

我们把区间 $[a,b]$ n 等分，分点是

$$a=x_0<x_1<x_2<\cdots<x_n=b,$$

每个子区间的长度为 $\Delta x_i=\dfrac{b-a}{n}$，每一个分点 x_i 上的函数值是 $f(x_i)(i=1,2,\cdots,n)$，则对应的 n 个函数值 $y_i=f(x_i)$ 的算术平均值为

$$\bar{y}_n=\frac{1}{n}\sum_{i=1}^{n}y_i=\frac{1}{b-a}\sum_{i=1}^{n}f(x_i)\cdot\frac{b-a}{n}.$$

显然，随着分点增密，$\bar{y}_n$ 就表示函数 $f(x)$ 在 $[a,b]$ 上更多个点处函数值的平均值. 令 $n\to\infty$，那么 $\bar{y}_n$ 的极限值自然就定义为 $f(x)$ 在 $[a,b]$ 上的平均值 $\bar{y}$，即

$$\bar{y} = \lim_{n\to\infty} \bar{y}_n = \frac{1}{b-a} \lim_{n\to\infty} \sum_{i=1}^{n} f(x_i) \cdot \frac{b-a}{n} = \frac{1}{b-a} \int_a^b f(x)\mathrm{d}x,$$

由此可见,积分中值公式实际上是算术平均概念的推广.

习题 5.1

1.利用定积分的定义计算下列积分:

(1) $\int_0^1 x^2 \mathrm{d}x$;　　　　　　　　(2) $\int_0^1 \mathrm{e}^x \mathrm{d}x$.

2.利用定积分的几何意义,证明下列等式:

(1) $\int_0^1 2x\mathrm{d}x = 1$;　　　　　　(2) $\int_0^1 \sqrt{1-x^2}\,\mathrm{d}x = \frac{\pi}{4}$;

(3) $\int_{-\pi}^{\pi} \sin x\mathrm{d}x = 0$;　　　　(4) $\int_{-\frac{\pi}{2}}^{\frac{\pi}{2}} \cos x\mathrm{d}x = 2\int_0^{\frac{\pi}{2}} \cos x\mathrm{d}x$.

3.估计下列各积分的值:

(1) $\int_{\frac{1}{\sqrt{3}}}^{\sqrt{3}} x\arctan x\mathrm{d}x$;　　　　　(2) $\int_{\frac{\pi}{4}}^{\frac{\pi}{2}} \frac{\sin x}{x}\mathrm{d}x$;

(3) $\int_{-\frac{1}{\sqrt{2}}}^{\frac{1}{\sqrt{2}}} \mathrm{e}^{-x^2} \mathrm{d}x$.

4.设 $f(x)$ 在 $[a,b]$ 上连续.若在 $[a,b]$ 上,$f(x)\geqslant 0$,且 $f(x)\not\equiv 0$,证明:$\int_a^b f(x)\mathrm{d}x > 0$.

5.根据定积分的性质及第 4 题的结论,说明下列各对积分哪一个的值较大:

(1) $\int_0^1 x^2 \mathrm{d}x$ 还是 $\int_0^1 x^3 \mathrm{d}x$?

(2) $\int_1^2 x^2 \mathrm{d}x$ 还是 $\int_1^2 x^3 \mathrm{d}x$?

(3) $\int_1^2 \ln x\mathrm{d}x$ 还是 $\int_1^2 \ln^2 x\mathrm{d}x$?

(4) $\int_0^1 x\mathrm{d}x$ 还是 $\int_0^1 \ln(1+x)\mathrm{d}x$?

6.求 $\lim_{x\to\infty} \int_x^{x+2} t\left(\sin\frac{3}{t}\right) f(t)\mathrm{d}t$,其中 $f(t)$ 可微,且已知 $\lim_{t\to\infty} f(t) = 1$.

7.设 $f(x)$ 在 $[a,b]$ 上连续,$g(x)$ 在 $[a,b]$ 上连续且不变号.证明至少存在一点 $\xi \in [a,b]$,使下式成立:

$$\int_a^b f(x)g(x)\mathrm{d}x = f(\xi)\int_a^b g(x)\mathrm{d}x \text{（积分第一中值定理）}.$$

第 2 节　微积分基本公式

由于积分和数很难用简单形式表示出来,因此从求和式的极限来计算定积分,实际上是行不通的.所以,我们必须寻求计算定积分的新办法.

先从实际问题中寻找解决问题的线索.为此,我们对变速直线运动中的位置函数 $s(t)$ 与速度函数 $v(t)$ 之间的联系作进一步的考察.

由上节知道,物体在时间间隔 $[T_1,T_2]$ 内经过的路程是速度函数 $v(t)$ 在区间 $[T_1,T_2]$ 上的定积分 $\int_{T_1}^{T_2} v(t)\mathrm{d}t$;但是,这段路程又可以表示为位置函数 $s(t)$ 在区间 $[T_1,T_2]$ 上的增量 $s(T_2)-s(T_1)$.所以,位置函数与速度函数之间应有关系

$$\int_{T_1}^{T_2} v(t)\mathrm{d}t = s(T_2)-s(T_1).$$

另一方面,我们已经知道 $s'(t)=v(t)$,即位置函数 $s(t)$ 是速度函数 $v(t)$ 的原函数.于是在这个具体问题中,把积分 $\int_{T_1}^{T_2} v(t)\mathrm{d}t$ 用 $v(t)$ 的原函数 $s(t)$ 在区间 $[T_1,T_2]$ 上的增量 $s(T_2)-s(T_1)$ 表示了出来.

上述从变速直线运动的路程这个特殊问题中得出的关系在一定条件下具有普遍性.我们将在第二目中证明:如果函数 $f(x)$ 在区间 $[a,b]$ 上连续,那么 $f(x)$ 在 $[a,b]$ 上的定积分就等于 $f(x)$ 的原函数在 $[a,b]$ 上的增量.这就给定积分的计算提供了一个有效、简便的方法.

一、微积分第一基本定理

设函数 $f(x)$ 在闭区间 $[a,b]$ 上连续,并且设 x 为 $[a,b]$ 上的一点.我们来考察 $f(x)$ 在部分区间 $[a,x]$ 上的定积分

$$\int_a^x f(x)\mathrm{d}x.$$

这里,x 既表示定积分的上限,又表示积分变量.考虑到定积分与积分变量的记法无关,为了避免混淆,上面的定积分可以写成

$$\int_a^x f(t)\mathrm{d}t.$$

如果上限 x 在区间 $[a,b]$ 上任意变动,则对于每一个取定的 x 值,定积分有一个对应值,所以它在 $[a,b]$ 上定义了一个函数,记作 $G(x)$:

$$G(x) = \int_a^x f(t)\mathrm{d}t, \quad (a \leqslant x \leqslant b).$$

这个定积分通常称为**变上限积分**.在不同科学分支中出现的许多函数正是用这种方式产生的,即作为其他函数的定积分.

现在我们来研究在积分学和微分学之间存在的值得注意的联系.这两种方法之间关系有点类似于"平方和取平方根"之间含有的关系.如果我们平方一个正数,然后将其结果取正平方根,则我们又得到原来的数.类似地,如果我们对连续函数 $f(x)$ 进行积分运算,则得到一个新函数(变上限积分);当对这新函数求导时,则回到原来的函数 $f(x)$.这个结果称为微积分第一基本定理,它可叙述如下:

定理 1(微积分第一基本定理)　如果函数 $f(x)$ 在区间 $[a,b]$ 上连续,则积分上限的函数

$$G(x) = \int_a^x f(t)\,\mathrm{d}t$$

在 $[a,b]$ 上可导,并且它的导数

$$G'(x) = \frac{\mathrm{d}}{\mathrm{d}x}\int_a^x f(t)\,\mathrm{d}t = f(x) \quad (a \leqslant x \leqslant b).$$

证　若 $x \in (a,b)$,只要 $x + \Delta x \in (a,b)$,则

$$\Delta G(x) = G(x+\Delta x) - G(x) = \int_a^{x+\Delta x} f(t)\,\mathrm{d}t - \int_a^x f(t)\,\mathrm{d}t$$

$$= \int_a^{x+\Delta x} f(t)\,\mathrm{d}t + \int_x^a f(t)\,\mathrm{d}t = \int_x^{x+\Delta x} f(t)\,\mathrm{d}t.$$

由积分中值定理知道,在 x 与 $x+\Delta x$ 之间必存在一点 ξ,使得

$$\int_x^{x+\Delta x} f(t)\,\mathrm{d}t = f(\xi)\Delta x,$$

于是

$$\frac{\Delta G(x)}{\Delta x} = \frac{1}{\Delta x}\int_x^{x+\Delta x} f(t)\,\mathrm{d}t = f(\xi).$$

由于假设 $f(x)$ 在 $[a,b]$ 上连续,而 $\Delta x \to 0$ 时,$x+\Delta x \to x$,因为 ξ 介于 x 与 $x+\Delta x$ 之间,所以这时必定有 $\xi \to x$.因此

$$\lim_{\Delta x \to 0} \frac{\Delta G(x)}{\Delta x} = \lim_{\xi \to x} f(\xi) = f(x).$$

若 $x = a$,取 $\Delta x > 0$,则同理可证 $G'_+(a) = f(a)$;若 $x = b$,取 $\Delta x < 0$,则同理可证 $G'_-(b) = f(b)$.

从定理 1 推知,$G(x)$ 是连续函数 $f(x)$ 的一个原函数.因此,我们引出如下的原函数的存在定理.

定理 2　如果函数 $f(x)$ 在区间 $[a,b]$ 上连续,则函数

$$G(x) = \int_a^x f(t)\,\mathrm{d}t$$

就是 $f(x)$ 在 $[a, b]$ 的一个原函数.

例 1 设 $f(x)$ 在 $[a, b]$ 上连续，且 $f(x) > 0$，$G(x) = \int_a^x f(t)\mathrm{d}t + \int_b^x \dfrac{1}{f(t)}\mathrm{d}t$. 试证：

(1) $G'(x) \geqslant 2$；

(2) 方程 $G(x) = 0$ 在 (a, b) 内有且仅有一个实根.

证 (1) 由题设，并注意到 $f(x) > 0$，有

$$G'(x) = f(x) + \frac{1}{f(x)} \geqslant 2\sqrt{f(x) \cdot \frac{1}{f(x)}} = 2.$$

(2) 由于 $G(a) = \int_b^a \dfrac{1}{f(t)}\mathrm{d}t = -\int_a^b \dfrac{1}{f(t)}\mathrm{d}t < 0$，$G(b) = \int_a^b f(t)\mathrm{d}t > 0$. 故由零点定理知 $G(x) = 0$ 在 (a, b) 内至少有一个根. 又由 (1) 知，$G(x)$ 在 $[a, b]$ 上单调增加，故 $G(x) = 0$ 在 (a, b) 内仅有一个根.

例 2 求 $\lim\limits_{x \to 0} \dfrac{\int_{\cos x}^1 \mathrm{e}^{-t^2}\mathrm{d}t}{x^2}$.

解 由于 $\lim\limits_{x \to 0} \int_{\cos x}^1 \mathrm{e}^{-t^2}\mathrm{d}t = \int_{\cos 0}^1 \mathrm{e}^{-t^2}\mathrm{d}t = \int_1^1 \mathrm{e}^{-t^2}\mathrm{d}t = 0$，所以，所求极限是一个 $\dfrac{0}{0}$ 型的未定式. 我们利用洛必达法则来计算.

分子可写成

$$-\int_1^{\cos x} \mathrm{e}^{-t^2}\mathrm{d}t,$$

它是以 $\cos x$ 为上限的积分，作为 x 的函数可看成是以 $u = \cos x$ 为中间变量的复合函数，故有

$$\frac{\mathrm{d}}{\mathrm{d}x}\int_{\cos x}^1 \mathrm{e}^{-t^2}\mathrm{d}t = -\frac{\mathrm{d}}{\mathrm{d}x}\int_1^{\cos x} \mathrm{e}^{-t^2}\mathrm{d}t = -\frac{\mathrm{d}}{\mathrm{d}u}\int_1^u \mathrm{e}^{-t^2}\mathrm{d}t \cdot \frac{\mathrm{d}u}{\mathrm{d}x}$$

$$= -\mathrm{e}^{-u^2} \cdot (-\sin x) = \sin x\,\mathrm{e}^{-\cos^2 x}.$$

因此

$$\lim_{x \to 0} \frac{\int_{\cos x}^1 \mathrm{e}^{-t^2}\mathrm{d}t}{x^2} = \lim_{x \to 0} \frac{\sin x\,\mathrm{e}^{-\cos^2 x}}{2x} = \frac{1}{2\mathrm{e}}.$$

例 3 设 $f(x)$ 为 $[0, +\infty)$ 上的单调减少的连续函数，试证明：

$$\int_0^x (x^2 - 3t^2) f(t)\mathrm{d}t \geqslant 0.$$

证 记 $F(x) = \int_0^x (x^2 - 3t^2) f(t)\mathrm{d}t$，则

$$F(x) = x^2 \int_0^x f(t)\mathrm{d}t - 3\int_0^x t^2 f(t)\mathrm{d}t,$$

$$F'(x) = 2x\int_0^x f(t)\mathrm{d}t + x^2 f(x) - 3x^2 f(x) = 2x\int_0^x f(t)\mathrm{d}t - 2x^2 f(x).$$

由积分中值定理,存在 $\xi \in [0, x]$,使得

$$\int_0^x f(t)\mathrm{d}t = f(\xi)(x - 0).$$

从而

$$F'(x) = 2x^2[f(\xi) - f(x)].$$

由 $f(x)$ 单调递减知 $f(\xi) \geqslant f(x)$,故 $F'(x) \geqslant 0(x > 0)$,即 $F(x)$ 在 $[0, +\infty)$ 上单调增加. 所以,当 $x \in [0, +\infty)$ 时,有

$$F(x) \geqslant F(0) = 0, \quad 即 \int_0^x (x^2 - 3t^2)f(t)\mathrm{d}t \geqslant 0.$$

二、微积分第二基本定理

微积分第一基本定理告诉我们,总能通过积分法构造一个连续函数的原函数. 当我们把这一点与同一函数的两个原函数只能相差一个常数这一事实相结合时,就得到微积分第二基本定理.

定理 3(微积分第二基本定理)　　如果函数 $F(x)$ 是连续函数 $f(x)$ 在区间 $[a, b]$ 上的一个原函数,那么

$$\int_a^b f(x)\mathrm{d}x = F(b) - F(a).$$

证　已知函数 $F(x)$ 是连续函数 $f(x)$ 的一个原函数,又根据定理 2 知道变上限积分

$$G(x) = \int_a^x f(t)\mathrm{d}t$$

也是 $f(x)$ 的一个原函数. 于是这两个原函数之差 $F(x) - G(x)$ 在 $[a, b]$ 上必定是某个常数 C,即

$$F(x) - G(x) = C \quad (a \leqslant x \leqslant b).$$

由上节定积分的补充规定(2)可知 $G(a) = 0$,于是有

$$\int_a^b f(x)\mathrm{d}x = G(b) = G(b) - G(a)$$
$$= [F(b) + C] - [F(a) + C] = F(b) - F(a).$$

常常用记号 $F(x)\Big|_a^b$ 表示 $F(b) - F(a)$,于是公式又可写成

$$\int_a^b f(x)\mathrm{d}x = F(x)\Big|_a^b.$$

这个公式叫作**微积分基本公式**.

微积分第二基本定理告诉我们,如果知道了一个原函数的话,则只要用一个减法就

能计算定积分的值. 因此,计算一个积分值的问题就转变成另一个问题——求 $f(x)$ 的原函数.

例 4 计算 $\int_0^1 x^2 \mathrm{d}x$.

解 由于 $\dfrac{x^3}{3}$ 是 x^2 的一个原函数,所以按微积分基本公式,有

$$\int_0^1 x^2 \mathrm{d}x = \frac{x^3}{3} \bigg|_0^1 = \frac{1^3}{3} - \frac{0^3}{3} = \frac{1}{3}.$$

例 5 计算 $\int_{-1}^{\sqrt{3}} \dfrac{1}{1+x^2} \mathrm{d}x$.

解 由于 $\arctan x$ 是 $\dfrac{1}{1+x^2}$ 的一个原函数,所以

$$\int_{-1}^{\sqrt{3}} \frac{1}{1+x^2} \mathrm{d}x = \arctan x \bigg|_{-1}^{\sqrt{3}} = \arctan\sqrt{3} - \arctan(-1)$$

$$= \frac{\pi}{3} - \left(-\frac{\pi}{4}\right) = \frac{7}{12}\pi.$$

例 6 设 $f(x) = \begin{cases} x^2, & x \in [0, 1), \\ x, & x \in [1, 2], \end{cases}$ 求 $\varPhi(x) = \int_0^x f(t)\mathrm{d}t$ 在 $[0, 2]$ 上的表达式.

解 当 $0 \leqslant x < 1$ 时,

$$\varPhi(x) = \int_0^x f(t)\mathrm{d}t = \int_0^x t^2 \mathrm{d}t = \frac{1}{3}t^3 \bigg|_0^x = \frac{1}{3}x^3;$$

当 $1 \leqslant x \leqslant 2$ 时,

$$\varPhi(x) = \int_0^x f(t)\mathrm{d}t = \int_0^1 f(t)\mathrm{d}t + \int_1^x f(t)\mathrm{d}t = \int_0^1 t^2 \mathrm{d}t + \int_1^x t\,\mathrm{d}t$$

$$= \frac{1}{3}t^3 \bigg|_0^1 + \frac{1}{2}t^2 \bigg|_1^x = \frac{1}{2}x^2 - \frac{1}{6}.$$

所以

$$\varPhi(x) = \begin{cases} \dfrac{1}{3}x^3, & x \in [0, 1), \\ \dfrac{1}{2}x^2 - \dfrac{1}{6}, & x \in [1, 2]. \end{cases}$$

例 7(定积分中值定理的内点性) 证明:若函数 $f(x)$ 在闭区间 $[a, b]$ 上连续,则在开区间 (a, b) 内至少存在一点 ξ,使

$$\int_a^b f(x)\mathrm{d}x = f(\xi)(b-a) \quad (a < \xi < b).$$

证 因 $f(x)$ 连续,故它的原函数存在,设为 $F(x)$,则有

$$\int_a^b f(x)\mathrm{d}x = F(b) - F(a).$$

显然函数 $F(x)$ 在区间 $[a,b]$ 上满足拉格朗日中值定理的条件,因此,在开区间 (a,b) 内至少存在一点 ξ,使

$$F(b) - F(a) = F'(\xi)(b-a), \xi \in (a,b).$$

即

$$\int_a^b f(x)\mathrm{d}x = f(\xi)(b-a), \xi \in (a,b).$$

例 8　设 $f(x)$ 在 $[0,1]$ 上可导,且 $f(1) = \int_0^1 \mathrm{e}^{1-x^2} f(x)\mathrm{d}x$. 证明:存在 $\xi \in (0,1)$,使 $f'(\xi) = 2\xi f(\xi)$.

证　由积分中值定理的内点性,存在 $c \in (0,1)$,使得

$$f(1) = \mathrm{e}^{1-c^2} f(c)(1-0), \text{即} \ \mathrm{e}^{-1} f(1) = \mathrm{e}^{-c^2} f(c).$$

令 $F(x) = \mathrm{e}^{-x^2} f(x)$,则 $F(1) = F(c)$. 由罗尔定理,存在 $\xi \in (c,1) \subset (0,1)$,使得 $F'(\xi) = 0$,即

$$\mathrm{e}^{-\xi^2} f'(\xi) - 2\xi \mathrm{e}^{-\xi^2} f(\xi) = 0, \text{或} \ f'(\xi) = 2\xi f(\xi).$$

习题 5.2

1. 当 x 为何值时,函数 $I(x) = \int_0^x t\mathrm{e}^{-t^2}\mathrm{d}t$ 有极值.

2. 设 $f(x)$ 连续且满足 $\int_0^{x^2(1+x)} f(t)\mathrm{d}t = x$,求 $f(2)$.

3. 求由 $\int_0^{y^2} \mathrm{e}^t \mathrm{d}t = \int_0^x \ln\cos t\mathrm{d}t$ 所决定的隐函数对 x 的导数 $\dfrac{\mathrm{d}y}{\mathrm{d}x}$.

4. 设 $f(x) = \int_0^{\sin^2 x} \arcsin\sqrt{t}\,\mathrm{d}t + \int_0^{\cos^2 x} \arccos\sqrt{t}\,\mathrm{d}t, 0 \leqslant x \leqslant \dfrac{\pi}{2}$,试求 $f(x)$.

5. 设函数 $\varphi(x) = \int_0^x \dfrac{\ln(1-t)}{t}\mathrm{d}t$ 在 $-1 < x < 1$ 有意义,证明:

$$\varphi(x) + \varphi(-x) = \frac{1}{2}\varphi(x^2).$$

6. 求 $\dfrac{\mathrm{d}}{\mathrm{d}x} \int_{x^2}^{x^3} \dfrac{\mathrm{d}t}{\sqrt{1+t^4}}$.

7. 已知 $f(x)$ 在 $(-\infty, +\infty)$ 连续,且 $f(0) = 2$,求 $\int_{\sin x}^{x^2} f(t)\mathrm{d}t$ 在点 $x = 0$ 处的导数.

8. 求下列极限:

(1) $\lim\limits_{x \to 0} \dfrac{\displaystyle\int_0^x \cos t^2 \mathrm{d}t}{x}$;

(2) $\lim\limits_{x \to 0} \dfrac{\left(\displaystyle\int_0^x \mathrm{e}^{t^2}\mathrm{d}t\right)^2}{\displaystyle\int_0^x t\mathrm{e}^{2t^2}\mathrm{d}t}$;

(3) $\lim\limits_{x \to \infty} \dfrac{1}{x} \displaystyle\int_0^x (1+t^2) \mathrm{e}^{t^2-x^2} \, \mathrm{d}t$;

(4) $\lim\limits_{x \to 0} \dfrac{\displaystyle\int_0^{x^2} t \mathrm{e}^t \, \mathrm{d}t}{\displaystyle\int_0^x x^2 \sin t \, \mathrm{d}t}$.

9.计算下列各定积分:

(1) $\displaystyle\int_1^3 (x^2 - 3x + 5) \, \mathrm{d}x$;

(2) $\displaystyle\int_1^2 \left(x^2 + \dfrac{1}{x^4} \right) \mathrm{d}x$;

(3) $\displaystyle\int_{-2}^{-1} \dfrac{1}{x} \, \mathrm{d}x$;

(4) $\displaystyle\int_{-1}^0 \dfrac{3x^4 + 3x^2 + 1}{x^2 + 1} \, \mathrm{d}x$;

(5) $\displaystyle\int_0^{\frac{\pi}{4}} \tan^2 \theta \, \mathrm{d}\theta$;

(6) $\displaystyle\int_0^{\pi} \sqrt{1 + \cos 2x} \, \mathrm{d}x$;

(7) 求 $\displaystyle\int_0^2 \sqrt{x^3 - 2x^2 + x} \, \mathrm{d}x$;

(8) 求 $\displaystyle\int_{-3}^2 \min(2, x^2) \, \mathrm{d}x$.

10.已知 $f(x) = \begin{cases} \sin x, & |x| < \dfrac{\pi}{2} \\ 0, & |x| \geqslant \dfrac{\pi}{2} \end{cases}$, 求 $I(x) = \displaystyle\int_0^x f(t) \, \mathrm{d}t$.

11.设 $f(x)$ 在 $[a, b]$ 上可积,证明:$G(x) = \displaystyle\int_a^x f(t) \, \mathrm{d}t$ 在 $[a, b]$ 上连续.

12.设函数 $f(x)$ 在 $[0,1]$ 上连续,且 $f(x) < 1$,证明:方程 $2x - \displaystyle\int_0^x f(t) \, \mathrm{d}t = 1$ 在 $(0, 1)$ 内只有一个实根.

13.设 $f(x)$ 在 $(0, +\infty)$ 内连续且 $f(x) > 0$,证明:函数 $\varphi(x) = \dfrac{\displaystyle\int_0^x t f(t) \, \mathrm{d}t}{\displaystyle\int_0^x f(t) \, \mathrm{d}t}$ 在 $(0, +\infty)$ 内为单调增加函数.

14.设 $f(x)$ 是 $[a, b]$ 上的正值连续函数,则在 (a, b) 内至少存在一点 ξ,使

$$\int_a^{\xi} f(x) \, \mathrm{d}x = \int_{\xi}^b f(x) \, \mathrm{d}x = \frac{1}{2} \int_a^b f(x) \, \mathrm{d}x.$$

15.设单减非负函数 $f(x)$ 在 $[0, b]$ 上连续,$0 < a < b$,证明:

$$b \int_0^a f(x) \, \mathrm{d}x \geqslant a \int_a^b f(x) \, \mathrm{d}x.$$

第3节　定积分的换元法和分部积分法

　　微积分基本公式架起了联系微分与定积分的桥梁,它把函数 $f(x)$ 在区间 $[a, b]$ 上的定积分转化为求 $f(x)$ 的原函数在 $[a, b]$ 上的增量,从而能很方便地将定积分计算出

来. 在第 4 章中,我们知道用换元积分法和分部积分法可以求出一些函数的原函数. 因此,在一定条件下,也可以在定积分的计算中应用换元积分法和分部积分法.

一、定积分的换元法

为了说明如何用换元法计算定积分,先证明下面的定理.

定理 设函数 $f(x)$ 在区间 $[a, b]$ 上连续,函数 $x = \varphi(t)$ 满足条件:

(1) $\varphi(t)$ 在区间 $[\alpha, \beta]$ 上有连续导数;

(2)当 t 在区间 $[\alpha, \beta]$ 上变化时,$x = \varphi(t)$ 的值在 $[a, b]$ 上变化,且 $\varphi(\alpha) = a$,$\varphi(\beta) = b$,那么

$$\int_a^b f(x)\mathrm{d}x = \int_\alpha^\beta f[\varphi(t)]\varphi'(t)\mathrm{d}t.$$

这个公式叫作定积分的**换元公式**.

注 当 $\varphi(t)$ 的值域超出 $[a, b]$,但 $\varphi(t)$ 满足其余条件时,只要 $f(x)$ 在 $\varphi(t)$ 的值域上连续,则定理的结论仍然成立.

证 由假设可以知道,上式两边的被积函数都是连续的,因此,不仅上式两边的定积分存在,而且由上节的定理 2 知道,被积函数的原函数也都存在,所以只要证明它们相等就可以了.

设 $F(x)$ 是 $f(x)$ 的一个原函数,则

$$\int_a^b f(x)\mathrm{d}x = F(b) - F(a).$$

另一方面,记 $G(t) = F[\varphi(t)]$,则由复合函数求导法则,得

$$G'(t) = \frac{\mathrm{d}F}{\mathrm{d}x}\frac{\mathrm{d}x}{\mathrm{d}t} = f(x) \cdot \varphi'(t) = f[\varphi(t)]\varphi'(t).$$

这表明 $G(t)$ 是 $f[\varphi(t)]\varphi'(t)$ 的一个原函数. 因此,有

$$\int_\alpha^\beta f[\varphi(t)]\varphi'(t)\mathrm{d}t = G(\beta) - G(\alpha).$$

又由 $G(t) = F[\varphi(t)]$ 及 $\varphi(\alpha) = a$,$\varphi(\beta) = b$ 可知

$$G(\beta) - G(\alpha) = F[\varphi(\beta)] - F[\varphi(\alpha)] = F(b) - F(a).$$

所以

$$\int_a^b f(x)\mathrm{d}x = F(b) - F(a) = G(\beta) - G(\alpha) = \int_\alpha^\beta f[\varphi(t)]\varphi'(t)\mathrm{d}t.$$

这就证明了换元公式.

应用换元公式时有两点值得注意:(1)用 $x = \varphi(t)$ 把原来变量 x 代换成新变量 t 时,积分限也要换成相应于新变量 t 的积分限;(2)求出 $f[\varphi(t)]\varphi'(t)$ 的一个原函数 $G(t)$ 后,不必像计算不定积分那样再把 $G(t)$ 变换成原来变量 x 的函数,而只要把新变量 t 的上、

下限分别代入 $G(t)$ 中然后相减就行了.

例1 计算 $\int_0^a \sqrt{a^2 - x^2}\,\mathrm{d}x\,(a > 0)$.

解 设 $x = a\sin t$，则 $\mathrm{d}x = a\cos t\,\mathrm{d}t$，当 $x = 0$ 时，取 $t = 0$；当 $x = a$ 时，取 $t = \dfrac{\pi}{2}$. 于是

$$\int_0^a \sqrt{a^2 - x^2}\,\mathrm{d}x = a^2 \int_0^{\frac{\pi}{2}} \cos^2 t\,\mathrm{d}t = \frac{a^2}{2} \int_0^{\frac{\pi}{2}} (1 + \cos 2t)\,\mathrm{d}t$$

$$= \frac{a^2}{2}\left(t + \frac{1}{2}\sin 2t\right)\Big|_0^{\frac{\pi}{2}} = \frac{1}{4}\pi a^2.$$

注意 如果当 $x = 0$ 时，取 $t = 0$；当 $x = a$ 时，取 $t = \dfrac{5\pi}{2}$. 则

$$\int_0^a \sqrt{a^2 - x^2}\,\mathrm{d}x = a^2 \int_0^{\frac{5\pi}{2}} \cos^2 t\,\mathrm{d}t = \frac{a^2}{2}\left(t + \frac{1}{2}\sin 2t\right)\Big|_0^{\frac{5\pi}{2}} = \frac{5}{4}\pi a^2.$$

那么这种做法有错吗？

从几何意义看，积分 $\int_0^a \sqrt{a^2 - x^2}\,\mathrm{d}x\,(a > 0)$ 是圆 $x^2 + y^2 \leqslant a^2$ 面积的四分之一，积分值应是 $\dfrac{1}{4}\pi a^2$，故上面的结果不对. 错在哪里？是不是积分限变错了？不是的，根据定积分的换元法，积分限这样变是允许的. 让我们再深入一步检查，在引进新变量 t 以后，选择了 t 相应的取值区间 $\left[0, \dfrac{5}{2}\pi\right]$，但这个区间内，$\cos t$ 的值有正也有负，因此，应有 $\sqrt{1 - \sin^2 t} = |\cos t|$，而不应是 $\cos t$. 这就是问题之所在. 所以正确的做法如下：

$$\int_0^a \sqrt{a^2 - x^2}\,\mathrm{d}x = a^2 \int_0^{\frac{5\pi}{2}} |\cos t|\cos t\,\mathrm{d}t$$

$$= a^2 \int_0^{\frac{\pi}{2}} \cos^2 t\,\mathrm{d}t - a^2 \int_{\frac{\pi}{2}}^{\frac{3\pi}{2}} \cos^2 t\,\mathrm{d}t + a^2 \int_{\frac{3\pi}{2}}^{\frac{5\pi}{2}} \cos^2 t\,\mathrm{d}t$$

$$= \frac{1}{4}\pi a^2.$$

定积分换元时，不必要 $x = \varphi(t)$ 有反函数，因此，$\varphi(t)$ 不一定要在相应的变化区间上单调. 如例1选 $x = \sin t$，$t \in \left[0, \dfrac{5}{2}\pi\right]$，在这个区间上 $\sin t$ 并不单调，但同样能得出结果. 例1同时也说明，如果我们选取它的单调区间 $t \in \left[0, \dfrac{\pi}{2}\right]$，那么做起来简单且不易出错. 所以，在定积分换元时，我们总是尽可能选取变换的单调区间.

换元公式也可反过来使用. 为使用方便起见，把换元公式中左右两边对调地位，同时把 t 改记为 x，而 x 改记为 t，得

$$\int_\alpha^\beta f[\varphi(x)]\varphi'(x)\,\mathrm{d}t = \int_a^b f(t)\,\mathrm{d}t.$$

这样,我们可用 $t=\varphi(x)$ 来引入新变量,而 $\alpha=\varphi(a),\beta=\varphi(b)$.

例 2　计算 $\int_0^{\frac{1}{\sqrt2}} \dfrac{x}{\sqrt{1-x^4}}\mathrm{d}x.$

解　设 $t=x^2$,则 $\mathrm{d}t=2x\mathrm{d}x$,且当 $x=0$ 时,$t=0$;当 $x=\dfrac{1}{\sqrt2}$ 时,$t=\dfrac12$. 于是

$$\int_0^{\frac{1}{\sqrt2}} \frac{x}{\sqrt{1-x^4}}\mathrm{d}x = \frac12\int_0^{\frac12}\frac{1}{\sqrt{1-t^2}}\mathrm{d}t = \frac12\arcsin t\Big|_0^{\frac12} = \frac{\pi}{12}.$$

在例 2 中,如果我们不明显地写出新变量 t,那么定积分的上、下限就不要变更. 现在用这种记法计算如下:

$$\int_0^{\frac{1}{\sqrt2}} \frac{x}{\sqrt{1-x^4}}\mathrm{d}x = \frac12\int_0^{\frac{1}{\sqrt2}}\frac{1}{\sqrt{1-(x^2)^2}}\mathrm{d}(x^2) = \frac12\arcsin x^2\Big|_0^{\frac{1}{\sqrt2}}$$

$$= \frac12\left(\frac{\pi}{6}-0\right) = \frac{\pi}{12}.$$

例 3　计算 $\int_0^\pi \sqrt{\sin\theta-\sin^3\theta}\,\mathrm{d}\theta.$

解　$\displaystyle\int_0^\pi\sqrt{\sin\theta-\sin^3\theta}\,\mathrm{d}\theta = \int_0^\pi |\cos\theta|\sqrt{\sin\theta}\,\mathrm{d}\theta$

$$= \int_0^{\frac{\pi}{2}}\cos\theta\sqrt{\sin\theta}\,\mathrm{d}\theta + \int_{\frac{\pi}{2}}^\pi(-\cos\theta)\sqrt{\sin\theta}\,\mathrm{d}\theta$$

$$= \int_0^{\frac{\pi}{2}}\sqrt{\sin\theta}\,\mathrm{d}(\sin\theta) - \int_{\frac{\pi}{2}}^\pi\sqrt{\sin\theta}\,\mathrm{d}(\sin\theta)$$

$$= \frac23\sin^{\frac32}\theta\Big|_0^{\frac{\pi}{2}} - \frac23\sin^{\frac32}\theta\Big|_{\frac{\pi}{2}}^\pi = \frac43.$$

例 4　计算 $\int_{-1}^1 \dfrac{x}{\sqrt{5-4x}}\mathrm{d}x.$

解　设 $\sqrt{5-4x}=t$,则 $x=\dfrac14(5-t^2),\mathrm{d}x=-\dfrac12 t\mathrm{d}t$,且当 $x=-1$ 时,$t=3$;当 $x=1$ 时,$t=1$. 于是

$$\int_{-1}^1\frac{x}{\sqrt{5-4x}}\mathrm{d}x = \int_3^1\frac{\frac14(5-t^2)}{t}\cdot\left(-\frac12 t\mathrm{d}t\right) = \frac18\int_1^3(5-t^2)\mathrm{d}t$$

$$= \frac18\left(5t-\frac13 t^3\right)\Big|_1^3 = \frac18\left[(15-9)-\left(5-\frac13\right)\right] = \frac16.$$

例 5　计算 $\int_0^{\ln5} \dfrac{\mathrm{e}^x\sqrt{\mathrm{e}^x-1}}{\mathrm{e}^x+3}\mathrm{d}x.$

解 设 $\sqrt{e^x-1}=t$，则 $e^x=1+t^2$，$dx=\dfrac{2t}{1+t^2}dt$，且当 $x=0$ 时，$t=0$；当 $x=\ln5$ 时，$t=2$. 于是

$$\int_0^{\ln5}\frac{e^x\sqrt{e^x-1}}{e^x+3}dx=\int_0^2\frac{(1+t^2)t}{(1+t^2)+3}\cdot\frac{2t}{1+t^2}dt=\int_0^2\frac{2t^2}{4+t^2}dt$$

$$=2\int_0^2\Big(1-\frac{4}{4+t^2}\Big)dt=2\Big(t-2\arctan\frac{t}{2}\Big)\Big|_0^2=4-\pi.$$

例 6 设 $f(x)$ 在 $[-a,a]$ 上连续，证明：

(1)若 $f(x)$ 为偶函数，则 $\displaystyle\int_{-a}^a f(x)dx=2\int_0^a f(x)dx$；

(2)若 $f(x)$ 为奇函数，则 $\displaystyle\int_{-a}^a f(x)dx=0$.

证 因为

$$\int_{-a}^a f(x)dx=\int_{-a}^0 f(x)dx+\int_0^a f(x)dx,$$

对积分 $\displaystyle\int_{-a}^0 f(x)dx$ 作代换 $x=-t$，则得

$$\int_{-a}^0 f(x)dx=\int_a^0 f(-t)(-dt)=\int_0^a f(-t)dt=\int_0^a f(-x)dx.$$

于是

$$\int_{-a}^a f(x)dx=\int_0^a f(-x)dx+\int_0^a f(x)dx=\int_0^a[f(x)+f(-x)]dx.$$

(1)若 $f(x)$ 为偶函数，则 $f(x)+f(-x)=2f(x)$，从而

$$\int_{-a}^a f(x)dx=2\int_0^a f(x)dx.$$

(2)若 $f(x)$ 为奇函数，则 $f(x)+f(-x)=0$，从而

$$\int_{-a}^a f(x)dx=0.$$

利用例 6 的结论，常可简化计算偶函数、奇函数在关于原点对称的区间上的定积分.

例 7 若 $f(x)$ 在 $[0,1]$ 上连续，证明：

$$\int_0^{\frac{\pi}{2}} f(\sin x)dx=\int_0^{\frac{\pi}{2}} f(\cos x)dx.$$

证 设 $x=\dfrac{\pi}{2}-t$，则 $dx=-dt$，且当 $x=0$ 时，$t=\dfrac{\pi}{2}$；当 $x=\dfrac{\pi}{2}$ 时，$t=0$. 于是

$$\int_0^{\frac{\pi}{2}} f(\sin x)dx=\int_{\frac{\pi}{2}}^0 f\Big[\sin\Big(\frac{\pi}{2}-x\Big)\Big](-dt)$$

$$=\int_0^{\frac{\pi}{2}} f(\cos t)dt=\int_0^{\frac{\pi}{2}} f(\cos x)dx.$$

例 8 设 $f(x)$ 为连续函数,证明:

$$\int_0^\pi x f(\sin x)\,\mathrm{d}x = \frac{\pi}{2}\int_0^\pi f(\sin x)\,\mathrm{d}x,$$

并计算 $\displaystyle\int_0^\pi \frac{x\sin x}{1+\cos^2 x}\,\mathrm{d}x.$

解 设 $x = \pi - t$,则 $\mathrm{d}x = -\mathrm{d}t$,且 $x = 0$ 时,$t = \pi$;当 $x = \pi$ 时,$t = 0$. 于是

$$\int_0^\pi x f(\sin x)\,\mathrm{d}x = -\int_\pi^0 (\pi - t) f[\sin(\pi - t)]\,\mathrm{d}t = \int_0^\pi (\pi - t) f(\sin t)\,\mathrm{d}t$$

$$= \pi\int_0^\pi f(\sin t)\,\mathrm{d}t - \int_0^\pi t f(\sin t)\,\mathrm{d}t$$

$$= \pi\int_0^\pi f(\sin x)\,\mathrm{d}x - \int_0^\pi x f(\sin x)\,\mathrm{d}x,$$

所以

$$\int_0^\pi x f(\sin x)\,\mathrm{d}x = \frac{\pi}{2}\int_0^\pi f(\sin x)\,\mathrm{d}x.$$

利用上述结论,即得

$$\int_0^\pi \frac{x\sin x}{1+\cos^2 x}\,\mathrm{d}x = \frac{\pi}{2}\int_0^\pi \frac{\sin x}{1+\cos^2 x}\,\mathrm{d}x = -\frac{\pi}{2}\int_0^\pi \frac{1}{1+\cos^2 x}\,\mathrm{d}(\cos x)$$

$$= -\frac{\pi}{2}\arctan(\cos x)\Big|_0^\pi = -\frac{\pi}{2}\left(-\frac{\pi}{4} - \frac{\pi}{4}\right) = \frac{\pi^2}{4}.$$

例 9 设 $f(x)$ 是以 T 为周期的连续函数,证明:$\displaystyle\int_a^{a+T} f(x)\,\mathrm{d}x$ 的值与 a 的选择无关.

证 $\displaystyle\int_a^{a+T} f(x)\,\mathrm{d}x = \int_a^0 f(x)\,\mathrm{d}x + \int_0^T f(x)\,\mathrm{d}x + \int_T^{a+T} f(x)\,\mathrm{d}x.$

对积分 $\displaystyle\int_T^{a+T} f(x)\,\mathrm{d}x$ 作代换 $x = t + T$,则得

$$\int_T^{a+T} f(x)\,\mathrm{d}x = \int_0^a f(t+T)\,\mathrm{d}t = -\int_a^0 f(t)\,\mathrm{d}t = -\int_a^0 f(x)\,\mathrm{d}x.$$

于是

$$\int_a^{a+T} f(x)\,\mathrm{d}x = \int_a^0 f(x)\,\mathrm{d}x + \int_0^T f(x)\,\mathrm{d}x - \int_a^0 f(x)\,\mathrm{d}x = \int_0^T f(x)\,\mathrm{d}x,$$

此即说明 $\displaystyle\int_a^{a+T} f(x)\,\mathrm{d}x$ 的值与 a 的选择无关.

例 10 计算 $\displaystyle\int_0^{N\pi} \sqrt{1-\sin 2x}\,\mathrm{d}x$,其中 N 为正整数.

解 因为被积函数 $\sqrt{1-\sin 2x}$ 是周期为 π 的函数,利用上题的结论,有

$$\int_0^{N\pi} \sqrt{1-\sin 2x}\,\mathrm{d}x = N\int_0^\pi \sqrt{1-\sin 2x}\,\mathrm{d}x = N\int_0^\pi |\sin x - \cos x|\,\mathrm{d}x$$

$$= N\left[\int_0^{\frac{\pi}{4}} (\cos x - \sin x)\mathrm{d}x + \int_{\frac{\pi}{4}}^{\pi} (\sin x - \cos x)\mathrm{d}x\right]$$

$$= N\left[(\sin x + \cos x)\Big|_0^{\frac{\pi}{4}} - (\cos x + \sin x)\Big|_{\frac{\pi}{4}}^{\pi}\right]$$

$$= 2\sqrt{2}\,N.$$

例 11　设函数 $f(x)$ 连续，且 $\int_0^x tf(2x-t)\mathrm{d}t = \ln(1+x^4)$，已知 $f(1) = 1$，求 $\int_1^2 f(x)\mathrm{d}x$.

解　设 $u = 2x - t$，则 $t = 2x - u$，$\mathrm{d}t = -\mathrm{d}u$，则

$$\int_0^x tf(2x-t)\mathrm{d}t = -\int_{2x}^x (2x-u)f(u)\mathrm{d}u = 2x\int_x^{2x} f(u)\mathrm{d}u - \int_x^{2x} uf(u)\mathrm{d}u.$$

于是

$$2x\int_x^{2x} f(u)\mathrm{d}u - \int_x^{2x} uf(u)\mathrm{d}u = \ln(1+x^4).$$

上式两边对 x 求导，得

$$2\int_x^{2x} f(u)\mathrm{d}u + 2x[f(2x)\cdot 2 - f(x)] - [2xf(2x)\cdot 2 - xf(x)] = \frac{1}{1+x^4}\cdot 4x^3,$$

即

$$2\int_x^{2x} f(u)\mathrm{d}u = xf(x) + \frac{4x^3}{1+x^4}.$$

令 $x = 1$，得 $2\int_1^2 f(u)\mathrm{d}u = f(1) + 2$，于是

$$\int_1^2 f(x)\mathrm{d}x = \frac{3}{2}.$$

例 12　设函数 $f(x) = \begin{cases} \dfrac{1}{1+x}, & x \geqslant 0, \\[2mm] \dfrac{1}{1+\mathrm{e}^x}, & x < 0, \end{cases}$　计算 $\int_0^2 f(x-1)\mathrm{d}x$.

解　设 $x - 1 = t$，则 $\mathrm{d}x = \mathrm{d}t$，且当 $x = 0$ 时，$t = -1$；当 $x = 2$ 时，$t = 1$. 于是

$$\int_0^2 f(x-1)\mathrm{d}x = \int_{-1}^1 f(t)\mathrm{d}t = \int_{-1}^1 f(x)\mathrm{d}x = \int_{-1}^0 \frac{1}{1+\mathrm{e}^x}\mathrm{d}x + \int_0^1 \frac{1}{1+x}\mathrm{d}x$$

$$= \int_{-1}^0 \left(1 - \frac{\mathrm{e}^x}{1+\mathrm{e}^x}\right)\mathrm{d}x + \int_0^1 \frac{1}{1+x}\mathrm{d}x$$

$$= [x - \ln(1+\mathrm{e}^x)]\Big|_{-1}^0 + \ln(1+x)\Big|_0^1 = 1 + \ln(1+\mathrm{e}^{-1}).$$

二、定积分的分部积分法

依据不定积分的分部积分法,可得

$$\int_a^b u(x)v'(x)\mathrm{d}x = \left[\int u(x)v'(x)\mathrm{d}x\right]\Big|_a^b = \left[u(x)v(x) - \int v(x)u'(x)\mathrm{d}x\right]\Big|_a^b$$

$$= \left[u(x)v(x)\right]\Big|_a^b - \int_a^b v(x)u'(x)\mathrm{d}x,$$

简记作

$$\int_a^b u\,\mathrm{d}v = (uv)\Big|_a^b - \int_a^b v\,\mathrm{d}u.$$

这就是**定积分的分部积分公式**.

例 13　计算 $\int_0^{\frac{1}{2}} x\ln\dfrac{1+x}{1-x}\mathrm{d}x$.

解　$\displaystyle\int_0^{\frac{1}{2}} x\ln\frac{1+x}{1-x}\mathrm{d}x = \frac{1}{2}\int_0^{\frac{1}{2}}\ln\frac{1+x}{1-x}\mathrm{d}(x^2)$

$$= \frac{1}{2}x^2\ln\frac{1+x}{1-x}\Big|_0^{\frac{1}{2}} - \frac{1}{2}\int_0^{\frac{1}{2}} x^2\left(\frac{1}{1+x}+\frac{1}{1-x}\right)\mathrm{d}x$$

$$= \frac{1}{8}\ln3 + \int_0^{\frac{1}{2}}\left(1+\frac{1}{x^2-1}\right)\mathrm{d}x$$

$$= \frac{1}{8}\ln3 + \frac{1}{2} + \frac{1}{2}\ln\left|\frac{x-1}{x+1}\right|\,\Big|_0^{\frac{1}{2}} = \frac{1}{2} - \frac{3}{8}\ln3.$$

例 14　计算 $\int_{\frac{1}{2}}^1 \mathrm{e}^{\sqrt{2x-1}}\mathrm{d}x$.

解　先用换元法. 设 $\sqrt{2x-1}=t$, 则 $x=\dfrac{1}{2}(t^2+1)$, $\mathrm{d}x=t\mathrm{d}t$, 且当 $x=\dfrac{1}{2}$ 时, $t=0$; 当 $x=1$ 时, $t=1$. 于是

$$\int_{\frac{1}{2}}^1 \mathrm{e}^{\sqrt{2x-1}}\mathrm{d}x = \int_0^1 \mathrm{e}^t \cdot t\mathrm{d}t = \int_0^1 t\mathrm{d}(\mathrm{e}^t) = t\mathrm{e}^t\Big|_0^1 - \int_0^1 \mathrm{e}^t\mathrm{d}t = \mathrm{e} - \mathrm{e}^t\Big|_0^1 = 1.$$

例 15　计算 $\int_0^1 xf(x)\mathrm{d}x$, 其中 $f(x)=\int_1^{x^2}\mathrm{e}^{-x^2}\mathrm{d}x$.

解　$\displaystyle\int_0^1 xf(x)\mathrm{d}x = \frac{1}{2}\int_0^1 f(x)\mathrm{d}(x^2) = \frac{1}{2}x^2 f(x)\Big|_0^1 - \frac{1}{2}\int_0^1 x^2 f'(x)\mathrm{d}x$

$$= 0 - \frac{1}{2}\int_0^1 x^2\cdot \mathrm{e}^{-(x^2)^2}\cdot 2x\mathrm{d}x = \frac{1}{4}\int_0^1 \mathrm{e}^{-x^4}\mathrm{d}(-x^4)$$

$$= \frac{1}{4}\mathrm{e}^{-x^4}\Big|_0^1 = \frac{1}{4}\left(\frac{1}{\mathrm{e}}-1\right).$$

例 16 已知 $f(0)=1, f(2)=3, f'(2)=5$, 试计算 $\int_0^1 xf''(2x)\mathrm{d}x$.

解 $\int_0^1 xf''(2x)\mathrm{d}x = \frac{1}{2}\int_0^1 x\mathrm{d}[f'(2x)] = \frac{1}{2}\left[xf'(2x)\Big|_0^1 - \int_0^1 f'(2x)\mathrm{d}x\right]$

$$= \frac{1}{2}\left[f'(2) - \frac{1}{2}f(2x)\Big|_0^1\right] = \frac{1}{2}\left[f'(2) - \frac{1}{2}f(2) + \frac{1}{2}f(0)\right]$$

$$= \frac{1}{2}\left(5 - \frac{1}{2}\times 3 + \frac{1}{2}\times 1\right) = 2.$$

例 17 证明定积分公式

$$I_n = \int_0^{\frac{\pi}{2}} \sin^n x\,\mathrm{d}x\left(= \int_0^{\frac{\pi}{2}} \cos^n x\,\mathrm{d}x\right)$$

$$= \begin{cases} \dfrac{n-1}{n}\cdot\dfrac{n-3}{n-2}\cdot\cdots\cdot\dfrac{3}{4}\cdot\dfrac{1}{2}\cdot\dfrac{\pi}{2}, & n\text{ 为正偶数}, \\[3mm] \dfrac{n-1}{n}\cdot\dfrac{n-3}{n-2}\cdot\cdots\cdot\dfrac{4}{5}\cdot\dfrac{2}{3}, & n\text{ 为大于 1 的正奇数}. \end{cases}$$

证 $I_n = -\int_0^{\frac{\pi}{2}} \sin^{n-1}x\,\mathrm{d}(\cos x)$

$$= -\sin^{n-1}x\cos x\Big|_0^{\frac{\pi}{2}} + \int_0^{\frac{\pi}{2}} \cos x\cdot(n-1)\sin^{n-2}x\cos x\,\mathrm{d}x$$

$$= 0 + (n-1)\int_0^{\frac{\pi}{2}} \sin^{n-2}x(1-\sin^2 x)\,\mathrm{d}x$$

$$= (n-1)I_{n-2} - (n-1)I_n,$$

于是得递推公式

$$I_n = \frac{n-1}{n}I_{n-2}.$$

如果把 n 换成 $n-2$, 则得

$$I_{n-2} = \frac{n-3}{n-2}I_{n-4}.$$

同样地依次进行下去, 直到 I_n 的下标递减到 0 或 1 为止. 于是

(1)当 n 为正偶数时,

$$I_n = \frac{n-1}{n}I_{n-2} = \frac{n-1}{n}\cdot\frac{n-3}{n-2}I_{n-4} = \cdots$$

$$= \frac{n-1}{n}\cdot\frac{n-3}{n-2}\cdot\cdots\cdot\frac{3}{4}\cdot\frac{1}{2}I_0 = \frac{n-1}{n}\cdot\frac{n-3}{n-2}\cdot\cdots\cdot\frac{3}{4}\cdot\frac{1}{2}\int_0^{\frac{\pi}{2}}\mathrm{d}x$$

$$= \frac{n-1}{n}\cdot\frac{n-3}{n-2}\cdot\cdots\cdot\frac{3}{4}\cdot\frac{1}{2}\cdot\frac{\pi}{2}.$$

(2)当 n 为大于 1 的正奇数时,

$$I_n = \frac{n-1}{n} \cdot \frac{n-3}{n-2} \cdot \cdots \cdot \frac{4}{5} \cdot \frac{2}{3} I_1 = \frac{n-1}{n} \cdot \frac{n-3}{n-2} \cdot \cdots \cdot \frac{4}{5} \cdot \frac{2}{3} \int_0^{\frac{\pi}{2}} \sin x \mathrm{d}x$$

$$= \frac{n-1}{n} \cdot \frac{n-3}{n-2} \cdot \cdots \cdot \frac{4}{5} \cdot \frac{2}{3}.$$

至于定积分 $\int_0^{\frac{\pi}{2}} \cos^n x \mathrm{d}x$ 与 $\int_0^{\frac{\pi}{2}} \sin^n x \mathrm{d}x$ 相等,由本节例 7 即可知道,证毕.

习题 5.3

1.计算下列定积分:

(1) $\int_{-2}^1 \frac{1}{(11+5x)^3}\mathrm{d}x$; (2) $\int_{-2}^0 \frac{2x+4}{x^2+4x+5}\mathrm{d}x$;

(3) $\int_0^{\frac{\pi}{2}} \cos^5 x \sin x \mathrm{d}x$; (4) $\int_0^{\pi}(1-\sin^3\theta)\mathrm{d}\theta$;

(5) $\int_{\frac{1}{e}}^e \frac{|\ln x|}{x}\mathrm{d}x$; (6) $\int_0^1 \frac{1}{e^x+e^{-x}}\mathrm{d}x$;

(7) $\int_{\frac{\pi}{4}}^{\frac{\pi}{2}} \sqrt{\cos x-\cos^3 x}\mathrm{d}x$; (8) $\int_{-\frac{\pi}{4}}^0 \frac{\mathrm{d}x}{\cos^2 x(\tan x-1)}$;

(9) $\int_0^4 \frac{x+2}{\sqrt{2x+1}}\mathrm{d}x$; (10) $\int_1^6 \frac{x}{\sqrt{3x-2}}\mathrm{d}x$;

(11) $\int_0^{\ln 2} \sqrt{e^x-1}\mathrm{d}x$; (12) $\int_1^2 \frac{1}{x(1+x^n)}\mathrm{d}x$;

(13) $\int_0^2 x^3 \sqrt{4-x^2}\mathrm{d}x$; (14) $\int_0^{\frac{1}{2}} \frac{x^2}{\sqrt{1-x^2}}\mathrm{d}x$;

(15) $\int_1^{\sqrt{3}} \frac{1}{x^2 \sqrt{1+x^2}}\mathrm{d}x$; (16) $\int_{\sqrt{2}}^2 \frac{1}{x \sqrt{x^2-1}}\mathrm{d}x$;

(17) $\int_{e^{\frac{\sqrt{3}}{3}}}^{e^{\sqrt{3}}} \frac{1}{x\ln x \sqrt{1+\ln^2 x}}\mathrm{d}x$; (18) $\int_0^3 \frac{x^2}{(x^2-3x+3)^2}\mathrm{d}x$;

(19) $\int_{-\frac{\pi}{4}}^{\frac{\pi}{4}} \frac{x^7-3x^5+7x^3-x+1}{\cos^2 x}\mathrm{d}x$; (20) $\int_{-1}^1 \frac{2x^3+5x+2}{\sqrt{1-x^2}}\mathrm{d}x$;

(21) $\int_{-\frac{\pi}{4}}^{\frac{\pi}{4}} \frac{\cos x}{1+e^{-x}}\mathrm{d}x$; (22) $\int_{-\frac{\pi}{4}}^{\frac{\pi}{4}} \frac{1}{1+\sin x}\mathrm{d}x$.

2.设函数 $f(x)=\begin{cases} xe^{-x^2}, & x\geqslant 0, \\ \dfrac{1}{1+\cos x}, & x<0, \end{cases}$ 计算 $\int_1^4 f(x-2)\mathrm{d}x$.

3.设 $f(x)=\int_1^x \frac{2\ln u}{1+u}\mathrm{d}u, x>0$,试求 $f(x)+f(\frac{1}{x})$.

4.对于实数 $x > 0$，定义对数函数如下：

$$\ln x = \int_1^x \frac{1}{t} \mathrm{d}t.$$

依此定义，试证：(1) $\ln \frac{1}{x} = -\ln x (x > 0)$；(2) $\ln(xy) = \ln x + \ln y (x > 0, y > 0)$.

5.设 $f(x)$ 在 $[a, b]$ 上连续，证明：

$$\int_a^b f(x)\mathrm{d}x = (b-a)\int_0^1 f[a+(b-a)x]\mathrm{d}x.$$

6.已知 $f(x)$ 是连续函数，求证 $\int_0^{2a} f(x)\mathrm{d}x = \int_0^a [f(x) + f(2a-x)]\mathrm{d}x$. 并利用此式

计算 $\int_0^\pi \frac{x\sin x}{1+\cos^2 x}\mathrm{d}x$.

7.若 $f(x)$ 在 $[0, 1]$ 上连续，证明：$\int_0^\pi f(\sin x)\mathrm{d}x = 2\int_0^{\frac{\pi}{2}} f(\sin x)\mathrm{d}x$.

8.证明：(1)连续的奇函数的原函数都是偶函数；(2)连续的偶函数的原函数只有一个是奇函数.

9.计算下列定积分：

(1) $\int_0^{\ln 2} x\mathrm{e}^{-x}\mathrm{d}x$；

(2) $\int_1^{\mathrm{e}} x\ln x\mathrm{d}x$；

(3) $\int_0^{\frac{1}{2}} \arctan 2x\mathrm{d}x$；

(4) $\int_0^1 x\arcsin x\mathrm{d}x$；

(5) $\int_0^{\frac{\pi}{2}} x^2\sin x\mathrm{d}x$；

(6) $\int_0^{\frac{\pi}{2}} \frac{x+\sin x}{1+\cos x}\mathrm{d}x$；

(7) $\int_{-\frac{1}{2}}^{-1} \frac{x+\ln(1-x)}{x^2}\mathrm{d}x$；

(8) $\int_{\frac{1}{\mathrm{e}}}^{\mathrm{e}} |\ln x|\mathrm{d}x$；

(9) $\int_{\frac{\pi}{4}}^{\frac{\pi}{3}} \frac{x}{\sin^2 x}\mathrm{d}x$；

(10) $\int_0^\pi (x\sin x)^2\mathrm{d}x$；

(11) $\int_1^3 \arctan\sqrt{x}\mathrm{d}x$；

(12) $\int_0^1 \arcsin x \cdot \arccos x\mathrm{d}x$；

(13) $\int_1^{\mathrm{e}} \sin(\ln x)\mathrm{d}x$；

(14) $\int_0^{\frac{\pi}{2}} \mathrm{e}^{2x}\cos x\mathrm{d}x$；

(15) $\int_0^3 \arcsin\sqrt{\frac{x}{1+x}}\mathrm{d}x$.

10.设 $\int_0^\pi [f(x)+f''(x)]\sin x\mathrm{d}x = 5, f(\pi) = 2$，求 $f(0)$.

11.若 $f(t)$ 是连续函数，证明：$\int_0^x \left[\int_0^u f(t)\mathrm{d}t\right]\mathrm{d}u = \int_0^x (x-u)f(u)\mathrm{d}u$.

第 4 节　反常积分

前面所说的定积分中,我们总是假定积分区间是有限的,而被积函数一定是有界的.但在理论上或实际应用中都有需要去掉这两个限制,把定积分的概念拓广为:(1)无限区间上的积分;(2)无界函数的积分.

一、无穷限的反常积分

定义 1　设函数 $f(x)$ 在区间 $[a, +\infty)$ 上连续,取 $b > a$,称极限

$$\lim_{b \to +\infty} \int_a^b f(x)\mathrm{d}x$$

为函数 $f(x)$ 在无穷区间 $[a, +\infty)$ 上的**反常积分**,记作 $\int_a^{+\infty} f(x)\mathrm{d}x$,即

$$\int_a^{+\infty} f(x)\mathrm{d}x = \lim_{b \to +\infty} \int_a^b f(x)\mathrm{d}x.$$

如果上述极限存在,也称反常积分 $\int_a^{+\infty} f(x)\mathrm{d}x$ **收敛**;如果上述极限不存在,就称反常积分 $\int_a^{+\infty} f(x)\mathrm{d}x$ **发散**.

类似地,设 $f(x)$ 在区间 $(-\infty, b]$ 上连续,取 $a < b$,称极限

$$\lim_{a \to -\infty} \int_a^b f(x)\mathrm{d}x$$

为函数 $f(x)$ 在无穷区间 $(-\infty, b]$ 上的反常积分,记作 $\int_{-\infty}^b f(x)\mathrm{d}x$,即

$$\int_{-\infty}^b f(x)\mathrm{d}x = \lim_{a \to -\infty} \int_a^b f(x)\mathrm{d}x.$$

如果上述极限存在,也称反常积分 $\int_{-\infty}^b f(x)\mathrm{d}x$ 收敛;如果上述极限不存在,就称反常积分 $\int_{-\infty}^b f(x)\mathrm{d}x$ 发散.

设函数 $f(x)$ 在区间 $(-\infty, +\infty)$ 内连续,称反常积分

$$\int_{-\infty}^0 f(x)\mathrm{d}x \text{ 和 } \int_0^{+\infty} f(x)\mathrm{d}x$$

之和为函数 $f(x)$ 在无穷区间 $(-\infty, +\infty)$ 内的反常积分,记作 $\int_{-\infty}^{+\infty} f(x)\mathrm{d}x$,即

$$\int_{-\infty}^{+\infty} f(x)\mathrm{d}x = \int_{-\infty}^0 f(x)\mathrm{d}x + \int_0^{+\infty} f(x)\mathrm{d}x$$

$$= \lim_{a \to -\infty} \int_a^0 f(x)\mathrm{d}x + \lim_{b \to +\infty} \int_0^b f(x)\mathrm{d}x.$$

如果上述两个反常积分都收敛,也称反常积分 $\int_{-\infty}^{+\infty} f(x)\mathrm{d}x$ 收敛;否则就称反常积分 $\int_{-\infty}^{+\infty} f(x)\mathrm{d}x$ 发散.

上述反常积分统称为**无穷限的反常积分**.

由上述定义及微积分的基本公式,可得如下结果.

设 $F(x)$ 为 $f(x)$ 在 $[a,+\infty)$ 上的一个原函数,则反常积分

$$\int_a^{+\infty} f(x)\mathrm{d}x = \lim_{x \to +\infty} F(x) - F(a).$$

如果记 $F(+\infty) = \lim_{x \to +\infty} F(x)$, $F(x)\Big|_a^{+\infty} = F(+\infty) - F(a)$, 则

$$\int_a^{+\infty} f(x)\mathrm{d}x = F(x)\Big|_a^{+\infty}.$$

类似地,若在 $(-\infty, b]$ 上 $F'(x) = f(x)$, 则

$$\int_{-\infty}^b f(x)\mathrm{d}x = F(x)\Big|_{-\infty}^b = F(b) - \lim_{x \to -\infty} F(x) = F(b) - F(-\infty).$$

若在 $(-\infty, +\infty)$ 内 $F'(x) = f(x)$, 则

$$\int_{-\infty}^{+\infty} f(x)\mathrm{d}x = F(x)\Big|_{-\infty}^{+\infty} = F(+\infty) - F(-\infty).$$

例 1 计算反常积分 $\int_{-\infty}^{+\infty} \dfrac{1}{1+x^2}\mathrm{d}x$.

解 $\int_{-\infty}^{+\infty} \dfrac{1}{1+x^2}\mathrm{d}x = \arctan x\Big|_{-\infty}^{+\infty} = \lim_{x \to +\infty} \arctan x - \lim_{x \to -\infty} \arctan x$

$$= \frac{\pi}{2} - \left(-\frac{\pi}{2}\right) = \pi.$$

在几何上,我们也可以将反常积分解释为曲线下的面积,其方法是把一个有界区域通过极限伸向无穷远时区域所确定的极限面积.例如对函数 $y = \dfrac{1}{1+x^2}$, 上述计算表明:当 $a \to -\infty$, $b \to +\infty$ 时,虽然图 5-9 中阴影部分向左、右无限延伸,但其面积却有极限值 π. 简单地说,它是位于曲线 $y = \dfrac{1}{1+x^2}$ 的下方, x 轴上方的图形面积.

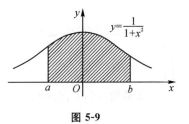

图 5-9

例 2 证明反常积分 $\int_a^{+\infty} \dfrac{1}{x^p}\mathrm{d}x (a > 0)$ 当 $p > 1$ 时收敛,当 $p \le 1$ 时发散.

证 当 $p=1$ 时,

$$\int_a^{+\infty} \frac{1}{x^p} dx = \int_a^{+\infty} \frac{1}{x} dx = \ln x \Big|_a^{+\infty} = \lim_{x\to+\infty} \ln x - \ln a = +\infty,$$

当 $p \neq 1$ 时,

$$\int_a^{+\infty} \frac{1}{x^p} dx = \frac{1}{1-p} x^{1-p} \Big|_a^{+\infty} = \frac{1}{1-p} \left(\lim_{x\to+\infty} x^{1-p} - a^{1-p} \right) = \begin{cases} +\infty, & p < 1, \\ \dfrac{a^{1-p}}{p-1}, & p > 1. \end{cases}$$

因此,当 $p > 1$ 时,这反常积分收敛,其值为 $\dfrac{a^{1-p}}{p-1}$;当 $p \leqslant 1$ 时,这反常积分发散.

从无穷限的反常积分的定义,容易看出它具有与定积分相类似的性质,比如线性性质、对区间的可加性等.定积分的换元法和分部积分法也可推广到这种反常积分,此处就不一一罗列了.

例3 计算反常积分 $\int_0^{+\infty} \dfrac{x^{\frac{n}{2}}}{1+x^{n+2}} dx \, (n > -2)$.

解 设 $\sqrt{x} = t$,则 $x = t^2$,$dx = 2t\,dt$,且当 $x = 0$ 时,$t = 0$;当 $x \to +\infty$ 时,$t \to +\infty$. 于是

$$\int_0^{+\infty} \frac{x^{\frac{n}{2}}}{1+x^{n+2}} dx = \int_0^{+\infty} \frac{t^n}{1+t^{2(n+2)}} \cdot 2t\,dt = \frac{2}{n+2} \int_0^{+\infty} \frac{1}{1+(t^{n+2})^2} d(t^{n+2})$$

$$= \frac{2}{n+2} \arctan t^{n+2} \Big|_0^{+\infty} = \frac{\pi}{n+2}.$$

例4 计算反常积分 $\int_2^{+\infty} \dfrac{1-\ln x}{x^2} dx$.

解
$$\int_2^{+\infty} \frac{1-\ln x}{x^2} dx = \int_2^{+\infty} (\ln x - 1) d\left(\frac{1}{x}\right) = \frac{\ln x - 1}{x} \Big|_2^{+\infty} - \int_2^{+\infty} \frac{1}{x} \cdot \frac{1}{x} dx$$

$$= \lim_{x\to+\infty} \frac{\ln x - 1}{x} - \frac{\ln 2 - 1}{2} + \frac{1}{x} \Big|_2^{+\infty}$$

$$= \lim_{x\to+\infty} \frac{\frac{1}{x}}{1} - \frac{\ln 2 - 1}{2} + \left(0 - \frac{1}{2}\right) = -\frac{1}{2} \ln 2.$$

下面我们来建立不通过被积函数的原函数判定无穷限反常积分收敛性的判别法.

定理1 设 $f(x)$ 是 $[a, +\infty)$ 上的非负连续函数,若函数

$$F(x) = \int_a^x f(t) dt$$

在 $[a, +\infty)$ 上有上界,则反常积分 $\int_a^{+\infty} f(t) dt$ 收敛.

证 根据定积分的性质,由 $f(x) \geqslant 0$ 可知 $F(x)$ 在 $[a, +\infty)$ 上单调增加,从而 $F(x)$ 在 $[a, +\infty)$ 是单调增加且有上界的函数.按照极限存在准则,就可知道极限

$\lim\limits_{x \to +\infty} \int_a^x f(t)\mathrm{d}t$ 存在,即反常积分 $\int_a^{+\infty} f(t)\mathrm{d}t$ 收敛.

根据定理 1,对于非负函数的无穷限的反常积分,有以下的比较判别法.

定理 2(比较审敛法) 设函数 $f(x),g(x)$ 在 $[a,+\infty)$ 上连续,且

$$0 \leqslant f(x) \leqslant kg(x) \ (a \leqslant x < +\infty, k > 0 \text{ 常数}).$$

于是,如果 $\int_a^{+\infty} g(x)\mathrm{d}x$ 收敛,则 $\int_a^{+\infty} f(x)\mathrm{d}x$ 收敛;如果 $\int_a^{+\infty} f(x)\mathrm{d}x$ 发散,则 $\int_a^{+\infty} g(x)\mathrm{d}x$ 发散.

证 设 $a < t < +\infty$,由 $0 \leqslant f(x) \leqslant kg(x)$ 得

$$\int_a^t f(x)\mathrm{d}x \leqslant k\int_a^t g(x)\mathrm{d}x \leqslant k\int_a^{+\infty} g(x)\mathrm{d}x.$$

由定理 1 可知,当 $\int_a^{+\infty} g(x)\mathrm{d}x$ 收敛时,作为积分上限 t 的函数

$$F(t) = \int_a^t f(x)\mathrm{d}x$$

在 $[a,+\infty)$ 上有上界,从而 $\int_a^{+\infty} f(x)\mathrm{d}x$ 收敛.

另一方面,当 $\int_a^{+\infty} f(x)\mathrm{d}x$ 发散时,$\int_a^{+\infty} g(x)\mathrm{d}x$ 不可能收敛,因为根据由上面已证明的结果,将有 $\int_a^{+\infty} f(x)\mathrm{d}x$ 也收敛,这就与假设矛盾.

应用比较审敛法的关键,就是把所给的反常积分与一个已知敛散性的反常积分进行比较.由例 2 知道,反常积分 $\int_a^{+\infty} \dfrac{1}{x^p}\mathrm{d}x \ (a > 0)$ 当 $p > 1$ 时收敛,当 $p \leqslant 1$ 时发散.因此常把它作为比较的反常积分.取 $g(x) = \dfrac{k}{x^p} \ (k > 0)$,立即可得下面的反常积分比较审敛法.

定理 3(比较审敛法 1) 设 $f(x)$ 是 $[a,+\infty) \ (a > 0)$ 上的非负连续函数,若存在常数 M 及 $p > 1$,使得

$$f(x) \leqslant \frac{M}{x^p} \ (a \leqslant x < +\infty),$$

那么反常积分 $\int_a^{+\infty} f(x)\mathrm{d}x$ 收敛;若存在常数 N 及 $p \leqslant 1$,使得

$$f(x) \geqslant \frac{N}{x^p} \ (a \leqslant x < +\infty),$$

那么反常积分 $\int_a^{+\infty} f(x)\mathrm{d}x$ 发散.

例 5　判别反常积分 $\int_1^{+\infty} \dfrac{1}{\sqrt[3]{x^4+1}}\mathrm{d}x$ 的收敛性.

解　由于

$$\frac{1}{\sqrt[3]{x^4+1}} < \frac{1}{\sqrt[3]{x^4}} = \frac{1}{x^{4/3}},$$

而 $\int_1^{+\infty} \dfrac{1}{x^{4/3}}\mathrm{d}x$ 收敛,根据比较审敛法 1,这个反常积分收敛.

为了应用上的方便,下面我们给出比较审敛法的极限形式.

定理 4(比较审敛法的极限形式)　设 $f(x),g(x)$ 在 $[a,+\infty)$ 上分别为非负和恒正的连续函数,且

$$\lim_{x \to +\infty} \frac{f(x)}{g(x)} = \lambda,$$

于是

(1)当 $0 < \lambda < +\infty$ 时,反常积分 $\int_a^{+\infty} f(x)\mathrm{d}x$ 和 $\int_a^{+\infty} g(x)\mathrm{d}x$ 或者同时收敛,或者同时发散;

(2)当 $\lambda = 0$ 时,若反常积分 $\int_a^{+\infty} g(x)\mathrm{d}x$ 收敛,则反常积分 $\int_a^{+\infty} f(x)\mathrm{d}x$ 收敛;

(3)当 $\lambda = +\infty$ 时,若反常积分 $\int_a^{+\infty} g(x)\mathrm{d}x$ 发散,则反常积分 $\int_a^{+\infty} f(x)\mathrm{d}x$ 发散.

证　(1)由极限的定义,对于 $\varepsilon = \dfrac{\lambda}{2}$,存在充分大的 X_1($X_1 \geqslant a, X_1 > 0$),使当 $x > X_1$ 时,必有

$$\left|\frac{f(x)}{g(x)} - \lambda\right| < \frac{\lambda}{2},\ \text{即}\ \frac{\lambda}{2}g(x) < f(x) < \frac{3\lambda}{2}g(x).$$

根据比较审敛法可知,反常积分 $\int_{X_1}^{+\infty} f(x)\mathrm{d}x$ 和 $\int_{X_1}^{+\infty} g(x)\mathrm{d}x$ 或者同时收敛,或者同时发散.而

$$\int_a^{+\infty} f(x)\mathrm{d}x = \int_a^{X_1} f(x)\mathrm{d}x + \int_{X_1}^{+\infty} f(x)\mathrm{d}x,$$

$$\int_a^{+\infty} g(x)\mathrm{d}x = \int_a^{X_1} g(x)\mathrm{d}x + \int_{X_1}^{+\infty} g(x)\mathrm{d}x.$$

故反常积分 $\int_a^{+\infty} f(x)\mathrm{d}x$ 和 $\int_a^{+\infty} g(x)\mathrm{d}x$ 或者同时收敛,或者同时发散.

(2)由极限的定义,对于 $\varepsilon = 1$,存在充分大的 X_2($X_2 \geqslant a, X_2 > 0$),使当 $x > X_2$ 时,必有

$$\left|\frac{f(x)}{g(x)} - 0\right| < 1,\ \text{即}\ 0 \leqslant f(x) < g(x).$$

而 $\displaystyle\int_a^{+\infty} g(x)\mathrm{d}x$ 收敛，根据比较审敛法知 $\displaystyle\int_a^{+\infty} f(x)\mathrm{d}x$ 收敛.

(3)由极限的定义，对于任意 $M>0$，存在充分大的 X_3（$X_3\geqslant a$，$X_3>0$），使当 $x>X_3$ 时，必有

$$\left|\frac{f(x)}{g(x)}\right|>M, \text{ 即 } f(x)>Mg(x).$$

而 $\displaystyle\int_a^{+\infty} g(x)\mathrm{d}x$ 发散，根据比较审敛法知 $\displaystyle\int_a^{+\infty} f(x)\mathrm{d}x$ 发散.

如果取 $g(x)=\dfrac{1}{x^p}$，立即可以得到比较审敛法的极限形式.

定理 5（极限审敛法 1） 设 $f(x)$ 是 $[a,+\infty)$（$a>0$）上的非负连续函数，若存在常数 $p>1$，使得

$$\lim_{x\to+\infty} x^p f(x)=\lambda<+\infty,$$

则 $\displaystyle\int_a^{+\infty} f(x)\mathrm{d}x$ 收敛；若存在常数 $p\leqslant 1$，使得

$$\lim_{x\to+\infty} x^p f(x)=\lambda>0 \text{（或 } \lim_{x\to+\infty} x^p f(x)=+\infty \text{）},$$

则 $\displaystyle\int_a^{+\infty} f(x)\mathrm{d}x$ 发散.

例 6 判别反常积分 $\displaystyle\int_0^{+\infty} \frac{x^2}{\sqrt{x^5+1}}\mathrm{d}x$ 的收敛性.

解 由于

$$\lim_{x\to+\infty} x^{\frac{1}{2}}\cdot\frac{x^2}{\sqrt{x^5+1}}=1,$$

根据极限审敛法 1 知，这个反常积分发散.

现在我们来考虑反常积分的被积函数在所讨论的区间上可取正值也可取负值的情形.

如果反常积分 $\displaystyle\int_a^{+\infty} |f(x)|\mathrm{d}x$ 收敛，则称反常积分 $\displaystyle\int_a^{+\infty} f(x)\mathrm{d}x$ **绝对收敛**；如果反常积分 $\displaystyle\int_a^{+\infty} f(x)\mathrm{d}x$ 收敛，而反常积分 $\displaystyle\int_a^{+\infty} |f(x)|\mathrm{d}x$ 发散，则称反常积分 $\displaystyle\int_a^{+\infty} f(x)\mathrm{d}x$ **条件收敛**.

定理 6 如果反常积分 $\displaystyle\int_a^{+\infty} f(x)\mathrm{d}x$ 绝对收敛，那么反常积分 $\displaystyle\int_a^{+\infty} f(x)\mathrm{d}x$ 必定收敛.

证 令

$$g(x)=\frac{1}{2}(f(x)+|f(x)|),$$

显然 $g(x) \geqslant 0$，且 $g(x) \leqslant |f(x)|$.

因反常积分 $\int_a^{+\infty} |f(x)| \mathrm{d}x$ 收敛，故由比较审敛法知，反常积分 $\int_a^{+\infty} g(x)\mathrm{d}x$ 收敛，从而 $\int_a^{+\infty} 2g(x)\mathrm{d}x$ 也收敛. 但 $f(x) = 2g(x) - |f(x)|$，因此

$$\int_a^{+\infty} f(x)\mathrm{d}x = 2\int_a^{+\infty} g(x)\mathrm{d}x - \int_a^{+\infty} |f(x)| \mathrm{d}x.$$

可见反常积分 $\int_a^{+\infty} f(x)\mathrm{d}x$ 是两个收敛的反常积分的差，因此它是收敛的.

例 7　判别反常积分 $\int_0^{+\infty} \mathrm{e}^{-ax} \sin bx\, \mathrm{d}x$（$a, b$ 都是常数，且 $a > 0$）的收敛性.

解　因为 $|\mathrm{e}^{-ax} \sin bx| \leqslant \mathrm{e}^{-ax}$，而 $\int_0^{+\infty} \mathrm{e}^{-ax}\mathrm{d}x$ 收敛，根据比较审敛法知所给反常积分绝对收敛，再由定理 4 可知所给反常积分收敛.

二、无界函数的反常积分

积分概念的另一重要推广就是被积函数为无界函数的情形.

如果函数 $f(x)$ 在点 $x = a$ 的任一邻域内都无界，那么点 $x = a$ 称为函数 $f(x)$ 的**瑕点**（也称为**无界间断点**）.

定义 2　设函数 $f(x)$ 在 $(a, b]$ 上连续，点 $x = a$ 为 $f(x)$ 的瑕点. 取 $\eta > 0$，称极限

$$\lim_{\eta \to 0^+} \int_{a+\eta}^b f(x)\mathrm{d}x$$

为函数 $f(x)$ 在 $(a, b]$ 上的**反常积分**，仍然记作 $\int_a^b f(x)\mathrm{d}x$，即

$$\int_a^b f(x)\mathrm{d}x = \lim_{\eta \to 0^+} \int_{a+\eta}^b f(x)\mathrm{d}x.$$

如果上述极限存在，也称反常积分 $\int_a^b f(x)\mathrm{d}x$ **收敛**；如果上述积分不存在，则称反常积分 $\int_a^b f(x)\mathrm{d}x$ **发散**.

类似地，设函数 $f(x)$ 在 $[a, b)$ 上连续，点 $x = b$ 为 $f(x)$ 的瑕点. 取 $\eta > 0$，则定义

$$\int_a^b f(x)\mathrm{d}x = \lim_{\eta \to 0^+} \int_a^{b-\eta} f(x)\mathrm{d}x.$$

设函数 $f(x)$ 在 $[a, b]$ 上除点 $c(a < c < b)$ 外连续，点 $x = c$ 为 $f(x)$ 的瑕点，则定义

$$\int_a^b f(x)\mathrm{d}x = \int_a^c f(x)\mathrm{d}x + \int_c^b f(x)\mathrm{d}x$$

$$= \lim_{\eta \to 0^+} \int_a^{c-\eta} f(x)\mathrm{d}x + \lim_{\eta' \to 0^+} \int_{c+\eta'}^b f(x)\mathrm{d}x.$$

上述无界函数的反常积分又称为**瑕积分**.

下面说明一下微积分基本公式在无界函数的反常积分中的用法.

设 $x=a$ 为 $f(x)$ 的瑕点,在 $(a,b]$ 上 $F'(x)=f(x)$,则反常积分

$$\int_a^b f(x)\mathrm{d}x = F(b) - \lim_{x\to a^+}F(x) = F(b) - F(a+0).$$

如果 $\lim\limits_{x\to a^+}F(x)$ 存在,则反常积分 $\int_a^b f(x)\mathrm{d}x$ 收敛;如果 $\lim\limits_{x\to a^+}F(x)$ 不存在,则反常积分 $\int_a^b f(x)\mathrm{d}x$ 发散.

我们仍用记号 $F(x)\Big|_a^b$ 来表示 $F(b)-F(a+0)$,从而形式上仍有

$$\int_a^b f(x)\mathrm{d}x = F(x)\Big|_a^b.$$

对于 $f(x)$ 在 $[a,b)$ 上连续,$x=b$ 为瑕点的反常积分,也有类似的计算公式,这里就不再详述了.

例 8　计算反常积分 $\int_0^a \dfrac{1}{\sqrt{a^2-x^2}}\mathrm{d}x\,(a>0)$.

解　因为

$$\lim_{x\to a^-}\frac{1}{\sqrt{a^2-x^2}}=+\infty,$$

所以点 $x=a$ 是被积函数的瑕点,于是

$$\int_0^a \frac{1}{\sqrt{a^2-x^2}}\mathrm{d}x = \arcsin\frac{x}{a}\Big|_0^a = \lim_{x\to a^-}\arcsin\frac{x}{a}-0 = \frac{\pi}{2}.$$

这个反常积分值的几何解释是:位于曲线 $y=\dfrac{1}{\sqrt{a^2-x^2}}$ 之下,x 轴之上,直线 $x=0$ 与 $x=a$ 之间的图形有有限的面积 $\dfrac{\pi}{2}$ (图 5-10).

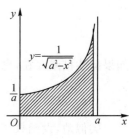

图 5-10

例 9　讨论反常积分 $\int_{-1}^1 \dfrac{1}{x^2}\mathrm{d}x$ 的收敛性.

解　被积函数 $f(x)=\dfrac{1}{x^2}$ 在积分区间 $[-1,1]$ 上除点 $x=0$ 外连续,且

$$\lim_{x\to 0}\frac{1}{x^2}=+\infty,$$

所以 $x=0$ 是被积函数的瑕点,于是

$$\int_{-1}^{1} \frac{1}{x^2} \mathrm{d}x = \int_{-1}^{0} \frac{1}{x^2} \mathrm{d}x + \int_{0}^{1} \frac{1}{x^2} \mathrm{d}x.$$

由于

$$\int_{-1}^{0} \frac{1}{x^2} \mathrm{d}x = -\left. \frac{1}{x} \right|_{-1}^{0} = \lim_{x \to 0^-} \left(-\frac{1}{x} \right) - 1 = +\infty,$$

即反常积分 $\int_{-1}^{0} \frac{1}{x^2} \mathrm{d}x$ 发散，所以反常积分 $\int_{-1}^{1} \frac{1}{x^2} \mathrm{d}x$ 发散.

注意　如果疏忽了 $x = 0$ 是被积函数的瑕点，就会得到以下的错误结果：

$$\int_{-1}^{1} \frac{1}{x^2} \mathrm{d}x = -\left. \frac{1}{x} \right|_{-1}^{1} = -1 - 1 = -2.$$

例 10　证明反常积分 $\int_{a}^{b} \frac{1}{(x-a)^q} \mathrm{d}x$ 当 $0 < q < 1$ 时收敛；当 $q \geqslant 1$ 时发散.

证　当 $q = 1$ 时，

$$\int_{a}^{b} \frac{1}{(x-a)^q} \mathrm{d}x = \int_{a}^{b} \frac{1}{x-a} \mathrm{d}x = \left. \ln(x-a) \right|_{a}^{b}$$

$$= \ln(b-a) - \lim_{x \to a^+} \ln(x-a) = +\infty.$$

当 $q \neq 1$ 时，

$$\int_{a}^{b} \frac{1}{(x-a)^q} \mathrm{d}x = \frac{1}{1-q} \left. (x-a)^{1-q} \right|_{a}^{b}$$

$$= \frac{1}{1-q} \left[(b-a)^{1-q} - \lim_{x \to a^+} (x-a)^{1-q} \right]$$

$$= \begin{cases} +\infty, & q > 1 \\ \dfrac{(b-a)^{1-q}}{1-q}, & 0 < q < 1 \end{cases}.$$

因此，当 $0 < q < 1$ 时，这反常积分收敛，其值为 $\dfrac{(b-a)^{1-q}}{1-q}$；当 $q \geqslant 1$ 时，这反常积分发散.

和无穷限的反常积分相仿，定积分的一些性质包括换元法和分部积分法对无界函数的反常积分也成立.

例 11　求反常积分 $\int_{0}^{+\infty} \frac{1}{\sqrt{x(x+1)^3}} \mathrm{d}x$.

解　这里，积分上限为 $+\infty$，且下限 $x = 0$ 为被积函数的瑕点.

令 $x + \frac{1}{2} = \frac{1}{2} \sec t$，则 $\mathrm{d}x = \frac{1}{2} \sec t \tan t \mathrm{d}t$，且当 $x = 0$ 时，$t = 0$；当 $x \to +\infty$ 时，

$t \to \frac{\pi}{2}$. 于是

$$\int_0^{+\infty} \frac{1}{\sqrt{x(x+1)^3}} \mathrm{d}x = \int_0^{+\infty} \frac{1}{(x+1)\sqrt{(x+\frac{1}{2})^2 - (\frac{1}{2})^2}} \mathrm{d}x$$

$$= \int_0^{\frac{\pi}{2}} \frac{1}{\frac{1}{2}(\sec t + 1) \cdot \frac{1}{2} |\tan t|} \cdot \frac{1}{2} \sec t \tan t \mathrm{d}t$$

$$= 2\int_0^{\frac{\pi}{2}} \frac{1}{1 + \cos t} \mathrm{d}t = 2\int_0^{\frac{\pi}{2}} \frac{1}{2\cos^2 \frac{t}{2}} \mathrm{d}t$$

$$= 2\tan \frac{t}{2} \Big|_0^{\frac{\pi}{2}} = 2.$$

注 反常积分是以正常积分(用和式极限为定义的定积分)为其特殊情况的. 所以, 有的反常积分经过换元后会变成正常积分; 而有的正常积分经过换元后也可能变为反常积分.

对于无界函数的反常积分, 也有类似无穷限反常积分的审敛法.

由例 10 知道, 反常积分 $\int_a^b \frac{1}{(x-a)^q} \mathrm{d}x$ 当 $q < 1$ 时收敛, 当 $q \geqslant 1$ 时发散. 于是, 与定理 3、定理 5 类似可得如下两个审敛法.

定理 7(比较审敛法 2) 设 $f(x)$ 是 $(a, b]$ 上的非负连续函数, $x = a$ 为 $f(x)$ 的瑕点. 若存在常数 M 及 $q < 1$, 使得

$$f(x) \leqslant \frac{M}{(x-a)^q} \quad (a < x \leqslant b),$$

则反常积分 $\int_a^b f(x)\mathrm{d}x$ 收敛; 若存在常数 N 及 $q \geqslant 1$, 使得

$$f(x) \geqslant \frac{N}{(x-a)^q} \quad (a < x \leqslant b),$$

则反常积分 $\int_a^b f(x)\mathrm{d}x$ 发散.

定理 8(极限审敛法 2) 设 $f(x)$ 是 $(a, b]$ 上的非负连续函数, $x = a$ 为 $f(x)$ 的瑕点. 若存在常数 $0 < q < 1$, 使得

$$\lim_{x \to +\infty} (x-a)^q f(x) = \lambda < +\infty,$$

则反常积分 $\int_a^b f(x)\mathrm{d}x$ 收敛; 若存在常数 $q \geqslant 1$, 使得

$$\lim_{x \to +\infty} (x-a)^q f(x) = \lambda > 0 \ (\text{或} \lim_{x \to +\infty} (x-a)^q f(x) = +\infty)$$

则反常积分 $\int_a^b f(x)\mathrm{d}x$ 发散.

例 12　判别反常积分 $\displaystyle\int_0^\pi \frac{\sin x}{x^{3/2}}\mathrm{d}x$ 的收敛性.

解　这里 $x=0$ 是被积函数的瑕点. 由于

$$\lim_{x\to 0^+} x^{1/2}\cdot\frac{\sin x}{x^{3/2}}=\lim_{x\to 0^+}\frac{\sin x}{x}=1,$$

根据极限审敛法 2,知所给反常积分收敛.

例 13　判别反常积分 $\displaystyle\int_0^1 x^{p-1}(1-x)^{q-1}\mathrm{d}x$ 的收敛性.

解　当 $p<1$ 时,$x=0$ 是被积函数的瑕点;当 $q<1$ 时,$x=1$ 是被积函数的瑕点.为此,分别讨论下列两个积分

$$I_1=\int_0^{\frac12}x^{p-1}(1-x)^{q-1}\mathrm{d}x,\qquad I_2=\int_{\frac12}^1 x^{p-1}(1-x)^{q-1}\mathrm{d}x$$

的收敛性.

当 $1-p<1$ 即 $p>0$ 时,由于

$$\lim_{x\to 0^+}x^{1-p}\cdot x^{p-1}(1-x)^{q-1}=1,$$

根据极限审敛法 2,知 I_1 收敛.

当 $1-q<1$ 即 $q>0$ 时,由于

$$\lim_{x\to 1^-}(1-x)^{1-q}\cdot x^{p-1}(1-x)^{q-1}=1,$$

根据极限审敛法 2,知 I_2 也收敛.

由以上讨论即得反常积分 $\displaystyle\int_0^1 x^{p-1}(1-x)^{q-1}\mathrm{d}x$ 在 $p>0,q>0$ 时均收敛.

这个反常积分称为 B 函数,记为 $B(p,q)$.

例 14　判别反常积分 $\displaystyle\int_0^{+\infty}\mathrm{e}^{-x}x^{s-1}\mathrm{d}x\ (s>0)$ 的收敛性.

解　这个积分的区间为无穷,又当 $s-1<0$ 时 $x=0$ 是被积函数的瑕点.为此,分别讨论下列两个积分

$$I_1=\int_0^1 \mathrm{e}^{-x}x^{s-1}\mathrm{d}x,\qquad I_2=\int_1^{+\infty}\mathrm{e}^{-x}x^{s-1}\mathrm{d}x$$

的收敛性.

先讨论 I_1. 当 $s\geqslant 1$ 时,I_1 是定积分;当 $0<s<1$ 时,由于

$$\mathrm{e}^{-x}x^{s-1}=\frac{1}{\mathrm{e}^x}\cdot\frac{1}{x^{1-s}}<\frac{1}{x^{1-s}},$$

根据比较审敛法 2,知反常积分 I_1 收敛.

再讨论 I_2. 由于

$$\lim_{x\to+\infty}x^2\cdot(\mathrm{e}^{-x}x^{s-1})=\lim_{x\to+\infty}\frac{x^{s+1}}{\mathrm{e}^x}=0,$$

根据极限审敛法 1,知反常积分 I_2 也收敛.

由以上的讨论即得反常积分 $\int_0^{+\infty} \mathrm{e}^{-x} x^{s-1} \mathrm{d}x$ 在 $s > 0$ 时均收敛.

这个反常积分称为 Γ 函数,记为 $\Gamma(s)$.

习题 5.4

1. 判定下列各反常积分的收敛性. 如果收敛,计算反常积分的值:

(1) $\int_1^{+\infty} \dfrac{1}{x^4} \mathrm{d}x$;

(2) $\int_1^{+\infty} \dfrac{1}{\sqrt{x}} \mathrm{d}x$;

(3) $\int_0^{+\infty} 4x \mathrm{e}^{-x^2} \mathrm{d}x$;

(4) $\int_{-\infty}^{+\infty} \dfrac{1}{x^2 + 4x + 9} \mathrm{d}x$;

(5) $\int_0^{+\infty} \dfrac{1}{(1+x^2)^2} \mathrm{d}x$;

(6) $\int_{2a}^{+\infty} \dfrac{1}{(x^2 - a^2)^{\frac{3}{2}}} \mathrm{d}x \, (a > 0)$;

(7) $\int_0^{+\infty} \dfrac{1}{(1+x)(1+x^2)} \mathrm{d}x$;

(8) $\int_0^{+\infty} \mathrm{e}^{-x} \sin x \mathrm{d}x$;

(9) $\int_0^1 \dfrac{x}{\sqrt{1-x^2}} \mathrm{d}x$;

(10) $\int_1^{\mathrm{e}} \dfrac{1}{x\sqrt{1-\ln^2 x}} \mathrm{d}x$;

(11) $\int_1^2 \dfrac{x}{\sqrt{x-1}} \mathrm{d}x$;

(12) $\int_0^1 \dfrac{x}{(2-x^2)\sqrt{1-x^2}} \mathrm{d}x$;

(13) $\int_0^2 \dfrac{1}{(1-x)^2} \mathrm{d}x$;

(14) $\int_1^3 \dfrac{1}{x^2 - 4} \mathrm{d}x$;

(15) $\int_{-1}^0 \dfrac{\ln(1+x)}{\sqrt[3]{1+x}} \mathrm{d}x$.

2. 证明:$\int_0^{+\infty} \dfrac{\mathrm{d}x}{1+x^4} = \int_0^{+\infty} \dfrac{x^2}{1+x^4} \mathrm{d}x = \dfrac{\pi}{2\sqrt{2}}$.

3. 利用递推公式计算反常积分 $I_n = \int_0^{+\infty} x^n \mathrm{e}^{-x} \mathrm{d}x$, n 是正整数.

4. 判别反常积分的敛散性:

(1) $\int_2^{+\infty} \dfrac{x^2}{x^4 - x^2 - 1} \mathrm{d}x$;

(2) $\int_1^{+\infty} \dfrac{1}{x \cdot \sqrt[3]{x^2 + 1}} \mathrm{d}x$;

(3) $\int_1^{+\infty} \sin \dfrac{1}{x^2} \mathrm{d}x$;

(4) $\int_1^{+\infty} \dfrac{x}{1 - \mathrm{e}^x} \mathrm{d}x$;

(5) $\int_1^{+\infty} \dfrac{x \arctan x}{1 + x^3} \mathrm{d}x$;

(6) $\int_0^{+\infty} \dfrac{1}{1 + x|\sin x|} \mathrm{d}x$;

(7) $\int_1^2 \dfrac{1}{\ln^3 x} \mathrm{d}x$;

(8) $\int_0^1 \dfrac{\ln x}{1 - x} \mathrm{d}x$;

(9) $\displaystyle\int_0^1 \frac{1}{\sqrt[4]{1-x^4}}\mathrm{d}x$;　　　　　　(10) $\displaystyle\int_0^1 \frac{\arctan x}{1-x^3}\mathrm{d}x$;

(11) $\displaystyle\int_0^1 \frac{1}{\sqrt{x}\ln x}\mathrm{d}x$;　　　　　　(12) $\displaystyle\int_1^2 \frac{1}{\sqrt[3]{x^2-3x+2}}\mathrm{d}x$;

(13) $\displaystyle\int_0^{+\infty} \mathrm{e}^{-x}\ln x\,\mathrm{d}x$.

5.设反常积分 $\displaystyle\int_1^{+\infty} f^2(x)\mathrm{d}x$ 收敛,证明反常积分 $\displaystyle\int_1^{+\infty} \frac{f(x)}{x}\mathrm{d}x$ 绝对收敛.

第 5 节　定积分的应用

一、定积分在几何学上的应用

1.平面图形的面积

在第 1 节中我们已经知道,由曲线 $y=f(x)(f(x)\geqslant 0)$ 及直线 $x=a,x=b(a<b)$ 与 x 轴所围成的曲边梯形(图 5-11)的面积 A 是定积分

$$A=\int_a^b f(x)\mathrm{d}x.$$

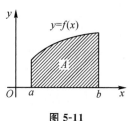
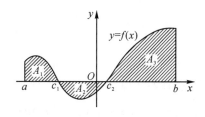

图 5-11　　　　　　　　　　图 5-12

如果在 $[a,b]$ 上 $f(x)$ 既取得正值又取得负值,则由曲线 $y=f(x)$ 及直线 $x=a$, $x=b(a<b)$ 与 x 轴所围成的图形(图 5-12)面积 A 是

$$A=A_1+A_2+A_3=\int_a^{c_1} f(x)\mathrm{d}x-\int_{c_1}^{c_2} f(x)\mathrm{d}x+\int_{c_2}^b f(x)\mathrm{d}x=\int_a^b |f(x)|\,\mathrm{d}x.$$

一般地,由上、下两条曲线 $y=f(x)$ 与 $y=g(x)$ 及直线 $x=a,x=b(a<b)$ 所围成的图形(图 5-13),它的面积 A 的计算公式为

$$A=\int_a^b f(x)\mathrm{d}x-\int_a^b g(x)\mathrm{d}x=\int_a^b [f(x)-g(x)]\mathrm{d}x.$$

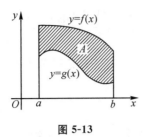
图 5-13

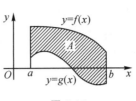
图 5-14

上述公式成立不必如图 5-13 所示假定 $f(x)$ 和 $g(x)$ 是非负的. 图 5-14 所示就是一例. 将该平面图形向上移动至 x 轴之上, 我们就可把此情形化为图 5-13 的情况. 也就是说, 我们选择一个足够大的正数 C, 以保证对于 $[a,b]$ 内的所有 x, 有 $0 \leqslant g(x)+C \leqslant f(x)+C$, 则 $f(x)+C$ 与 $g(x)+C$ 之间的图形面积也就是 $f(x)$ 与 $g(x)$ 之间的图形面积, 它的面积 A 一样由积分

$$A = \int_a^b \{[f(x)+C]-[g(x)+C]\}\mathrm{d}x = \int_a^b [f(x)-g(x)]\mathrm{d}x$$

给出.

例 1 求由抛物线 $y=x^2$ 与直线 $y=x, y=2x$ 所围成的图形的面积.

解 这个图形如图 5-15 所示. 为了定出这图形所在的范围, 先求出所给抛物线和直线的交点. 解方程组

$$\begin{cases} y=x^2, \\ y=x, \end{cases} \text{和} \begin{cases} y=x^2, \\ y=2x, \end{cases}$$

得交点 $(0,0),(1,1)$ 和 $(2,4)$, 从而知道该图形在直线 $x=0$ 及 $x=2$ 之间.

由于在子区间 $[0,1]$ 上有 $2x \geqslant x$, 而在子区间 $[1,2]$ 上有 $2x \geqslant x^2$, 所以所求的面积为

$$A = \int_0^1 (2x-x)\mathrm{d}x + \int_1^2 (2x-x^2)\mathrm{d}x = \frac{1}{2}x^2 \Big|_0^1 + \left(x^2-\frac{1}{3}x^3\right)\Big|_1^2 = \frac{7}{6}.$$

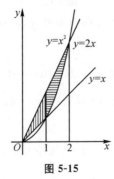
图 5-15

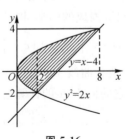
图 5-16

例 2 计算抛物线 $y^2=2x$ 与直线 $y=x-4$ 所围成的图形的面积.

解 这个图形如图 5-16 所示. 求出抛物线与直线的交点为 $(2,-2)$ 和 $(8,4)$.

若选 y 为积分变量(即将 y 轴看作曲边梯形的底),则所求的面积是直线 $x = y + 4$ 和抛物线 $x = \dfrac{1}{2} y^2$ 分别与直线 $y = -2$ 和 $y = 4$ 所围成的面积之差,即

$$A = \int_{-2}^{4} \left[(y + 4) - \frac{1}{2} y^2 \right] \mathrm{d}y = \left(\frac{1}{2} y^2 + 4y - \frac{1}{6} y^3 \right) \Big|_{-2}^{4} = 18.$$

若选 x 为积分变量(即将 x 轴看作曲边梯形的底),则所求的面积为

$$A = \int_{0}^{2} \left[\sqrt{2x} - (-\sqrt{2x}) \right] \mathrm{d}x + \int_{2}^{8} \left[\sqrt{2x} - (x - 4) \right] \mathrm{d}x$$

$$= 2\sqrt{2} \cdot \frac{2}{3} x^{\frac{3}{2}} \Big|_{0}^{2} + \sqrt{2} \cdot \frac{2}{3} x^{\frac{3}{2}} \Big|_{2}^{8} - \left(\frac{1}{2} x^2 - 4x \right) \Big|_{2}^{8} = 18.$$

由例 2 可以看到,积分变量选得适当,可使计算方便.

例 3　求椭圆 $\dfrac{x^2}{a^2} + \dfrac{y^2}{b^2} = 1$ 所围成的图形的面积.

解　该椭圆关于两坐标轴都对称(图 5-17),所以椭圆所围成的图形的面积为

$$A = 4A_1,$$

其中 A_1 为该椭圆在第一象限部分与两坐标轴所围图形的面积,因此

$$A = 4A_1 = 4 \int_{0}^{a} y \, \mathrm{d}x,$$

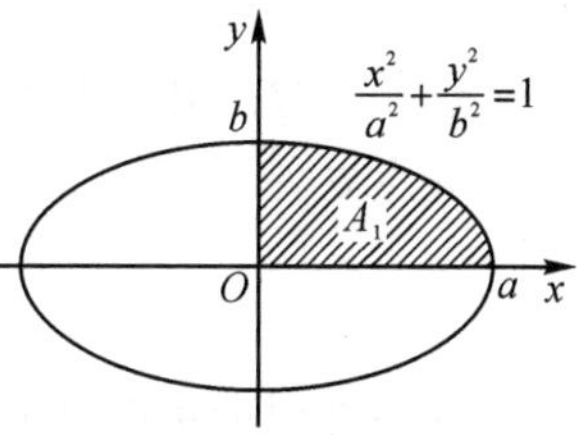

其中 $y = \dfrac{b}{a} \sqrt{a^2 - x^2}$,于是

图 5-17

$$A = 4 \int_{0}^{a} \frac{b}{a} \sqrt{a^2 - x^2} \, \mathrm{d}x = \frac{4b}{a} \int_{0}^{a} \sqrt{a^2 - x^2} \, \mathrm{d}x.$$

应用定积分的换元法,令 $x = a \sin t$,则 $\sqrt{a^2 - x^2} = a \cos t$. 当 x 由 0 变到 a 时,t 由 0 变到 $\dfrac{\pi}{2}$,所以

$$A = \frac{4b}{a} \int_{0}^{\frac{\pi}{2}} a \cos t \cdot a \cos t \, \mathrm{d}t = 4ab \int_{0}^{\frac{\pi}{2}} \cos^2 t \, \mathrm{d}t = 4ab \cdot \frac{1}{2} \cdot \frac{\pi}{2} = \pi ab.$$

当 $a = b$ 时,就得到大家所熟悉的圆面积的公式 $A = \pi a^2$.

2. 体积

(1)平行截面面积为已知的立体体积

现在,我们考虑求夹在垂直于 x 轴的两平面 $x = a$ 和 $x = b (a < b)$ 之间的立体的体积. 假定在 $[a, b]$ 内任何一点 x 处作垂直于 x 轴的平面所截的截面面积 $A(x)$ 是一个连续函数(图 5-18).

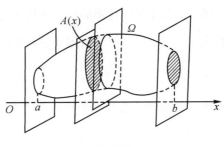

图 5-18

下面我们来推导由截面面积函数求立体体积的一般计算公式.

分 $[a, b]$ 为 n 份,其分点为

$$a = x_0 < x_1 < x_2 < \cdots < x_n = b,$$

记 $\lambda = \max_{1 \leqslant i \leqslant n}\{\Delta x_i\}$.

过各个分点作垂直于 x 轴的平面 $x = x_i (i = 1, 2, \cdots, n)$ 截此立体为 n 个小部分,取任一点 $\xi_i \in [x_{i-1}, x_i]$,作和式,再取极限,有

$$\lim_{\lambda \to 0} \sum_{i=1}^{n} A(\xi_i) \Delta x_i.$$

这个和式的极限的几何意义是很明显的,即用 n 个厚度为 Δx_i,底面积为 $A(\xi_i)$ 的小薄片的体积之和逼近所求体积. 由于 $A(x)$ 是连续函数,所以这个和式的极限存在,它就是所求的体积

$$\lim_{\lambda \to 0} \sum_{i=1}^{n} A(\xi_i) \Delta x_i = \int_a^b A(x) \mathrm{d}x.$$

这样就获得了在已知立体截面积 $A(x)$ (连续函数)的情况下,该立体的体积公式:

$$V = \int_a^b A(x) \mathrm{d}x.$$

(2)旋转体的体积

旋转体作为一种特殊情况,由前面导出的公式,就可以得出它的体积计算公式.

设有一块由连续曲线 $y = f(x) (f(x) \geqslant 0)$ 及直线 $x = a, x = b (a < b)$ 与 x 轴所围成的曲边梯形(图 5-19).

(ⅰ)绕 x 轴一周旋转而生成一个旋转体,则垂直于 x 轴的平面所切割的每个截面积是一个圆盘. 在点 x 处切割的圆盘的面积为

$$A(x) = \pi y^2 = \pi f^2(x).$$

代入体积公式,即得绕 x 轴的旋转体体积公式

$$V_x = \pi \int_a^b f^2(x) \mathrm{d}x.$$

（ⅱ）绕 y 轴旋转一周生成一个旋转体,则用平行于 y 轴的圆柱面去截此旋转体,其截面面积为

$$A(x) = 2\pi x \cdot f(x).$$

代入体积公式,即得绕 y 轴的旋转体体积公式

$$V_y = 2\pi \int_a^b x f(x) \mathrm{d}x.$$

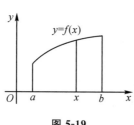

图 5-19

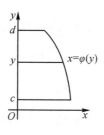

图 5-20

用与上面（ⅰ）类似的方法可以推出:由曲线 $x = \varphi(y)$,直线 $y = c, y = d (c < d)$ 与 y 轴所围成的曲边梯形(图 5-20),绕 y 轴轴旋转一周而成的旋转体的体积为

$$V_y = \pi \int_c^d \varphi^2(y) \mathrm{d}y.$$

例 4　计算由曲线 $y = x^3$ 与直线 $x = 2, y = 0$ 所围成的图形分别绕 x 轴、y 轴旋转而成的旋转体的体积.

解　按旋转体的体积公式,所述图形绕 x 轴旋转而成的旋转体的体积

$$V_x = \pi \int_0^2 (x^3)^2 \mathrm{d}x = \frac{\pi}{7} x^7 \Big|_0^2 = \frac{128}{7}\pi.$$

所述图形绕 y 轴旋转而成的旋转体的体积可看成矩形 $OABC$ 与曲边三角形 OBC (图 5-21)分别绕 y 轴旋转而成的旋转体的体积差. 因此,所求体积为

$$V_y = \pi \cdot 2^2 \cdot 8 - \pi \int_0^8 (y^{\frac{1}{3}})^2 \mathrm{d}y = 32\pi - \frac{3}{5}\pi y^{\frac{5}{3}} \Big|_0^8 = \frac{64}{5}\pi.$$

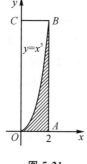

图 5-21

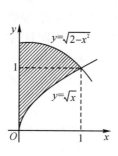

图 5-22

例 5　求由圆弧 $y = \sqrt{2 - x^2}$，抛物线 $y = \sqrt{x}$ 及 y 轴所围平面图形分别绕 x 轴和 y 轴旋转生成的旋转体体积.

解　该平面图形如图 5-22 所示.解方程组

$$\begin{cases} y = \sqrt{2 - x^2}, \\ y = \sqrt{x}, \end{cases}$$

得交点坐标为 $(1, 1)$.

所述图形绕 x 轴旋转而成的旋转体的体积为

$$V_x = \pi \int_0^1 (\sqrt{2 - x^2})^2 \mathrm{d}x - \pi \int_0^1 (\sqrt{x})^2 \mathrm{d}x$$

$$= \pi \left(2x - \frac{1}{3} x^3 \right) \Big|_0^1 - \pi \cdot \frac{1}{2} x^2 \Big|_0^1 = \frac{7}{6} \pi.$$

所述图形绕 y 轴旋转而成的旋转体的体积为

$$V_y = 2\pi \int_0^1 x \sqrt{2 - x^2} \mathrm{d}x - 2\pi \int_0^1 x \sqrt{x} \mathrm{d}x$$

$$= -\frac{2\pi}{3} (2 - x^2)^{\frac{3}{2}} \Big|_0^1 - \frac{4\pi}{5} x^{\frac{5}{2}} \Big|_0^1 = \frac{20\sqrt{2} - 22}{15} \pi.$$

二、定积分在经济学上的应用

1. 净增长问题

例 6　某产品的的生产率为 $Q'(t) = 100 + 12t - 0.6t^2$（箱/小时），求生产开始后的第三小时内的产量.

解　因为总产量 $Q(t)$ 是它的变化率 $Q'(t)$ 的原函数，所以在生产开始后的第三小时，即从 $t = 2$ 到 $t = 3$ 这一小时内的产量为

$$Q(3) - Q(2) = \int_2^3 Q'(t) \mathrm{d}t = \int_2^3 (100 + 12t - 0.6t^2) \mathrm{d}t$$

$$= (100t + 6t^2 - 0.2t^3) \Big|_2^3 = 126.2 \text{（箱）}.$$

例 7　设某种商品每周生产 q 单位时的固定成本为 200 元,成本变化率为 $C'(q) = 0.4q - 12$（元/单位）,求总成本函数.如果这种商品的销售单价为 20 元,且假设商品可以全部售出,求总利润函数 $L(q)$,并问每周生产多少单位时可获得最大利润?

解　因为变上限积分是被积函数的一个原函数,因此可变成本是成本变化率在 $[0, q]$ 上的定积分.又已知固定成本为 200 元,即 $C(0) = 200$.所以每周生产 q 单位的总成本为

$$C(q) = \int_0^q (0.4t - 12) \mathrm{d}t + C(0) = (0.2t^2 - 12t) \Big|_0^q + 200$$

$$= 0.2q^2 - 12q + 200.$$

销售 q 单位时的总收入为 $R(q) = 20q$，所以总利润函数为

$$L(q) = R(q) - C(q) = 32q - 0.2q^2 - 200.$$

令 $L'(q) = 32 - 0.4q = 0$，得唯一驻点 $q = 80$. 又 $L''(80) = -0.4 < 0$，所以当 $q = 80$（单位）时可获得最大利润，最大利润为 $L(80) = 80(32 - 16) - 200 = 1\ 080$（元）.

例 8　如果某产品的边际收益为产量 Q 的函数 $R'(Q) = 15 - 2Q$. 试求总收益函数与需求函数.

解　显然，当产量 $Q = 0$ 时，总收益为零，即 $R(0) = 0$. 所以总收益函数为

$$R(Q) = \int_0^Q R'(t)\mathrm{d}t + R(0) = \int_0^Q (15 - 2t)\mathrm{d}t = 15Q - Q^2.$$

由 $R(Q) = Qp$（其中 p 为单价），得到需求函数为 $Q = 15 - p$.

例 9　某商品的需求量 Q 是价格 p 的函数，该商品的最大需求量为 $2\ 000$. 已知边际需求为 $Q'(p) = -1\ 000\mathrm{e}^{-0.5p}$，试求需求量 Q 与价格 p 的函数关系.

解　已知最大需求量为 $2\ 000$，即 $Q(0) = 2\ 000$，所以需求函数为

$$Q(p) = \int_0^p Q'(t)\mathrm{d}t + Q(0) = \int_0^p -1\ 000\mathrm{e}^{-0.5t}\mathrm{d}t + 2\ 000$$

$$= 2\ 000\mathrm{e}^{-0.5t}\Big|_0^p + 2\ 000 = 2\ 000\mathrm{e}^{-0.5p}.$$

例 10　设某产品的总成本 C（单位：万元）的变化率（边际成本）$C' = 1$，总收入 R（单位：万元）的变化率为生产量 x（单位：百台）的函数：$R' = R'(x) = 5 - x$.

（1）求生产量等于多少时，总利润 $L = R - C$ 为最大；

（2）从利润最大的生产量又生产了 100 台，总利润减少了多少？

解　（1）令 $L'(x) = R'(x) - C'(x) = 5 - x - 1 = 0$，得唯一驻点 $x = 4$. 又 $L''(4) = -1 < 0$，所以生产 400 时总利润有最大值.

（2）$L(5) - L(4) = \int_4^5 L'(x)\mathrm{d}x = \int_4^5 (4 - x)\mathrm{d}x = -0.5$，即从 400 台再生产 100 台，总利润减少了 0.5 万元.

2. 资金的现值与投资问题

当我们考虑支付给某人款项或某人获得款项时，通常把这些款项当成离散地支付或获得的. 但对一个公司，特别是大型公司，一般来说，它的收益或支出是随时流进或流出的，因此，这些收益或支出是可以近似被表示为一连续的收入流或支出流.

我们把时刻 t 处单位时间的收入记为 $p(t)$，其单位通常是元/年或元/月等. 要注意的是，$p(t)$ 表示的是一速率，而这一速率是随时间 t 变化的，我们也称其为**现金收入率**.

当处理连续收入流时，假设利息是以连续复利方式盈取的. 这样假设是因为如果款项和利息都是连续变化的，则我们要得到的近似值会变得简单一些.

我们感兴趣的是,如果在时间段 $[0,T]$ 内,公司的收入流以一个已知的收入率 $p(t)$ 不断地存入银行,并且以连续复利的方式计算利息,如何将这一时段内得到的总收入折算成开始时刻($t=0$)的资金值(现值)或期末时刻($t=T$)的资金值(终值)?

我们先将时间段 $[0,T]$ 分割成 n 份,每一微小时段内任取一点 ξ_i,每段长度记为 Δt_i. 这样做的目的是使得在每一微小时段上,$p(t)$ 的值的变化很小,可以近似看成为常数 $p(\xi_i)$. 于是,在这种微小时段上,

$$收入额 \approx p(\xi_i)\Delta t_i.$$

这个收入额在以连续复利计息方式下,折算成开始时刻 $t=0$ 的资金值,近似为

$$p(\xi_i)\Delta t_i \cdot \mathrm{e}^{-r t_i}.$$

把所有微小时段上的收入的现值加起来,得

$$现值 \approx \sum_{i=1}^{n} p(\xi_i)\Delta t_i \cdot \mathrm{e}^{-r t_i}.$$

记 $\lambda = \max\limits_{1 \leqslant i \leqslant n}\{\Delta t_i\}$. 取 $\lambda \to 0$ 时的极限,就得到如下结果:

$$现值 = \int_0^T p(t)\mathrm{e}^{-r t}\,\mathrm{d}t.$$

在计算终值时,因为收入额 $p(\xi_i)\Delta t_i$ 在以后的 $T-t_i$ 期间内计息,因此在时间段 $[0,T]$ 上,

$$终值 \approx \sum_{i=1}^{n} p(\xi_i)\Delta t_i \cdot \mathrm{e}^{r(T-t_i)}.$$

取 $\lambda \to 0$ 时的极限,上面的和式就成为一个定积分:

$$终值 = \int_0^T p(t)\mathrm{e}^{r(T-t)}\,\mathrm{d}t.$$

例 11 某企业新建一个项目投资 800 万元,年利率为 5%,设在 20 年中的均匀收入率为 200 万元/年,求:(1)总收入的现值;(2)总收入的终值;(3)投资回收期.

解 (1)总收入的现值 $= \displaystyle\int_0^{20} 200\mathrm{e}^{-0.05t}\,\mathrm{d}t = -\frac{200}{0.05}\mathrm{e}^{-0.05t}\Big|_0^{20}$

$$= 4\,000(1-\mathrm{e}^{-1}) \approx 2\,528.4\,(万元).$$

(2)总收入的终值 $= \displaystyle\int_0^{20} 200\mathrm{e}^{0.05(20-t)}\,\mathrm{d}t = \frac{200\mathrm{e}}{0.05}(-\mathrm{e}^{-0.05t})\Big|_0^{20}$

$$= 4\,000(\mathrm{e}-1) \approx 6\,873.1\,(万元).$$

(3)所谓投资回收期,就是使总收入的现值等于投资额的期限数,设为 T 年,则 T 年内总收入现值为

$$\int_0^T 200\mathrm{e}^{-0.05t}\,\mathrm{d}t = 4\,000(1-\mathrm{e}^{-0.05T}).$$

令它等于投资额,即得

$$4\ 000(1 - e^{-0.05T}) = 800,$$

解得 $T = 20\ln\dfrac{5}{4} \approx 4.46$（年）.

例 12　某航空公司为了发展新航线的航运业务，需要增加 5 架波音 737 客机. 如果购进一架客机需要一次支付 5 000 万美元现金，客机的使用寿命为 15 年. 如果租用一架客机，每年需要支付 600 万美元的租金，租金以均匀货币流的方式支付. 若银行的年利率为 12%，请问购买客机与租用客机哪种方案为佳？ 如果银行的年利率为 6%，结果又如何.

解　两种方案所支付的资金无法直接比较，必须将它们都化为同一时刻的价值才能比较. 我们以当前价值为标准.

购买一架飞机的当前价值为 5 000 万美元，租用一架飞机的现值为

$$P = \int_0^{15} 600e^{-rt}\,\mathrm{d}t = \frac{600}{r}(1 - e^{-15r})\ (\text{万美元}).$$

当 $r = 12\%$ 时，$P = \dfrac{600}{0.12}(1 - e^{-15 \times 0.12}) \approx 4\ 173.5$（万美元）.

当 $r = 6\%$ 时，$P = \dfrac{600}{0.06}(1 - e^{-15 \times 0.06}) \approx 5\ 934.3$（万美元）.

由上可知，当银行利率为 12%，租用客机比购买合算；当银行利率为 6%，时，购买客机比租用客机合算.

3. 消费者剩余与生产者剩余

在自由市场中，生产并销售某一商品的数量可由这一商品的供给与需求曲线描述. 供给曲线描述了生产者将要提供的不同价格水平的商品数量. 我们通常假设当价格上涨时，供给量也上涨. 顾客的购买行为则由需求曲线反映. 这一曲线描述的是顾客购买不同价格水平商品的数量. 这里假设价格的上涨导致购买量的下降（图 5-23）.

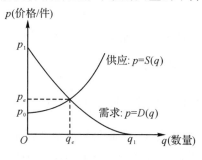

图 5-23

　　价格 p_0 是供给曲线的纵截距，以这一价格，供应量为 0. 也就是说，除非价格比 p_0 高，否则供给者是不会生产这种商品的.

　　价格 p_1 是需求曲线的纵截距，以这一价格，需求量为 0. 也就是说，除非价格低于

p_1，否则需求者是不会购买任何这种商品的.

供给曲线 $p = S(q)$ 与需求曲线 $p = D(q)$ 的交点 (q_e, p_e) 称为**均衡点**，在此点供需达到均衡. 通常市场将趋于均衡价格 p_e 和均衡数量 q_e. 在均衡点处，意味着一种数量为 q_e 的商品将被生产出来，并以单价 p_e 销售.

注意到在均衡点，有一定数量的消费者已经比他们原来打算出的价钱低的价格购得了这种商品. 同样地，也存在有一些供给者，他们本来打算生产价格低一些的这种商品.

所谓消费者剩余，是指消费者因以均衡价格购买了某种商品而没有以比他们本来打算出的价格高的价格购买这种商品而节省下来的钱的总数. 要注意的是，消费者剩余只是消费者的一种心理上的感觉，并不意味着有实际收益.

所谓生产者剩余，是指生产者因以均衡价格出售了某种商品而没有以他们本来打算的较低一些的售价售出这种商品而获得的额外收入.

如果需求函数是连续函数，则消费者剩余可用需求函数 $D(q)$ 以下，直线 $p = p_e$ 以上的面积表示(图 5-24)，用定积分表示就是

$$消费者剩余 \ C_s = \int_0^{q_e} D(q)\,\mathrm{d}q - p_e q_e.$$

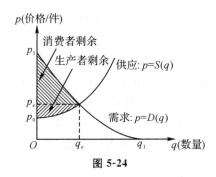

图 5-24

同样地，我们可以定义生产者剩余如下：

$$生产者剩余 \ P_s = p_e q_e - \int_0^{q_e} S(q)\,\mathrm{d}q.$$

例 13 设某商品的供给曲线与需求曲线分别为 $p = D(q) = \dfrac{1}{4}(q+1)$，$P = S(q) = \sqrt{4-q}$，试求在市场平衡价格基础上，此商品的消费者剩余与生产者剩余.

解 由 $D(q) = S(q)$，得 $q = 3$，从而 $p = 1$. 因此，供需平衡点为 $E(3, 1)$ (图 5-25).

$$消费者剩余 \ C_s = \int_0^3 \sqrt{4-q}\,\mathrm{d}q - 1 \times 3 = -\frac{2}{3}(4-q)^{\frac{3}{2}} \Big|_0^3 - 3 = \frac{5}{3}.$$

$$生产者剩余 \ P_s = 1 \times 3 - \int_0^3 \frac{1}{4}(q+1)\,\mathrm{d}q = 3 - \frac{1}{8}(q+1)^2 \Big|_0^3 = \frac{9}{8}.$$

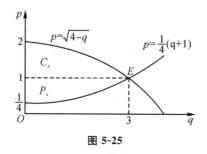

图 5-25

4.洛伦兹曲线与基尼系数

在现实社会中,人们对社会财富的拥有不是平均的.我们用横坐标表示由低收入到高收入进行排列后的人数百分数,纵坐标表示这部分人群的总收入占社会总收入的百分数,这样画出的函数曲线可以刻画出社会贫富不均程度,称为**洛伦兹**(Lorentz)**曲线**(图 5-26).

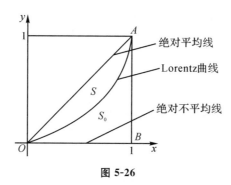

图 5-26

如果洛伦兹曲线为直线 OA,则表示对于任意 $x \in (0,1)$,100% 的人赚取了总收入的 $100x\%$,这表达了收入分配的绝对平均.如果洛伦兹曲线为直线 OB,则表示只有最后一人占有了全部收入,其他人全部无收入,表达了收入分配是绝对不公平的.以上两种情况实际中是不可能出现的.实际的收入分配曲线应在 $\triangle OAB$ 中.曲线的具体作法可经过社会调查后,用统计方法建立数学模型而得到.

20 世纪初,意大利经济学家基尼(Gini)根据洛伦兹曲线提出了判断分配平等程度的指标.设实际收入分配曲线 $f(x)$ 和收入分配绝对平等曲线之间的面积为 S,实际收入分配曲线右下方的面积为 S_0,则以 S 与 $S + S_0$ 的比表示不平等程度,这个数值称为**基尼系数**,即

$$\text{Gini 系数} = \frac{S}{S + S_0} = \frac{\int_0^1 [x - f(x)] \mathrm{d}x}{\int_0^1 x \mathrm{d}x} = 1 - 2\int_0^1 f(x)\mathrm{d}x.$$

如果面积 S 为零,基尼系数为零,表示收入分配完全平等;如果面积 S_0 为零,则基尼系数为 1,表示收入分配绝对不平等.基尼系数可在 0 与 1 之间取任何值.收入分配越是趋于平等,洛伦兹曲线的弧度越小,基尼系数也越小;反之,收入分配越是趋向不平等,洛伦兹曲线的弧度就越大,那么基尼系数也越大.

一般来说,若基尼系数低于 0.2 表示收入绝对平均;0.2~0.3 表示比较平均;0.3~0.4 表示相对合理;0.4~0.5 表示收入差距较大;0.6 以上表示收入差距悬殊.

习题 5.5

1.求下列各曲线所围成的图形的面积:

(1) $y = \sqrt{x}$ 与直线 $y = x$;

(2) $y = \mathrm{e}^x$ 与直线 $y = \mathrm{e}$ 及 y 轴;

(3) $y = 3 - x^2$ 与直线 $y = 2x$;

(4) $(y-1)^2 = x+1$ 与直线 $y = x$;

(5) $y = \dfrac{1}{x}$ 与直线 $y = x$ 及 $x = 2$;

(6) $y = x + \dfrac{1}{x}$ 与直线 $x = 2, y = 2$;

(7) $y = x^2, y = \sqrt{x}$ 及直线 $x = 0, x = 2$;

(8) $y = \sin x, y = \cos x$ 与直线 $x = 0, x = \dfrac{\pi}{2}$.

2.在曲线 $y = \sqrt{2x}$ 上点 $(2,2)$ 作切线,求此切线与该曲线及直线 $y = 0$ 所围平面图形的面积.

3.求抛物线 $y = -x^2 + 4x - 3$ 及其在点 $(0,-3)$ 和 $(3,0)$ 处的切线所围成的图形面积.

4.求曲线 $y = x^3 - 3x + 2$ 和它的右极值点处的切线所围区域的面积.

5.设 $f(x) = \displaystyle\int_{-1}^{x} (1 - |t|) \mathrm{d}t \, (x \geqslant -1)$.试求曲线 $y = f(x)$ 与 x 轴所围图形的面积.

6.求下列已知曲线所围成的图形,按指定的轴旋转所产生的旋转体的体积:

(1) $y = 2 - x^2, y = x (x \geqslant 0), x = 0$,绕 x 轴;

(2) $y = \dfrac{1}{x}, y = 4x, x = 2, y = 0$,绕 x 轴;

(3) $y = x^2, y = x^3$,绕 y 轴;

(4) $y = \sin x \left(0 \leqslant x \leqslant \dfrac{\pi}{2}\right), x = \dfrac{\pi}{2}, y = 0$,绕 y 轴.

7. 由圆周 $x^2 + y^2 = 1$ 与抛物线 $y^2 = \dfrac{3}{2}x$ 所围成的两个图形中较小的一块分别绕 x 轴及 y 轴旋转，计算两个旋转体的体积．

8. 把曲线 $y = \dfrac{\sqrt{x}}{1 + x^2}$ 绕 x 轴旋转得一旋转体．

(1) 求此旋转体的体积 V；

(2) 记此旋转体于 $x = 0$ 与 $x = a$ 之间的体积为 $V(a)$，问 a 为何值时，有 $V(a) = \dfrac{1}{2}V$.

9. 若边际消费倾向是收入 Y 的函数 $\dfrac{3}{2}Y^{-\frac{1}{2}}$ 且当收入为零时总消费支出为 $C_0 = 70$，

(1) 求消费函数 $C(Y)$；(2) 求收入由 100 增加到 196 时消费支出的增量．

10. 某加工厂添置一台机器后在 t 年内得到的附加赢利（附加收益减去附加成本）为

$$L(t) = 225 - \dfrac{1}{4}t^2 \quad (\text{单位：万元/年}).$$

除附加成本支付劳力和原材料费用外，还需支付维修成本，为 $C(t) = 2t^2$（单位：万元/年）．问机器何时报废？到报废时赢利积累为多少？

11. 若某公司欠了你 2 万元，它可以用两种方式偿还．第一种方式是首先偿还 5 000 元，其余部分分三次偿还，每年偿还 5 000 元，到第三年末还清．第二种方式是在三年后一次性付给 2.5 万元．假定银行年利率为 8%，从纯经济学的角度出发，你将选择哪一种方式？为什么？

复习题五

一、单项选择题

1. 设 $I_1 = \displaystyle\int_0^{\frac{\pi}{4}} \dfrac{\sin x}{x}\mathrm{d}x$，$I_2 = \displaystyle\int_0^{\frac{\pi}{4}} \dfrac{x}{\sin x}\mathrm{d}x$，则（　　）．

(A) $I_1 < \dfrac{\pi}{4} < I_2$ (B) $I_1 < I_2 < \dfrac{\pi}{4}$

(C) $\dfrac{\pi}{4} < I_1 < I_2$ (D) $I_2 < \dfrac{\pi}{4} < I_1$

2. 函数 $f(x) = \displaystyle\int_0^{x-x^2} \mathrm{e}^{-t^2}\mathrm{d}t$ 的极值点为 $x = ($　　$)$.

(A) $\dfrac{1}{2}$ (B) $\dfrac{1}{4}$ (C) $-\dfrac{1}{4}$ (D) $-\dfrac{1}{2}$

3. 设连续函数 $f(x)$ 满足 $\dfrac{\mathrm{d}}{\mathrm{d}x}\displaystyle\int_1^{2x} f(t)\mathrm{d}t = 4x\mathrm{e}^{-2x}$，则 $f(x)$ 的一个原函数 $F(x) = ($　　$)$.

(A) $(x+1)\mathrm{e}^{-x}$.   (B) $-(x+1)\mathrm{e}^{-x}$.

(C) $(x-1)\mathrm{e}^{-x}$.   (D) $-(x-1)\mathrm{e}^{-x}$.

4.设函数 $f(x)$ 可导,且 $f(0)\neq 0$,则 $\lim\limits_{x\to 0}\dfrac{x[f(x)-f(0)]}{\displaystyle\int_0^x tf(t)\mathrm{d}t}=$（   ）.

(A) $\dfrac{2f'(0)}{f(0)}$ (B) $-\dfrac{2f'(0)}{f(0)}$ (C) $\dfrac{f'(0)}{2f(0)}$ (D) $-\dfrac{f'(0)}{2f(0)}$

5.若 e^{-x} 是 $f(x)$ 的一个原函数,则 $\displaystyle\int_1^{\sqrt{2}}\dfrac{1}{x^2}f(\ln x)\mathrm{d}x=$（   ）.

(A) $-\dfrac{1}{4}$ (B) -1 (C) $\dfrac{1}{4}$ (D) 1

6.如图,连续函数 $y=f(x)$ 在区间 $[-3,-2]$,$[2,3]$ 上的图形分别是直径为 1 的上、下半圆周,在区间 $[-2,0]$,$[0,2]$ 的图形分别是直径为的上、下半圆周,设 $G(x)=\displaystyle\int_0^x f(t)\mathrm{d}t$,那么 $G(x)$ 非负的范围是（   ）.

(A)整个 $[-3,3]$

(B)仅为 $[-3,-2]\cup[0,2]$

(C)仅为 $[0,3]$

(D)仅为 $[-3,-2]\cup[0,3]$

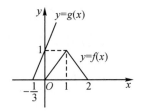

7.若 $I=\dfrac{1}{s}\displaystyle\int_0^s f\left(t+\dfrac{x}{s}\right)\mathrm{d}x\,(s>0,t>0)$,则 I（   ）.

(A)依赖 s,t,x (B)依赖于 t 和 s

(C)依赖于 t,不依赖于 s (D)依赖 s,x

8.如图所示,函数 $f(x)$ 是以 2 为周期的连续周期函数,它在 $[0,2]$ 上的图形为分段直线,$g(x)$ 是线性函数,则 $\displaystyle\int_0^2 f[g(x)]\mathrm{d}x=$（   ）.

(A) $\dfrac{1}{2}$ (B) 1

(C) $\dfrac{2}{3}$ (D) $\dfrac{3}{2}$

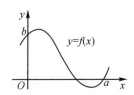

9.曲线 $y=f(x)$ 如图所示,函数 $f(x)$ 具有连续的 2 阶导数,且 $f'(a)=1$,则积分 $\displaystyle\int_0^a xf''(x)\mathrm{d}x=$（   ）.

(A) $a-b$ (B) $b-a$ (C) $a+b$ (D) ab

10. 设 $f(x)$ 在 $[a, +\infty)$ 上连续,$\int_a^{+\infty} f(x)\mathrm{d}x$ 收敛,又 $\lim\limits_{x \to +\infty} f(x) = l$,则(   ).

(A) $l > 0$ (B) $l < 0$

(C) $l = 0$ (D) l 可为任意实数

二、填空题

1. $\lim\limits_{n \to \infty} \dfrac{1}{n}\left(\sin\dfrac{\pi}{n} + \sin\dfrac{2\pi}{n} + \cdots + \sin\dfrac{n-1}{n}\pi\right) = $ _____.

2. 使积分 $\int_a^b (x - x^2)\mathrm{d}x$ 的值最大的积分区间 $[a, b]$ 是 _____.

3. $\lim\limits_{x \to 2} \dfrac{\int_2^x \left[\int_t^2 \mathrm{e}^{-u^2}\,\mathrm{d}u\right]\mathrm{d}t}{(x-2)^2} = $ _____.

4. 设 $f(x) = \dfrac{1}{1+x^2} + x^3\int_0^1 f(x)\mathrm{d}x$,则 $\int_0^1 f(x)\mathrm{d}x = $ _____.

5. $\int_{-2}^2 \mathrm{e}^{|x|}(1+x)\mathrm{d}x = $ _____.

6. 设 $f(x) = \mathrm{e}^{2x}$,$\varphi(x) = \ln x$,则 $\int_0^1 [f(\varphi(x)) + \varphi(f(x))]\mathrm{d}x = $ _____.

7. $\int_0^1 x^{15}\sqrt{1+3x^8}\,\mathrm{d}x = $ _____.

8. $\int_0^{\frac{\pi}{2}} \dfrac{\sin^{2016}x}{\sin^{2016}x + \cos^{2016}x}\mathrm{d}x = $ _____.

9. 设 $f(x)$ 满足 $\int_0^1 f(tx)\mathrm{d}t = f(x) + x\sin x$,$f(0) = 0$ 且有一阶导数,则当 $x \neq 0$ 时,

$f(x) = $ _____.

10. 反常积分 $\int_0^{+\infty} x^3\mathrm{e}^{-x^2}\mathrm{d}x = $ _____.

11. 曲线 $y = \sqrt{x-1}$ 与 $x = 4$ 及 $y = 0$ 围成的平面图形绕 x 轴旋转一周得到的旋转体体积 $V = $ _____.

12. 某产品的边际成本 $C'(x) = 4 + \dfrac{x}{4}$(万元/百台),则产量由 1 百台增加到 5 百台时的总成本增加值为 _____.

三、解答题

1. 试证:$\dfrac{1}{2} < \int_0^{\frac{1}{2}} \dfrac{\mathrm{d}x}{\sqrt{1-x^n}} < \dfrac{\pi}{6}(n > 2)$.

2. 设 $f(x)$ 是一个连续函数,证明:存在 $\xi \in [0, 1]$,使得

$$\int_0^1 x^2 f(x)\mathrm{d}x = \dfrac{1}{3}f(\xi)$$

成立.

3.设 $f(x)$ 在 $[a,b]$ 上连续,且 $\int_a^b f(x)\mathrm{d}x=0$,试证: $\exists c\in(a,b)$,使得
$$\int_a^c f(t)\mathrm{d}t=f(c).$$

4.已知 $f(x)$ 为连续函数,且
$$\int_0^{2x} xf(t)\mathrm{d}t+2\int_x^0 tf(2t)\mathrm{d}t=2x^3(x-1),$$
求 $f(x)$ 在 $[0,2]$ 上的最大值与最小值.

5.设对于所有的实数 x, $f(x)$ 满足方程
$$\int_0^x f(t)\mathrm{d}t=\int_x^1 t^2 f(t)\mathrm{d}t+\frac{x^2}{2}+C.$$

试求函数 $f(x)$ 及常数 C.

6.计算下列定积分：

(1) $\int_{-2}^2 \min\left\{\frac{1}{|x|},\ x^2\right\}\mathrm{d}x$;

(2) $\int_1^3 \sqrt{|x(x-2)|}\,\mathrm{d}x$;

(3) $\int_0^a \frac{1}{x+\sqrt{a^2-x^2}}\mathrm{d}x(a>0)$;

(4) $\int_0^{\frac{1}{2}} \arcsin x\mathrm{d}x$;

(5) $\int_0^{2\pi} \left|x-\frac{\pi}{2}\right|\cos x\mathrm{d}x$.

7.计算下列反常积分：

(1) $\int_0^{+\infty} \frac{\mathrm{d}x}{(1+x^2)(1+x^a)}(a\geqslant 0)$;

(2) $\int_0^a x^3\sqrt{\frac{x}{a-x}}\mathrm{d}x(a>0)$.

8.判别下列反常积分的收敛性：

(1) $\int_0^{+\infty} \frac{\sin x}{\sqrt{x^3}}\mathrm{d}x$;

(2) $\int_2^{+\infty} \frac{1}{x\cdot\sqrt[3]{x^2-3x+2}}\mathrm{d}x$.

(3) $\int_0^{\frac{\pi}{2}} \ln\sin x\mathrm{d}x$;

(4) $\int_2^{+\infty} \frac{\cos x}{\ln x}\mathrm{d}x$.

9.设 $I_n=\int_0^{\frac{\pi}{4}} \tan^n x\mathrm{d}x(n\geqslant 1)$,证明：

(1) $I_{n+1}<I_n$;

(2)当 $n\geqslant 2$ 时, $I_n+I_{n-2}=\frac{1}{n-1}$;

(3)当 $n\geqslant 2$ 时, $\frac{1}{n+1}<2I_n<\frac{1}{n-1}$.

10.设 $F(x)=\int_0^x \mathrm{e}^{-t}\cos t\mathrm{d}t$. 试求：(1) $F(0)$; (2) $F'(0)$; (3) $F''(0)$; (4) $F(x)$ 在闭

区间 $[0,\pi]$ 上的最大值与最小值.

11. 设 $f(x)$ 在 $[a,b]$ 上连续,$g(x)$ 在 $[a,b]$ 上单调可导,证明:在 (a,b) 内存在 ξ,使 $\int_a^b f(x)g(x)\mathrm{d}x = g(a)\int_a^{\xi} f(x)\mathrm{d}x + g(b)\int_{\xi}^b f(x)\mathrm{d}x.$

12. 求由下列各组曲线所围成的图形的面积:

(1) $\sqrt{y}=x,y=2-x$ 及 x;

(2) $y^2=2x+6$ 与 $y^2=3-x$;

(3) $x^2+y^2=2x,x^2+y^2=4x$ 和直线 $y=x,y=0$.

13. 求 c 的值,使曲线 $y=x^2$ 与 $x=cy^2$ 在第一象限所围成的平面图形的面积为 1.

14. 过曲线 $y=\sqrt[3]{x}\,(x\geqslant 0)$ 上点 A 作切线,使该曲线与切线及 x 轴围成的平面图形 D 的面积为 $\dfrac{3}{4}$.

(1) 求 A 点的坐标;

(2) 求平面图形 D 绕 x 轴旋转一周所得旋转体的体积.

15. 设抛物线 $y=ax^2+bx+c$ 通过点 $(0,0)$,且当 $x\in[0,1]$ 时,$y\geqslant 0$. 试确定 a,b,c 的值,使得抛物线 $y=ax^2+bx+c$ 与直线 $x=1,y=0$ 所围图形的面积为 $\dfrac{4}{9}$,且使该图形绕 x 轴旋转而成的旋转体的体积最小.

第6章　多元函数微积分

前面章节中,我们讨论的函数都只有一个自变量,这种函数称为一元函数.但在许多实际问题中,一个变量往往依赖于多个变量,这在数学上可以归结为多元函数.本章将在一元函数微积分学的基础上讨论多元函数的微积分及其应用.

作为一元函数的推广,多元函数与一元函数在许多概念、理论和方法之间有着密切的联系和相似之处.尽管如此,它们之间还是存在着一些质的不同.然而二元与二元以上的多元函数之间却无本质上的差别,所以本章中我们以讨论二元函数为主,所得结果可以类推到二元以上的多元函数.

第1节　多元函数的概念、极限与连续

一、多元函数的概念

与实数轴上邻域与区域的概念类似,首先引入平面上邻域与区域的概念.

1. 平面点集

考虑平面上的点,如果引入直角坐标系,则平面上的点 P 就与有序二元实数组 (x, y) 之间建立了一一对应,即平面上的点 P 可以用有序实数组 (x, y) 表示.我们把坐标平面上具有某种性质的点的全体称为**平面点集**,记作

$$E = \{(x, y) \mid (x, y) \text{ 具有的性质}\}.$$

例如,平面上的所有点组成的点集记为

$$\mathbf{R}^2 = \{(x, y) \mid -\infty < x < +\infty, -\infty < y < +\infty\}.$$

定义1　设 $P_0(x_0, y_0)$ 为平面上一点,δ 为某一正数,与点 P_0 的距离小于 δ 的所有点的全体,称为点 P_0 的 δ **邻域**,记作 $U(P_0, \delta)$,也即

$$U(P_0, \delta) = \{(x, y) \mid \sqrt{(x - x_0)^2 + (y - y_0)^2} < \delta\}.$$

在几何上,$U(P_0, \delta)$ 就是平面上以 P_0 为中心,δ 为半径的圆的内部所有点的集合(图 6-1).有时不需要强调邻域的半径是多少,也将邻域简记为 $U(P_0)$.点 P_0 的 δ 去心邻域记为 $\mathring{U}(P_0, \delta)$ 或 $\mathring{U}(P_0)$,即

$$\mathring{U}(P_0,\delta) = \{(x,y) \mid 0 < \sqrt{(x-x_0)^2 + (y-y_0)^2} < \delta\}.$$

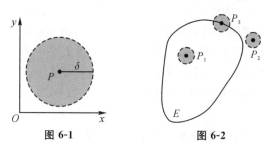

图 6-1　　　　　　　图 6-2

利用邻域可以描述点与点集之间的关系,并定义平面上的一些重要的点集.

记 E 为平面上的一个点集,P 是平面上一点,则 P 和 E 之间必存在以下三种关系中的一种:

(1)内点. 如果存在点 P 的某个邻域 $U(P)$,使得 $U(P) \subset E$,则称 P 为 E 的**内点**(图 6-2 中的点 P_1);

(2)外点. 如果存在点 P 的某个邻域 $U(P)$,使得 $U(P) \bigcap E = \varnothing$,则称 P 是 E 的**外点**(图 6-2 中的点 P_2);

(3)边界点. 如果点 P 的任一邻域内既含有属于 E 的点,又含有不属于 E 的点,则称 P 为 E 的**边界点**(图 6-2 中的点 P_3). E 的边界点的全体称为它的**边界**,记作 ∂E.

如果点集 E 的点都是它的内点,则称 E 为**开集**,如果 E 的边界 $\partial E \subset E$,则称 E 为**闭集**.

设 E 为一平面点集,如果对于 E 内的任意两点,都可用折线连结起来,且该折线上的点都属于 E,则称点集 E 是**连通的**(图 6-3).

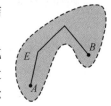

连通的开集称为**开区域**,简称为**区域**.区域连同它的边界一起构成了**闭区域**.对于区域 E,如果能找到一个中心在原点 O,半径 r 适当大的一个有限圆,将 E 覆盖住($E \subset U(O,r)$),则称 E 是**有界的**,否则称为**无界的**.

图 6-3

例如集合 $\{(x,y) \mid 1 \leqslant x^2 + y^2 \leqslant 2\}$ 是有界闭区域(图 6-4);而集合 $\{(x,y) \mid x+y > 0\}$ 是无界开区域(图 6-5).

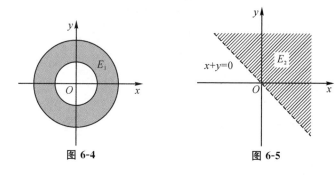

图 6-4　　　　　　　图 6-5

2.多元函数的概念

许多实际应用问题中,常会遇到一个变量与多个变量之间的关系.如圆柱体的体积 V 和它的底半径 r、高 h 之间具有关系 $V = \pi r^2 h$,这里,当 r,h 在集合 $\{(r,h) \mid r > 0, h > 0\}$ 内取一对值 (r,h) 时, V 的对应值就随之确定.这种关系所表达的就是二元函数.

定义 2 设 D 是平面上的一个点集,如果对于每一个点 $(x, y) \in D$,按照某确定的规则 f,变量 z 总有唯一值与之对应,则称变量 z 是变量 x 和 y 的**二元函数**,记为

$$z = f(x, y), \quad (x, y) \in D.$$

其中 x, y 称为**自变量**, z 称为**因变量**,平面点集 D 称为该函数的**定义域**,数集 $\{z \mid z = f(x, y), (x, y) \in D\}$ 称为该函数的**值域**.

类似地,可定义三元及三元以上的函数.一般地,设 D 是 n 维空间 $\mathbf{R}^n$ 内的一个点集,如果对于每一个点 $(x_1, x_2, \cdots, x_n) \in D$,按照某种确定的规则 f,变量 u 总有唯一值与之对应,则称变量 u 是变量 $x_1, x_2, \cdots, x_n$ 的 **n 元函数**,记为

$$u = f(x_1, x_2, \cdots, x_n), (x_1, x_2, \cdots, x_n) \in D.$$

在 $n = 2, 3$ 时,习惯上将点 (x_1, x_2) 与 (x_1, x_2, x_3) 分别表示成 (x, y) 与 (x, y, z).

当 $n \geqslant 2$ 时, n 元函数统称为**多元函数**.

关于多元函数的定义域,与一元函数相类似.在一般地讨论用算式表达的多元函数时,函数的定义域由表达函数的式子本身来确定,即我们所说的自然定义域;在考察实际问题中函数关系的定义域时,则要根据实际问题的意义来确定.

例如函数 $z = \arcsin(x + y)$ 的定义域为

$$\{(x,y) \mid -1 \leqslant x + y \leqslant 1\},$$

这是一个无界的闭区域(图 6-6).

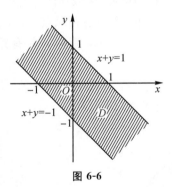

图 6-6

例 1 已知 $f\left(x + y, \dfrac{y}{x}\right) = x^2 - y^2$, 求 $f(x, y)$.

解 设 $u = x + y, v = \dfrac{y}{x}$, 则 $x = \dfrac{u}{1 + v}, y = \dfrac{uv}{1 + v}$, 于是

$$f(u, v) = \left(\frac{u}{1+v}\right)^2 - \left(\frac{uv}{1+v}\right)^2 = \frac{u^2(1-v)}{1+v},$$

所以 $f(x, y) = \dfrac{x^2(1-y)}{1+y}.$

3. 二元函数的几何意义

设给定一个二元函数 $z = f(x, y), (x, y) \in D.$ 取定一个空间直角坐标系 $Oxyz$, 在 xOy 平面上画出函数的定义域 $D.$ 在 D 内任取一点 $P(x, y)$, 按照 $z = f(x, y)$ 就有空间中的一个点 $M(x, y, z)$ 与之对应 (图 6-7). 当点 P 在 D 中变化时, 相应的点 M 就在空间中变动; 而当点 P 取遍整个定义域 D 内的值时, 点 M 的全体就是函数 $z = f(x, y)$ 的图形.

一般地, 二元函数 $z = f(x, y)$ 的图形是空间的一张曲面, 该曲面在 xOy 平面上的投影区域就是函数的定义域 $D.$

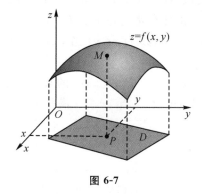

图 6-7

例 2 说明函数 $z = \sqrt{1 - x^2 - (y-1)^2}$ 图形的几何意义.

解 等式两边平方, 得

$$z^2 = 1 - x^2 - (y-1)^2,$$

即

$$x^2 + (y-1)^2 + z^2 = 1.$$

而方程 $x^2 + (y-1)^2 + z^2 = 1$ 是表示以 $(0, 1, 0)$ 为球心, 以 1 为半径的球面. 因此, 函数 $z = \sqrt{1 - x^2 - (y-1)^2}$ 的图形为该球面的上半球面, 如图 6-8 所示.

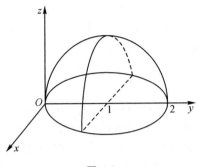

图 6-8

二、多元函数的极限

与一元函数极限概念类似,设二元函数 $f(x,y)$ 在点 $P_0(x_0,y_0)$ 的某个去心邻域内有定义,如果当动点 $P(x,y)$ 沿任意路径趋于点 $P_0(x_0,y_0)$ 时,$f(x,y)$ 总是无限接近于一个确定的常数 A,则称 A 为函数 $f(x,y)$ 当 $(x,y) \to (x_0,y_0)$ 时的极限.下面用"$\varepsilon-\delta$"语言精确描述这个概念.

定义 3 设二元函数 $f(x,y)$ 在点 $P_0(x_0,y_0)$ 的某个去心邻域内有定义,如果对于任意给定的正数 ε,都存在相应的正数 δ,当 (x,y) 满足

$$0 < \sqrt{(x-x_0)^2 + (y-y_0)^2} < \delta$$

时,都有

$$|f(x,y) - A| < \varepsilon,$$

则称函数 $z = f(x,y)$ 在 (x_0,y_0) 处的**极限**为 A,记为

$$\lim_{\substack{x \to x_0 \\ y \to y_0}} f(x,y) = A \quad \text{或} \quad \lim_{(x,y) \to (x_0,y_0)} f(x,y) = A.$$

相对于一元函数的极限,我们称二元函数的极限为**二重极限**.二元函数的极限实质上与一元函数的极限相同,前者在自变量趋近方式上较之后者复杂得多.在一元函数中,自变量 $x \to x_0$ 本质上仅有两种:$x \to x_0^-$ 和 $x \to x_0^+$;但在二元函数中,自变量 $(x,y) \to (x_0,y_0)$,不只是左、右趋近 (x_0,y_0) 的直线情况,它可以是沿任何曲线、任何方向,即从四面八方的任何形式趋近于 (x_0,y_0).

按照定义,若 $\lim_{\substack{x \to x_0 \\ y \to y_0}} f(x,y)$ 存在,则要求点 (x,y) 沿任何方式趋于 (x_0,y_0) 时,二元函数的极限都存在,且均为 A. 因此,如果点 (x,y) 只是沿着某些直线或曲线趋于点 (x_0,y_0) 时,函数值 $f(x,y)$ 趋于 A 是不能断定极限存在的.但从反方面来看,如果点 (x,y) 沿着不同方式趋近于点 (x_0,y_0) 时,函数值趋于不同的值,就可以断定极限不存在.这一结论常常用来说明一个二元函数的极限不存在.

例 3　设函数 $f(x,y)=(x^2+y^2)\sin\dfrac{1}{x^2+y^2}$，证明：$\lim\limits_{\substack{x\to 0 \\ y\to 0}}f(x,y)=0$.

证　对于任意给定的 $\varepsilon>0$，欲使

$$\left|(x^2+y^2)\sin\frac{1}{x^2+y^2}-0\right|\leqslant|\,x^2+y^2\,|<\varepsilon,$$

只要取 $\delta=\sqrt{\varepsilon}$ 即可，此时，当 $0<\sqrt{x^2+y^2}<\delta$ 时，总有

$$\left|(x^2+y^2)\sin\frac{1}{x^2+y^2}-0\right|<\varepsilon$$

成立，因此 $\lim\limits_{\substack{x\to 0 \\ y\to 0}}f(x,y)=0$.

例 4　说明函数

$$f(x,y)=\begin{cases}\dfrac{xy}{x^2+y^2}, & (x,y)\neq(0,0) \\[2mm] 0, & (x,y)=(0,0)\end{cases}$$

在点 $(0,0)$ 处极限不存在.

解　只需找两条不同的曲线趋向 $(0,0)$ 点，而得到不同极限即可.

因为

$$\lim\limits_{\substack{x=0 \\ y\to 0}}f(x,y)=0,$$

且

$$\lim\limits_{\substack{x\to 0 \\ y=x}}f(x,y)=\lim\limits_{x\to 0}\frac{x^2}{x^2+x^2}=\frac{1}{2},$$

因此 $\lim\limits_{\substack{x\to 0 \\ y\to 0}}f(x,y)$ 不存在.

以上关于二元函数的极限概念，可相应地推广到 n 元函数上去. 有关它们极限的性质和运算法则，与一元函数的极限完全类似，这里不再赘述.

三、多元函数的连续性

与一元函数的连续与间断类似，下面给出二元函数连续的定义.

定义 4　设二元函数 $z=f(x,y)$ 在点 $P_0(x_0,y_0)$ 的某一邻域内有定义，如果

$$\lim\limits_{\substack{x\to x_0 \\ y\to y_0}}f(x,y)=f(x_0,y_0),\tag{1}$$

则称 $f(x,y)$ 在点 $P_0(x_0,y_0)$ 处**连续**，$P_0(x_0,y_0)$ 为 $f(x,y)$ 的**连续点**. 否则，称 $f(x,y)$ 在点 $P_0(x_0,y_0)$ 处**不连续**或**间断**，$P_0(x_0,y_0)$ 为 $f(x,y)$ 的**不连续点**或**间断点**.

设二元函数 $z=f(x,y)$ 的自变量 x,y 在 x_0,y_0 处分别有增量 $\Delta x,\Delta y$ 时，称相应函数 z 的增量

$$\Delta z = f(x_0 + \Delta x, \ y_0 + \Delta y) - f(x_0, \ y_0),$$

为函数 $z = f(x,y)$ 在点 $P_0(x_0,y_0)$ 处的**全增量**. 称增量

$$\Delta_x z = f(x_0 + \Delta x, \ y_0) - f(x_0, \ y_0)$$

为函数 $z = f(x,y)$ 在点 $P_0(x_0,y_0)$ 处对 x 的**偏增量**. 称增量

$$\Delta_y z = f(x_0, \ y_0 + \Delta y) - f(x_0, \ y_0)$$

为函数 $z = f(x,y)$ 在点 $P_0(x_0,y_0)$ 处对 y 的**偏增量**.

若令 $x = x_0 + \Delta x, y = y_0 + \Delta y$，则当 $x \to x_0$ 时，$\Delta x \to 0$；当 $y \to y_0$ 时，$\Delta y \to 0$. 从而等式（1）可以改写为

$$\lim_{\substack{\Delta x \to 0 \\ \Delta y \to 0}} [f(x_0 + \Delta x, \ y_0 + \Delta y) - f(x_0, \ y_0)] = 0.$$

由此利用全增量的定义，连续的定义可以用如下的等价定义描述.

定义 5 设二元函数 $z = f(x,y)$ 在点 $P_0(x_0,y_0)$ 的某一邻域内有定义，如果当自变量 x,y 在 x_0,y_0 处的增量 $\Delta x,\Delta y$ 趋于零时，相应函数 z 的全增量 Δz 也趋向于零，即

$$\lim_{\substack{\Delta x \to 0 \\ \Delta y \to 0}} \Delta z = 0,$$

则称 $f(x,y)$ 在点 $P_0(x_0,y_0)$ 处**连续**.

例如，点 $(0, 0)$ 是函数

$$f(x,y) = \begin{cases} \dfrac{xy}{x^2 + y^2}, & (x, \ y) \neq (0, 0), \\ 0, & (x, \ y) = (0, 0) \end{cases}$$

的一个间断点，因为由例 4 知，$\lim\limits_{\substack{x \to 0 \\ y \to 0}} f(x,y)$ 不存在，故函数 $f(x,y)$ 在点 $(0,0)$ 不连续.

如果二元函数 $f(x,y)$ 在区域 D 内每一点都连续，则称该函数在 D 上**连续**，或者称 $f(x,y)$ 是 D 上的**连续函数**. 区域 D 上连续的二元函数的图形是立体空间中的一张连续曲面.

根据二元函数的极限运算法则，可以证明二元连续函数的和、差、积和商（在分母不为零处）仍为连续函数；二元连续函数的复合函数也是连续函数.

与一元函数类似，由两个不同自变量（如 x 和 y）的基本初等函数经过有限次的四则运算或复合运算所构成的可用一个式子表示的二元函数称为**二元初等函数**. 一切二元初等函数在其定义区域内是连续的. 这里所说的定义区域是指包含在定义域内的区域或闭区域. 利用这个结论，当要求某个二元初等函数在其定义区域内一点的极限时，只要计算出函数在该点的函数值即可.

例如，函数 $f(x,y) = \dfrac{1}{x^2 + y^2 - 1}$ 是初等函数，在其定义域 $D = \{(x, \ y) \mid x^2 + y^2 \neq 1\}$ 上是连续函数，其间断点是整个圆周 $\{(x, \ y) \mid x^2 + y^2 = 1\}$.

例 6　求 $\lim\limits_{\substack{x\to 1\\y\to 2}}(x^2+xy+y^2)$.

解　因为 x^2+xy+y^2 在点 $(1,2)$ 处连续,所以

$$\lim\limits_{\substack{x\to 1\\y\to 2}}(x^2+xy+y^2)=1^2+1\times 2+2^2=7.$$

例 7　求 $\lim\limits_{\substack{x\to 0\\y\to 1}}\dfrac{2-\sqrt{xy+4}}{xy}$.

解　$\lim\limits_{\substack{x\to 0\\y\to 1}}\dfrac{2-\sqrt{xy+4}}{xy}=\lim\limits_{\substack{x\to 0\\y\to 1}}\dfrac{4-(xy+4)}{xy(2+\sqrt{xy+4})}=\lim\limits_{\substack{x\to 0\\y\to 1}}\dfrac{-1}{2+\sqrt{xy+4}}=-\dfrac{1}{4}.$

以上运算的最后一步用到了二元函数 $\dfrac{-1}{2+\sqrt{xy+4}}$ 在点 $(0,1)$ 处的连续性.

与闭区间上一元连续函数的性质相类似,在有界闭区域 D 上的二元连续函数具有如下性质.

定理 1(有界性与最大值最小值定理)　在有界闭区域 D 上的二元连续函数,必定在 D 上有界,且能取得它的最大值和最小值.

定理 2(介值定理)　在有界闭区域 D 上的二元连续函数必取得介于最大值和最小值之间的任何值.

以上关于二元函数的连续性概念及性质,可相应地推广到 n 元函数,不再详述.

习题 6.1

1.求下列二元函数的定义域并作出定义域的图形:

(1) $z=\dfrac{1}{\sqrt{x+y}}+\dfrac{1}{\sqrt{x-y}}$;

(2) $z=\arcsin\dfrac{x}{3}+\arccos\dfrac{y}{2}$;

(3) $z=\dfrac{\arcsin(3-x^2-y^2)}{\sqrt{x-y^2}}$;

(4) $z=\ln(x-y)+\sqrt{2^{xy}-1}$.

2.已知函数 $f(x,y)=x^2+y^2-xy\tan\dfrac{x}{y}$,求 $f(tx,ty)$.

3.设 $f(x,y)=x+y+g(xy)$,且 $f(x,1)=x^2$,求 $f(x,y)$.

4.对于二元函数 $z=f(x,y)$ 来说,当 (x,y) 沿任何直线趋向于 (x_0,y_0) 时,极限存在且相等,问极限 $\lim\limits_{\substack{x\to x_0\\y\to y_0}}f(x,y)$ 是否一定存在? 用

$$f(x,y)=\begin{cases}\dfrac{x^2y}{x^4+y^2}, & x^2+y^2\neq 0,\\[2mm] 0, & x^2+y^2=0\end{cases}$$

来说明.

5.求下列各极限：

(1) $\lim\limits_{\substack{x\to 0 \\ y\to 2}}(1+xy)\mathrm{e}^{x+y}$；

(2) $\lim\limits_{\substack{x\to 0 \\ y\to 2}}\dfrac{\sin(xy^2)}{x}$；

(3) $\lim\limits_{\substack{x\to 0 \\ y\to 0}}\dfrac{xy}{\sqrt{xy+1}-1}$；

(4) $\lim\limits_{\substack{x\to 0 \\ y\to 0}}[1+\sin(xy)]^{\frac{1}{xy}}$；

(5) $\lim\limits_{\substack{x\to 0 \\ y\to 0}}(x+y)\sin\dfrac{1}{x^2+y^2}$；

(6) $\lim\limits_{\substack{x\to +\infty \\ y\to +\infty}}(\dfrac{xy}{x^2+y^2})^{x^2}$.

6.证明下列极限不存在：

(1) $\lim\limits_{\substack{x\to 0 \\ y\to 0}}\dfrac{x+y}{x-y}$；

(2) $\lim\limits_{\substack{x\to 0 \\ y\to 0}}\dfrac{xy}{x+y}$.

7.求函数 $z=\sin\dfrac{1}{xy}$ 的间断点.

第 2 节　偏导数

一、偏导数的概念及其计算法

在一元函数微分学中,我们从讨论函数的变化率引入了导数的概念.对于二元函数有时也需要研究与之相关的变化率.但由于自变量多了一个,因变量与自变量的关系要比一元函数复杂得多.考虑到两个自变量是独立变化的,一种简单的问题是:让一个自变量暂时固定,将二元函数看成是另一个变量的一元函数,讨论这个一元函数的导数,这种导数就称为二元函数的偏导数.

定义 1　设函数 $z=f(x,y)$ 在点 (x_0,y_0) 的某个邻域内有定义,当自变量 y 固定在 y_0,而自变量 x 在点 x_0 处有增量 $\Delta x(\Delta x\neq 0)$ 时,函数 z 对 x 的偏增量为

$$\Delta_x z=f(x_0+\Delta x,y_0)-f(x_0,y_0).$$

如果极限

$$\lim\limits_{\Delta x\to 0}\frac{\Delta_x z}{\Delta x}=\lim\limits_{\Delta x\to 0}\frac{f(x_0+\Delta x,y_0)-f(x_0,y_0)}{\Delta x}$$

存在,则称此极限为函数 $z=f(x,y)$ 在点 (x_0,y_0) 处对 x 的**偏导数**,记作

$$\frac{\partial z}{\partial x}\bigg|_{(x_0,y_0)},\frac{\partial f}{\partial x}\bigg|_{(x_0,y_0)},z_x\bigg|_{(x_0,y_0)}\quad\text{或}\quad f_x(x_0,y_0).$$

类似地,如果极限

$$\lim\limits_{\Delta y\to 0}\frac{\Delta_y z}{\Delta y}=\lim\limits_{\Delta y\to 0}\frac{f(x_0,y_0+\Delta y)-f(x_0,y_0)}{\Delta y}$$

存在,则称此极限为函数 $z=f(x,y)$ 在点 (x_0,y_0) 处对 y 的偏导数,记作

$$\left.\frac{\partial z}{\partial y}\right|_{(x_0,y_0)},\left.\frac{\partial f}{\partial y}\right|_{(x_0,y_0)},\left.z_y\right|_{(x_0,y_0)} \text{ 或 } f_y(x_0,y_0).$$

当函数 $z=f(x,y)$ 在点 (x_0,y_0) 处关于自变量 x 和 y 的偏导数都存在时,则称函数 $f(x,y)$ 在点 (x_0,y_0) 处**可偏导**.

如果二元函数 $z=f(x,y)$ 在区域 D 内每一点 (x,y) 处都可偏导,那么 $f(x,y)$ 关于 x 与 y 的偏导数仍然是 x 和 y 的二元函数,称它们为 $f(x,y)$ 的**偏导函数**,或在不致引起混淆时,简称为**偏导数**,分别记作

$$\frac{\partial z}{\partial x},\frac{\partial f}{\partial x},\ z_x \text{ 或 } f_x(x,y)$$

和

$$\frac{\partial z}{\partial y},\frac{\partial f}{\partial y},\ z_y \text{ 或 } f_y(x,y).$$

偏导数的概念可进一步推广到三元及三元以上的函数. 例如三元函数 $u=f(x,y,z)$ 在点 (x,y,z) 处偏导数定义为

$$f_x(x,y,z) = \lim_{\Delta x \to 0} \frac{f(x+\Delta x,y,z)-f(x,y,z)}{\Delta x},$$

$$f_y(x,y,z) = \lim_{\Delta y \to 0} \frac{f(x,y+\Delta y,z)-f(x,y,z)}{\Delta y},$$

$$f_z(x,y,z) = \lim_{\Delta z \to 0} \frac{f(x,y,z+\Delta z)-f(x,y,z)}{\Delta z}.$$

在多元函数偏导数的定义中,实际上是只有一个自变量在变化,而其余的自变量是固定的,即均视为常数,所以实质上是一元函数的导数问题.例如计算 $z=f(x,y)$ 的偏导数 $f_x(x,y)$ 时,只要把 y 看作常量而对 x 求导数即可;类似地,计算 $f_y(x,y)$ 时,只需把 x 看作常量而对 y 求导数.

例 1　求函数 $z=x^3+2x^2y-y^3$ 在点 $(1,3)$ 处的偏导数.

解　把 y 看作常量,得

$$\frac{\partial z}{\partial x}=3x^2+4xy.$$

把 x 看作常量,得

$$\frac{\partial z}{\partial y}=2x^2-3y^2.$$

将 $(1,3)$ 代入上面的结果,就得

$$\left.\frac{\partial z}{\partial x}\right|_{\substack{x=1\\y=3}}=3\times1^2+4\times1\times3=15,$$

$$\left.\frac{\partial z}{\partial y}\right|_{\substack{x=1\\y=3}}=2\times1^2-3\times3^2=-25.$$

例 2 设 $f(x,y) = \dfrac{\sqrt[3]{xy^2}}{x^2+1} + \sin(1-x)\tan\dfrac{xy}{x^2+y^2}$，求 $f_y(1,1)$.

解 如果先直接关于 y 求偏导数，则计算会比较复杂. 为此固定 $x=1$，则 $f(1,y)$ $= \dfrac{1}{2}y^{\frac{2}{3}}$，从而

$$f_y(1,1) = \left.\frac{\mathrm{d}f(1,y)}{\mathrm{d}y}\right|_{y=1} = \left.\frac{1}{3}y^{-\frac{1}{3}}\right|_{y=1} = \frac{1}{3}.$$

例 3 设 $z = x^y\,(x>0, x \neq 1)$，求证：$\dfrac{x}{y}\dfrac{\partial z}{\partial x} + \dfrac{1}{\ln x}\dfrac{\partial z}{\partial y} = 2z$.

证 因为

$$\frac{\partial z}{\partial x} = yx^{y-1}, \qquad \frac{\partial z}{\partial y} = x^y\ln x,$$

所以

$$\frac{x}{y}\frac{\partial z}{\partial x} + \frac{1}{\ln x}\frac{\partial z}{\partial y} = \frac{x}{y}yx^{y-1} + \frac{1}{\ln x}x^y\ln x = x^y + x^y = 2z.$$

例 4 求 $u = \sin(x+y^2-\mathrm{e}^z)$ 的偏导数.

解 把 y 和 z 都看作常量，得

$$\frac{\partial u}{\partial x} = \cos(x+y^2-\mathrm{e}^z),$$

把 x 和 z 都看作常量，得

$$\frac{\partial u}{\partial y} = 2y\cos(x+y^2-\mathrm{e}^z),$$

把 x 和 y 都看作常量，得

$$\frac{\partial u}{\partial z} = -\mathrm{e}^z\cos(x+y^2-\mathrm{e}^z).$$

例 5 设 $f(x,y) = \begin{cases} \dfrac{xy}{x^2+y^2}, & (x,y) \neq (0,0) \\ 0, & (x,y) = (0,0), \end{cases}$ 求 $f_x(x,y), f_y(x,y)$.

解 当 $(x,y) \neq (0,0)$，$f(x,y) = \dfrac{xy}{x^2+y^2}$ 是初等函数，直接利用导数公式求导，得

$$f_x(x,y) = \frac{y(x^2+y^2) - xy\cdot 2x}{(x^2+y^2)^2} = \frac{y(y^2-x^2)}{(x^2+y^2)^2},$$

而当 $(x,y) = (0,0)$ 时，由定义有，

$$f_x(0,0) = \lim_{\Delta x \to 0}\frac{f(\Delta x,0) - f(0,0)}{\Delta x} = \lim_{\Delta x \to 0}\frac{0}{\Delta x} = 0,$$

所以

$$f_x(x,y) = \begin{cases} \dfrac{y(y^2 - x^2)}{(x^2 + y^2)^2}, & (x, y) \neq (0, 0), \\ 0, & (x, y) = (0, 0). \end{cases}$$

同理可得

$$f_y(x,y) = \begin{cases} \dfrac{x(x^2 - y^2)}{(x^2 + y^2)^2}, & (x, y) \neq (0, 0), \\ 0, & (x, y) = (0, 0). \end{cases}$$

由计算结果知,该函数在点$(0, 0)$处的两个偏导数存在. 但在本章第 1 节例 4 中,我们已经知道该函数在点$(0, 0)$处无极限,所以一定不连续. 此例表明:对于多元函数来说,即使某点的各种偏导数都存在,也不能保证函数在该点连续. 这一点与一元函数是不同的.

偏导数实质上是一元函数的导数,而导数的几何意义是曲线的切线斜率,所以偏导数的几何意义也是切线的斜率. 例如对二元函数 $z = f(x, y)$,偏导数 $\dfrac{\partial z}{\partial x}\Big|_{(x_0, y_0)}$ 与

$\dfrac{\partial z}{\partial x}\Big|_{(x_0, y_0)}$ 分别是曲线

$$\begin{cases} z = f(x, y), \\ y = y_0 \end{cases} \quad 和 \quad \begin{cases} z = f(x, y), \\ x = x_0 \end{cases}$$

在点 (x_0, y_0) 处的切线斜率(见图 6-9),即

$$\frac{\partial z}{\partial x}\Big|_{(x_0, y_0)} = \tan\alpha \quad 和 \quad \frac{\partial z}{\partial y}\Big|_{(x_0, y_0)} = \tan\beta.$$

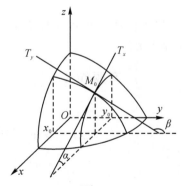

图 6-9

二、高阶偏导数

设函数 $z = f(x, y)$ 在区域 D 内的偏导数存在,则 $\dfrac{\partial z}{\partial x}$ 与 $\dfrac{\partial z}{\partial y}$ 在区域 D 内仍是关于 x,

y 的函数. 如果这两个函数的偏导数也存在,则称它们是函数 $z = f(x,y)$ 的**二阶偏导数**. 按照对变量求导次序的不同,这样的二阶偏导数有下面四个:

$$\frac{\partial}{\partial x}\left(\frac{\partial z}{\partial x}\right) = \frac{\partial^2 z}{\partial x^2} = f_{xx}(x,y), \qquad \frac{\partial}{\partial y}\left(\frac{\partial z}{\partial x}\right) = \frac{\partial^2 z}{\partial x \partial y} = f_{xy}(x,y),$$

$$\frac{\partial}{\partial x}\left(\frac{\partial z}{\partial y}\right) = \frac{\partial^2 z}{\partial y \partial x} = f_{yx}(x,y), \qquad \frac{\partial}{\partial y}\left(\frac{\partial z}{\partial y}\right) = \frac{\partial^2 z}{\partial y^2} = f_{yy}(x,y),$$

其中 $\dfrac{\partial^2 z}{\partial x \partial y}$ 与 $\dfrac{\partial^2 z}{\partial y \partial x}$ 称为**混合偏导数**. 类似地可定义三阶、四阶至 n 阶偏导数. 二阶及二阶以上的偏导数统称为**高阶偏导数**.

例 6 求函数 $z = x^2 y \mathrm{e}^y$ 的二阶偏导数.

解 $\dfrac{\partial z}{\partial x} = 2xy\mathrm{e}^y,$ $\qquad\qquad\qquad \dfrac{\partial z}{\partial y} = x^2(1+y)\mathrm{e}^y,$

$\dfrac{\partial^2 z}{\partial x^2} = 2y\mathrm{e}^y,$ $\qquad\qquad\qquad \dfrac{\partial^2 z}{\partial x \partial y} = 2x(1+y)\mathrm{e}^y,$

$\dfrac{\partial^2 z}{\partial y \partial x} = 2x(1+y)\mathrm{e}^y,$ $\qquad\quad \dfrac{\partial^2 z}{\partial y^2} = x^2(2+y)\mathrm{e}^y.$

从上面的例子看出,两个混合偏导数相等,即 $\dfrac{\partial^2 z}{\partial x \partial y} = \dfrac{\partial^2 z}{\partial y \partial x}$. 这并非偶然,事实上,有下述定理.

定理 如果二元函数 $f(x,y)$ 的两个混合偏导数在区域 D 上连续,则它们必然相等.

换句话说,二阶混合偏导数在连续的条件下,其结果与求导的次序无关. 这定理的证明从略.

对于二元以上的函数,也可以类似地定义高阶偏导数. 而且高阶混合偏导数在偏导数连续的条件下也与求导的次序无关.

习题 6.2

1. 求下列函数的偏导数:

(1) $z = x^3 + y^3 - 3xy$;

(2) $z = \ln \sqrt{x^2 + y^2}$;

(3) $z = \arcsin \dfrac{y}{x}$;

(4) $z = x^y - 2\sqrt{xy}$;

(5) $z = \arctan \dfrac{x-y}{x+y}$;

(6) $z = \ln(x + \sqrt{x^2 + y^2})$;

(7) $z = (1+xy)^y$;

(8) $u = x^{\frac{y}{z}}$.

2. 设 $f(x,y) = x^2 + (y-1)\arcsin\sqrt{\dfrac{x}{y}}$,求 $f_x(2,1)$.

3. 求函数

$$f(x,y) = \begin{cases} \dfrac{y^3}{x^2 + y^2}, & (x,y) \neq (0,0), \\ 0, & (x,y) = (0,0) \end{cases}$$

在点 $(0,0)$ 处的偏导数.

4. 已知 $f(x+y, x-y) = x^2 - y^2$，求 $\dfrac{\partial f(x,y)}{\partial x}$.

5. 已知 $u = x + \dfrac{x-y}{y-z}$，试验证：$\dfrac{\partial u}{\partial x} + \dfrac{\partial u}{\partial y} + \dfrac{\partial u}{\partial z} = 1$.

6. 设 $z = f\left(\dfrac{y}{x}\right)$，其中 f 可微，计算 $x\dfrac{\partial z}{\partial x} + y\dfrac{\partial z}{\partial y}$.

7. 求下列函数的二阶偏导数：

(1) $z = x^4 + y^4 - 4x^2 y^2$；　　　　　　(2) $z = x\ln(x+y)$；

(3) $z = y^x$.

8. 设 $u = \mathrm{e}^{-x}\sin\dfrac{x}{y}$，求 $\dfrac{\partial^2 u}{\partial x \partial y}$ 在点 $\left(2, \dfrac{1}{\pi}\right)$ 的值.

9. 设 $f(x, y) = \displaystyle\int_0^{xy} \mathrm{e}^{-t^2}\,\mathrm{d}t$，求 $\dfrac{x}{y}\dfrac{\partial^2 f}{\partial x^2} - 2\dfrac{\partial^2 f}{\partial x \partial y} + \dfrac{y}{x}\dfrac{\partial^2 f}{\partial y^2}$.

10. 证明 $r = \sqrt{x^2 + y^2 + z^2}$ 满足 $\dfrac{\partial^2 r}{\partial x^2} + \dfrac{\partial^2 r}{\partial y^2} + \dfrac{\partial^2 r}{\partial z^2} = \dfrac{2}{r}(r \neq 0)$.

第 3 节　全微分

对一元函数 $y = f(x)$，为近似计算函数的增量

$$\Delta y = f(x + \Delta x) - f(x),$$

我们引入了微分 $\mathrm{d}y = f'(x)\Delta x$，在 $|\Delta x|$ 很小时，用 $\mathrm{d}y$ 近似代替 Δy，即

$$\Delta y \approx \mathrm{d}y,$$

这种计算简单且易估计近似误差.

　　对于二元函数也有类似的问题. 在实际问题中有时需要研究二元函数中两个自变量都取得增量时函数对应的增量，这就是全增量问题. 为近似计算二元函数的全增量，我们引入全微分的概念.

一、全微分的定义

　　定义　设函数 $z = f(x, y)$ 在点 (x_0, y_0) 的某个邻域内有定义，如果函数在点 (x_0, y_0) 处的全增量

$$\Delta z = f(x_0 + \Delta x,\ y_0 + \Delta y) - f(x_0,\ y_0)$$

可表示为

$$\Delta z = A\Delta x + B\Delta y + o(\rho),$$

其中 A,B 不依赖于 $\Delta x,\Delta y$ 而仅与 x_0,y_0 相关，$\rho = \sqrt{(\Delta x)^2 + (\Delta y)^2}$，则称函数 $z = f(x,\ y)$ 在点 (x_0,y_0) 处**可微分**，$A\Delta x + B\Delta y$ 称为函数 $z = f(x,\ y)$ 在点 (x_0,y_0) 处的**全微分**，记作 $\mathrm{d}z\Big|_{(x_0,y_0)}$，即

$$\mathrm{d}z\Big|_{(x_0,y_0)} = A\Delta x + B\Delta y. \tag{1}$$

习惯上，我们将自变量的增量 $\Delta x,\Delta y$ 分别记作 $\mathrm{d}x,\mathrm{d}y$，并分别称为自变量 x,y 的微分，这样式(1)就可记作

$$\mathrm{d}z\Big|_{(x_0,y_0)} = A\mathrm{d}x + B\mathrm{d}y. \tag{2}$$

如果函数 $z = f(x,\ y)$ 在区域 D 内各点处都可微分，则称这函数在 D 内**可微分**，记作 $\mathrm{d}z$.

关于函数的全微分与连续、偏导数的关系，有如下定理.

定理 1 如果函数 $z = f(x,\ y)$ 在点 (x_0,y_0) 处可微分，则该函数在点 (x_0,y_0) 处连续.

证 因为函数 $z = f(x,y)$ 在点 (x_0,y_0) 处可微分，则

$$\Delta z = A\Delta x + B\Delta y + o(\rho),$$

从而

$$\lim_{\substack{x \to x_0 \\ y \to y_0}} \Delta z = \lim_{\substack{x \to x_0 \\ y \to y_0}} [A\Delta x + B\Delta y + o(\rho)] = 0,$$

根据连续的等价定义得，函数 $z = f(x,\ y)$ 在点 (x_0,y_0) 处连续.

定理 2 设函数 $z = f(x,y)$ 在点 (x_0,y_0) 处可微，则函数在该点处的两个偏导数存在，且

$$A = f_x(x_0,y_0),\quad B = f_y(x_0,y_0),$$

此时，函数 $f(x,y)$ 在点 (x_0,y_0) 处的全微分可表示为

$$\mathrm{d}z\,|_{(x_0,y_0)} = f_x(x_0,y_0)\mathrm{d}x + f_y(x_0,y_0)\mathrm{d}y.$$

证 在式(1)中取 $\Delta y = 0$，则全增量转化为偏增量

$$\Delta_x z = f(x_0 + \Delta x,\ y_0) - f(x_0,\ y_0) = A\Delta x + o(|\Delta x|),$$

于是

$$\lim_{\Delta x \to 0} \frac{\Delta_x z}{\Delta x} = \lim_{\Delta x \to 0} \frac{f(x_0 + \Delta x,\ y_0) - f(x_0,\ y_0)}{\Delta x} = A.$$

同理可得

$$\lim_{\Delta y \to 0} \frac{\Delta_y z}{\Delta y} = \lim_{\Delta x \to 0} \frac{f(x_0, y_0 + \Delta y) - f(x_0, y_0)}{\Delta y} = B.$$

即函数 $z = f(x, y)$ 在点 (x_0, y_0) 处可偏导, 且 $A = f_x(x_0, y_0)$, $B = f_y(x_0, y_0)$.

在一元函数中, 函数可导与可微互为充分必要条件. 但对于多元函数来说, 函数的各偏导数存在只是函数可微的必要条件而不是充分条件. 例如函数

$$f(x, y) = \begin{cases} \dfrac{xy}{x^2 + y^2}, & (x, y) \neq (0, 0), \\ 0, & (x, y) = (0, 0) \end{cases}$$

在点 $(0, 0)$ 处是可偏导的 (见第 2 节例 5), 但由于 $f(x, y)$ 在点 $(0, 0)$ 处不连续, 因而在点 $(0, 0)$ 处不可微.

那么全微分存在的充分条件是什么呢?

定理 3　设函数 $z = f(x, y)$ 在点 (x_0, y_0) 的某个邻域内可偏导, 且偏导数 $f_x(x_0, y_0)$, $f_y(x_0, y_0)$ 都在点 (x_0, y_0) 处连续, 则函数 $z = f(x, y)$ 在点 (x_0, y_0) 处可微.

证明略.

以上关于二元函数全微分的定义及相关结论均可推广到二元以上的多元函数. 例如三元函数 $u = f(x, y, z)$ 的全微分是

$$\mathrm{d}u = f_x(x, y, z)\mathrm{d}x + f_y(x, y, z)\mathrm{d}y + f_z(x, y, z)\mathrm{d}z.$$

例 1　已知 $z = \sqrt{|xy|}$, 讨论其在点 $(0, 0)$ 处的连续性、可偏导性和可微性.

解　(1) 因为

$$\lim_{\substack{x \to 0 \\ y \to 0}} \sqrt{|xy|} = 0 = z(0, 0),$$

所以 $z = \sqrt{|xy|}$ 在点 $(0, 0)$ 处连续.

(2) 因为

$$\lim_{\Delta x \to 0} \frac{z(0 + \Delta x, 0) - z(0, 0)}{\Delta x} = \lim_{\Delta x \to 0} \frac{0}{\Delta x} = 0,$$

所以 $\left. \dfrac{\partial z}{\partial x} \right|_{(0,0)} = 0$. 同理, $\left. \dfrac{\partial z}{\partial y} \right|_{(0,0)} = 0$. 因此, $z = \sqrt{|xy|}$ 在点 $(0, 0)$ 处可偏导.

(3) 假设该函数在点 $(0, 0)$ 处可微, 则 $f_x(0, 0) = f_y(0, 0) = 0$, 从而有

$$\Delta z = f_x(0, 0)\Delta x + f_y(0, 0)\Delta y + o(\rho) = o(\rho) \ (\rho \to 0),$$

即 $\lim_{\rho \to 0} \dfrac{\Delta z}{\rho} = 0$, 这里 $\rho = \sqrt{(\Delta x)^2 + (\Delta y)^2}$.

另一方面,

$$\lim_{\rho \to 0} \frac{\Delta z}{\rho} = \lim_{\rho \to 0} \frac{\sqrt{|\Delta x \Delta y|}}{\rho} = \lim_{\substack{\Delta x \to 0 \\ \Delta y \to 0}} \frac{\sqrt{|\Delta x \Delta y|}}{\sqrt{(\Delta x)^2 + (\Delta y)^2}} = \lim_{\substack{\Delta x \to 0 \\ \Delta y \to 0}} \sqrt{\left| \frac{\Delta x \Delta y}{(\Delta x)^2 + (\Delta y)^2} \right|},$$

但

$$\lim_{\substack{\Delta x \to 0 \\ \Delta y = \Delta x}} \sqrt{\left| \frac{\Delta x \Delta y}{(\Delta x)^2 + (\Delta y)^2} \right|} = \sqrt{\frac{1}{2}} \neq 0,$$

这与 $\lim\limits_{\rho \to 0} \dfrac{\Delta z}{\rho} = 0$ 矛盾，所得矛盾说明 $z = \sqrt{|xy|}$ 在点 $(0,0)$ 处不可微.

例 2 计算函数 $z = \cos \dfrac{x}{y}$ 在点 $(\pi, 2)$ 处的全微分.

解 因为

$$\frac{\partial z}{\partial x}\bigg|_{(\pi,2)} = -\sin\frac{x}{y} \cdot \frac{1}{y}\bigg|_{(\pi,2)} = -\frac{1}{2},$$

$$\frac{\partial z}{\partial y}\bigg|_{(\pi,2)} = -\sin\frac{x}{y} \cdot \left(-\frac{x}{y^2}\right)\bigg|_{(\pi,2)} = \frac{\pi}{4}.$$

所以

$$dz\bigg|_{(\pi,2)} = \frac{\partial z}{\partial x}\bigg|_{(\pi,2)} dx + \frac{\partial z}{\partial y}\bigg|_{(\pi,2)} dy = -\frac{1}{2}dx + \frac{\pi}{4}dy = -\frac{1}{4}(2dx - \pi dy).$$

例 3 计算函数 $u = x + \sin\dfrac{y}{2} + e^{yz}$ 的全微分.

解 因为

$$\frac{\partial u}{\partial x} = 1, \quad \frac{\partial u}{\partial y} = \frac{1}{2}\cos\frac{y}{2} + ze^{yz}, \quad \frac{\partial u}{\partial z} = ye^{yz},$$

所以

$$du = \frac{\partial u}{\partial x}dx + \frac{\partial u}{\partial y}dy + \frac{\partial u}{\partial z}dz = dx + \left(\frac{1}{2}\cos\frac{y}{2} + ze^{yz}\right)dy + ye^{yz}dz.$$

二、全微分在近似计算中的应用

设函数 $z = f(x, y)$ 在 (x_0, y_0) 处可微，则函数在该点的全增量

$$\Delta z = f(x_0 + \Delta x, y_0 + \Delta y) - f(x_0, y_0)$$
$$= f_x(x_0, y_0)\Delta x + f_y(x_0, y_0)\Delta y + o(\rho) = dz + o(\rho).$$

当 $|\Delta x|$，$|\Delta y|$ 很小时，函数的全增量 $\Delta z \approx dz$，即

$$\Delta z \approx f_x(x_0, y_0)\Delta x + f_y(x_0, y_0)\Delta y,$$

或写成

$$f(x_0 + \Delta x, y_0 + \Delta y) \approx f(x_0, y_0) + f_x(x_0, y_0)\Delta x + f_y(x_0, y_0)\Delta y.$$

例 4 用木板做一个无盖的圆柱形水桶，其内半径为 0.25 米，高为 0.5 米，侧壁及底的厚度均为 0.01 米. 问需要多少木板能做好？

解 设水桶半径为 r，高为 h，则体积 $V = \pi r^2 h$. 因 $\Delta r = 0.01$ 米，$\Delta h = 0.01$ 米，因此需要木板 ΔV 可近似地用 dV 来代替.

$$\Delta V \approx dV = V_r \Delta r + V_h \Delta h = 2\pi rh \Delta r + \pi r^2 \Delta h,$$

把 $r = 0.25, h = 0.5, \Delta r = 0.01, \Delta h = 0.01$ 代入上式,得

$$\Delta V \approx 2 \times 3.14 \times 0.25 \times 0.5 \times 0.01 + 3.14 \times 0.25^2 \times 0.01 = 9.81 \times 10^{-4} (米^3),$$

故制作这个木桶所需的木材的体积大约为 9.81×10^{-4} 米^3.

例 5　计算 $(1.04)^{2.02}$.

解　设函数 $f(x, y) = x^y$, 且取 $x_0 = 1, y_0 = 2$, 则 $\Delta x = 0.04, \Delta y = 0.02$. 又 $f(1, 2) = 1$, 且

$$f_x = yx^{y-1}, \quad f_y = x^y \ln x,$$

所以

$$
\begin{aligned}
(1.04)^{2.02} &= f(1 + 0.04, 2 + 0.02) \\
&\approx f(1,2) + f_x(1,2) \times 0.04 + f_y(1,2) \times 0.02 \\
&= 1 + 2 \times 0.04 + 0 \times 0.02 = 1.08.
\end{aligned}
$$

习题 6.3

1. 求下列函数的全微分:

(1) $z = \ln(2x + 3y)$;　　　　　　(2) $z = y^{\sin x}$;

(3) $z = e^{\sqrt{x^2 + y^2}}$;　　　　　　(4) $z = \arctan \dfrac{x + y}{x - y}$;

(5) $z = \dfrac{y}{\sqrt{x^2 + y^2}}$;　　　　　　(6) $u = xy + yz + zx$.

2. 求函数 $z = \ln(1 + x^2 + y^2)$ 在 $x = 1, y = 2$ 时的微分.

3. 设 $f(x, y) = \begin{cases} \dfrac{x^2 y^2}{(x^2 + y^2)^{3/2}}, & x^2 + y^2 \neq 0, \\ 0, & x^2 + y^2 = 0, \end{cases}$ 证明: $f(x, y)$ 在点 $(0, 0)$ 处连续且偏导数存在,但不可微分.

4. 已知函数 $u(x, y)$ 的全微分为

$$du = (y + by \sin 2x)dx + (ax + \cos^2 x)dy,$$

求 a, b 的值.

5. 求函数 $z = e^{xy}$ 当 $x = 1, y = 1, \Delta x = 0.15, \Delta y = 0.1$ 时的全微分.

6. 已知边长 $x = 4$ 米与 $y = 3$ 米的矩形,求当 x 边增加 0.5 厘米,y 边减少 1 厘米时,此矩形对角线长变化的近似值.

7. 计算 $\sqrt{(1.02)^3 + (1.97)^3}$ 的近似值.

第4节　多元复合函数的求导法则

在本节中,我们将一元函数中复合函数的求导法则推广到多元复合函数的情形.下面按照多元复合函数不同的复合情形,分三种情形讨论.

一、复合函数的中间变量均为一元函数的情形

定理 1　如果函数 $u = \varphi(x)$ 及 $v = \psi(x)$ 都在点 x 处可导,函数 $z = f(u,v)$ 在对应点 (u,v) 具有连续偏导数,则复合函数 $z = f[\varphi(x), \psi(x)]$ 在点 x 处可导,且有

$$\frac{\mathrm{d}z}{\mathrm{d}x} = \frac{\partial z}{\partial u} \cdot \frac{\mathrm{d}u}{\mathrm{d}x} + \frac{\partial z}{\partial v} \cdot \frac{\mathrm{d}v}{\mathrm{d}x}. \tag{1}$$

上述公式中的导数 $\dfrac{\mathrm{d}z}{\mathrm{d}x}$ 称为**全导数**.

证　让 x 从 x 变到 $x + \Delta x$ 时,相应地中间变量 u 就从 u 变到 $u + \Delta u$,v 从 v 变到 $v + \Delta v$,从而 z 有全增量

$$\Delta z = f(u + \Delta u,\ v + \Delta v) - f(u,\ v).$$

因 $z = f(u,v)$ 在 (u,v) 处可微,则根据定义有

$$\Delta z = \frac{\partial z}{\partial u} \Delta u + \frac{\partial z}{\partial v} \Delta v + o(\rho),$$

其中 $\rho = \sqrt{(\Delta u)^2 + (\Delta v)^2}$. 上式两端同除以 Δx,可得

$$\frac{\Delta z}{\Delta x} = \frac{\partial z}{\partial u} \cdot \frac{\Delta u}{\Delta x} + \frac{\partial z}{\partial v} \cdot \frac{\Delta v}{\Delta x} + \frac{o(\rho)}{\Delta x}.$$

因为函数 $u = \varphi(x)$ 及 $v = \psi(x)$ 都在点 x 处可导从而函数 $\varphi(x), \psi(x)$ 均连续,即当 $\Delta x \to 0$ 时,$\rho \to 0$,同时亦有 $\dfrac{\Delta u}{\Delta x} \to \dfrac{\mathrm{d}u}{\mathrm{d}x}, \dfrac{\Delta v}{\Delta x} \to \dfrac{\mathrm{d}v}{\mathrm{d}x}$,所以

$$\lim_{\Delta x \to 0} \left| \frac{o(\rho)}{\Delta x} \right| = \lim_{\Delta x \to 0} \left| \frac{o(\rho)}{\rho} \cdot \frac{\rho}{\Delta x} \right| = \lim_{\Delta x \to 0} \left| \frac{o(\rho)}{\rho} \right| \sqrt{\left(\frac{\Delta u}{\Delta x}\right)^2 + \left(\frac{\Delta v}{\Delta x}\right)^2} = 0,$$

故

$$\frac{\mathrm{d}z}{\mathrm{d}x} = \lim_{\Delta x \to 0} \frac{\Delta z}{\Delta x} = \frac{\partial z}{\partial u} \cdot \frac{\mathrm{d}u}{\mathrm{d}x} + \frac{\partial z}{\partial v} \cdot \frac{\mathrm{d}v}{\mathrm{d}x}.$$

由于多元函数的复合关系可能出现多种情况,因此,分清复合函数的复合层次是求偏导数的关键.

公式(1)中变量之间的关系如图 6-10 所示,其中从 z 引出的两个箭头指向 u, v,表明函数 z 有两个中间变量 u 和 v;而由 u 与 v 分别引出的一个箭头指向 x,表明中间变量 u 和 v 分别是 x 的函数.

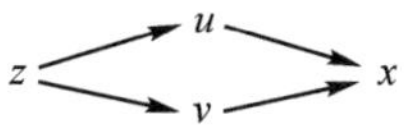

$$z \longrightarrow \begin{matrix} u \\ v \end{matrix} \longrightarrow x$$

图 6-10

例 1　已知 $z = \mathrm{e}^{u-2v}, u = \sin x, v = \mathrm{e}^x$，求 $\dfrac{\mathrm{d}z}{\mathrm{d}x}$.

解　$\dfrac{\mathrm{d}z}{\mathrm{d}x} = \dfrac{\partial z}{\partial u} \cdot \dfrac{\mathrm{d}u}{\mathrm{d}x} + \dfrac{\partial z}{\partial v} \cdot \dfrac{\mathrm{d}v}{\mathrm{d}x} = \mathrm{e}^{u-2v} \cdot \cos x + \mathrm{e}^{u-2v}(-2) \cdot \mathrm{e}^x$

$\qquad = \mathrm{e}^{\sin x - 2\mathrm{e}^x}(\cos x - 2\mathrm{e}^x)$.

二、复合函数的中间变量均为多元函数的情形

定理 2　如果函数 $u = \varphi(x, y)$ 及 $v = \psi(x, y)$ 都在点 (x, y) 具有对 x 及对 y 的偏导数，函数 $z = f(u, v)$ 在对应点 (u, v) 具有连续偏导数，则复合函数 $z = f[\varphi(x, y), \psi(x, y)]$ 在点 (x, y) 的两个偏导数都存在，且有

$$\frac{\partial z}{\partial x} = \frac{\partial z}{\partial u} \cdot \frac{\partial u}{\partial x} + \frac{\partial z}{\partial v} \cdot \frac{\partial v}{\partial x}, \tag{2}$$

$$\frac{\partial z}{\partial y} = \frac{\partial z}{\partial u} \cdot \frac{\partial u}{\partial y} + \frac{\partial z}{\partial v} \cdot \frac{\partial v}{\partial y}. \tag{3}$$

事实上，当 z 对 x 求偏导时，将 y 视为常量，因此中间变量 $u = \varphi(x, y)$ 及 $v = \psi(x, y)$ 可看作是关于 x 的一元函数，于是可利用公式(1). 此时应把相应的导数记号改写成偏导数记号，就可得公式(2). 类似地可得公式(3).

定理 2 中复合函数中变量之间的关系如图 6-11 所示. 函数的复合结构中有两个中间变量，这对应于每一偏导数公式中有两个因子相加；每一因子的构成是因变量对中间变量的偏导再乘以中间变量对自变量的偏导.

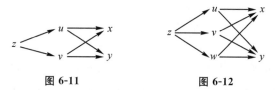

图 6-11　　　　　　图 6-12

可将定理中复合函数的中间变量推广到多于两个的情形. 例如设由函数 $z = f(u, v, w), u = \varphi(x, y), v = \psi(x, y), w = \omega(x, y)$，复合而得复合函数 $z = f[\varphi(x, y), \psi(x, y), \omega(x, y)]$，变量之间的关系如图 6-12 所示. 在与定理 2 相似的条件下，该复合函数在点 (x, y) 的偏导数为

$$\frac{\partial z}{\partial x} = \frac{\partial z}{\partial u} \frac{\partial u}{\partial x} + \frac{\partial z}{\partial v} \frac{\partial v}{\partial x} + \frac{\partial z}{\partial w} \frac{\partial w}{\partial x}, \tag{4}$$

$$\frac{\partial z}{\partial y} = \frac{\partial z}{\partial u} \frac{\partial u}{\partial y} + \frac{\partial z}{\partial v} \frac{\partial v}{\partial y} + \frac{\partial z}{\partial w} \frac{\partial w}{\partial y}. \tag{5}$$

三、其他情形

定理 3 如果函数 $u = \varphi(x, y)$ 在点 (x, y) 具有对 x 及对 y 的偏导数，函数 $v = \psi(y)$ 在点 y 可导，函数 $z = f(u, v)$ 在对应点 (u, v) 具有连续偏导数，则复合函数 $z = f[\varphi(x, y), \psi(y)]$ 在点 (x, y) 的两个偏导数都存在，且有

$$\frac{\partial z}{\partial x} = \frac{\partial z}{\partial u} \cdot \frac{\partial u}{\partial x}, \tag{6}$$

$$\frac{\partial z}{\partial y} = \frac{\partial z}{\partial u} \cdot \frac{\partial u}{\partial y} + \frac{\partial z}{\partial v} \cdot \frac{\mathrm{d}v}{\mathrm{d}y}. \tag{7}$$

上述情形实际上是情形 2 的一种特例．即在情形 2 中，如变量 v 与 x 无关，从而 $\frac{\partial v}{\partial x} = 0$；在 v 对 y 求导时，由于 $v = \psi(y)$ 是一元函数，故 $\frac{\partial v}{\partial y}$ 换成了 $\frac{\mathrm{d}v}{\mathrm{d}y}$，这就得上述结果．变量之间的关系图如图 6-13 所示．

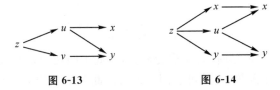

图 6-13　　　　　　图 6-14

定理 4 如果函数 $u = \varphi(x, y)$ 在点 (x, y) 具有对 x 及对 y 的偏导数，函数 $z = f(u, x, y)$ 在对应点 (u, x, y) 具有连续偏导数，则复合函数 $z = f[\varphi(x, y), x, y]$ 在点 (x, y) 的两个偏导数都存在，且有

$$\frac{\partial z}{\partial x} = \frac{\partial f}{\partial u} \cdot \frac{\partial u}{\partial x} + \frac{\partial f}{\partial x}, \tag{8}$$

$$\frac{\partial z}{\partial y} = \frac{\partial f}{\partial u} \cdot \frac{\partial u}{\partial y} + \frac{\partial f}{\partial y}. \tag{9}$$

上述情形可看作情形 2 中当 $v = x, w = y$ 的特殊情形（变量之间的关系如图 6-14 所示），因此 $\frac{\partial v}{\partial x} = 1, \frac{\partial w}{\partial x} = 0, \frac{\partial v}{\partial y} = 0, \frac{\partial w}{\partial y} = 1$，利用式 (4)(5) 即可得到．

注 式 (8) 中，为了不引起混淆，两端出现的 $\frac{\partial z}{\partial x}$ 与 $\frac{\partial f}{\partial x}$，其含义是不同的，$\frac{\partial z}{\partial x}$ 表示的是复合函数 $z = f[\varphi(x, y), x, y]$ 对自变量 x 的偏导数，求偏导时将变量 y 视为常数；而 $\frac{\partial f}{\partial x}$ 表示的是函数 $f(u, x, y)$ 对中间变量 x 的偏导数，求偏导时将中间变量 u 及 y 视为常数．同样，式 (9) 中的 $\frac{\partial z}{\partial y}$ 与 $\frac{\partial f}{\partial y}$ 也有类似的区别．

多元复合函数的复合关系是多种多样的,我们不可能也不必要把所有的公式都一一列举.从前面讨论的典型情形可以确定一个求导原则:函数对某个自变量求偏导数时,应通过一切有关的中间变量,用复合函数求导法求导到该自变量.这一法则通常形象地称为**链导法则**.

例 2　已知 $z = \mathrm{e}^u \sin v, u = xy, v = x + y$, 求 $\dfrac{\partial z}{\partial x}, \dfrac{\partial z}{\partial y}$.

解　$\dfrac{\partial z}{\partial x} = \dfrac{\partial z}{\partial u} \cdot \dfrac{\partial u}{\partial x} + \dfrac{\partial z}{\partial v} \cdot \dfrac{\partial v}{\partial x} = \mathrm{e}^u \sin v \cdot y + \mathrm{e}^u \cos v \cdot 1$

$\qquad = \mathrm{e}^{xy}\left[y\sin(x+y) + \cos(x+y)\right],$

$\qquad \dfrac{\partial z}{\partial y} = \dfrac{\partial z}{\partial u} \cdot \dfrac{\partial u}{\partial y} + \dfrac{\partial z}{\partial v} \cdot \dfrac{\partial v}{\partial y} = \mathrm{e}^u \sin v \cdot x + \mathrm{e}^u \cos v \cdot 1$

$\qquad = \mathrm{e}^{xy}\left[x\sin(x+y) + \cos(x+y)\right].$

例 3　设 $z = (x^2 + y^2)^{xy}$, 求 $\dfrac{\partial z}{\partial x}, \dfrac{\partial z}{\partial y}$.

解　令 $u = x^2 + y^2, v = xy$, 则 $z = u^v$, 所以

$$\dfrac{\partial z}{\partial x} = \dfrac{\partial z}{\partial u} \cdot \dfrac{\partial u}{\partial x} + \dfrac{\partial z}{\partial v} \cdot \dfrac{\partial v}{\partial x} = vu^{v-1} \cdot 2x + u^v \cdot \ln u \cdot y$$

$$= u^v\left(\dfrac{2xv}{u} + y\ln u\right) = (x^2 + y^2)^{xy}\left[\dfrac{2x \cdot xy}{x^2 + y^2} + y \cdot \ln(x^2 + y^2)\right]$$

$$= y(x^2 + y^2)^{xy}\left[\dfrac{2x^2}{x^2 + y^2} + \ln(x^2 + y^2)\right].$$

由自变量 x 与 y 的对称性知

$$\dfrac{\partial z}{\partial y} = x(x^2 + y^2)^{xy}\left[\ln(x^2 + y^2) + \dfrac{2y^2}{x^2 + y^2}\right].$$

注　若在 $f(x,y)$ 的表达式中将 x 换为 y,同时把 y 换为 x 时,表达式不变,则称函数 $f(x,y)$ 对 x,y 具有**轮换对称性**,也简称为**对称性**.对具有轮换对称性的函数,如果已经求得 $\dfrac{\partial f}{\partial x}$, 则只要在 $\dfrac{\partial f}{\partial x}$ 的表达式中将 x,y 互换,就可得到 $\dfrac{\partial f}{\partial y}$.

例 4　设 $z = xyu, u = x^2 + y^2$, 求 $\dfrac{\partial z}{\partial x}, \dfrac{\partial z}{\partial y}$.

解　令 $z = f(x, y, u) = xyu$, 则

$$\dfrac{\partial z}{\partial x} = \dfrac{\partial f}{\partial x} + \dfrac{\partial f}{\partial u} \cdot \dfrac{\partial u}{\partial x} = yu + xy \cdot 2x$$

$$= y(x^2 + y^2) + xy \cdot 2x = 3x^2 y + y^3,$$

$$\dfrac{\partial z}{\partial y} = \dfrac{\partial f}{\partial y} + \dfrac{\partial f}{\partial u} \cdot \dfrac{\partial u}{\partial y} = xu + xy \cdot 2y$$

$$= x(x^2 + y^2) + xy \cdot 2y = 3xy^2 + x^3.$$

例 5 设 $z = f\left(xy + \dfrac{y}{x}\right)$, f 有二阶连续导数, 求 $\dfrac{\partial z}{\partial x}$, $\dfrac{\partial z}{\partial y}$, $\dfrac{\partial^2 z}{\partial x \partial y}$.

解 令 $u = xy + \dfrac{y}{x}$, 则 $z = f(u)$, 从而

$$\frac{\partial z}{\partial x} = \frac{\mathrm{d}z}{\mathrm{d}u} \cdot \frac{\partial u}{\partial x} = f' \cdot \left(y - \frac{y}{x^2}\right) = y\left(1 - \frac{1}{x^2}\right)f',$$

$$\frac{\partial z}{\partial y} = \frac{\mathrm{d}z}{\mathrm{d}u} \cdot \frac{\partial u}{\partial y} = f' \cdot \left(x + \frac{1}{x}\right) = \left(x + \frac{1}{x}\right)f',$$

$$\frac{\partial^2 z}{\partial x \partial y} = \frac{\partial}{\partial y}\left(\frac{\partial z}{\partial x}\right) = \left(1 - \frac{1}{x^2}\right)\left[f' + yf'' \cdot \left(x + \frac{1}{x}\right)\right].$$

例 6 设 $z = f\left(x^2 y, \dfrac{y}{x}\right)$, f 具有二阶连续偏导数, 求 $\dfrac{\partial z}{\partial x}$, $\dfrac{\partial z}{\partial y}$, $\dfrac{\partial^2 z}{\partial x^2}$, $\dfrac{\partial^2 z}{\partial x \partial y}$.

解 令 $u = x^2 y$, $v = \dfrac{y}{x}$, 则 $w = f(u, v)$. 引入记号

$$f'_1 = \frac{\partial f(u, v)}{\partial u}, \quad f''_{12} = \frac{\partial f(u, v)}{\partial u \partial v},$$

其中下标 1 表示对第一个变量 u 求导, 下标 2 表示对第二个变量 v 求导, 类似地有 f'_2, f''_{11}, f''_{22} 等记号. 从而

$$\frac{\partial z}{\partial x} = f'_1 \cdot 2xy + f'_2 \cdot \left(-\frac{y}{x^2}\right), \quad \frac{\partial z}{\partial y} = f'_1 \cdot x^2 + f'_2 \cdot \frac{1}{x},$$

$$\frac{\partial^2 z}{\partial x^2} = 2yf'_1 + 2xy\left[f''_{11} \cdot 2xy + f''_{12}\left(-\frac{y}{x^2}\right)\right]$$

$$+ \frac{2}{x^3}yf'_2 - \frac{y}{x^2}\left[f''_{21} \cdot 2xy + f''_{22}\left(-\frac{y}{x^2}\right)\right]$$

$$= 2yf'_1 + \frac{2}{x^3}yf'_2 + 4x^2 y^2 f''_{11} - 4\frac{y^2}{x}f''_{12} + \frac{y^2}{x^4}f''_{22},$$

$$\frac{\partial^2 z}{\partial x \partial y} = 2xf'_1 + 2xy\left(f''_{11} \cdot x^2 + f''_{12} \cdot \frac{1}{x}\right) - \frac{1}{x^2}f'_2 - \frac{y}{x^2}\left(f''_{21} \cdot x^2 + f''_{22} \cdot \frac{1}{x}\right)$$

$$= 2xf'_1 - \frac{1}{x^2}f'_2 + 2x^3 yf''_{11} + yf''_{12} - \frac{y}{x^3}f''_{22}.$$

全微分形式不变性 设函数 $z = f(u, v)$ 具有连续偏导数, 则有全微分

$$\mathrm{d}z = \frac{\partial z}{\partial u}\mathrm{d}u + \frac{\partial z}{\partial v}\mathrm{d}v.$$

如果 u, v 又是中间变量, 即 $u = \varphi(x, y)$, $v = \psi(x, y)$, 且这两个函数也具有连续偏导数, 则复合函数

$$z = f[\varphi(x, y), \psi(x, y)]$$

的全微分为

$$dz = \frac{\partial z}{\partial x}dx + \frac{\partial z}{\partial y}dy,$$

其中 $\frac{\partial z}{\partial x}, \frac{\partial z}{\partial y}$ 分别由公式(2)及(3)给出. 把公式(2)及(3)中的 $\frac{\partial z}{\partial x}$ 及 $\frac{\partial z}{\partial y}$ 代入上式,得

$$dz = \left(\frac{\partial z}{\partial u}\frac{\partial u}{\partial x} + \frac{\partial z}{\partial v}\frac{\partial v}{\partial x}\right)dx + \left(\frac{\partial z}{\partial u}\frac{\partial u}{\partial y} + \frac{\partial z}{\partial v}\frac{\partial v}{\partial y}\right)dy$$

$$= \frac{\partial z}{\partial u}\left(\frac{\partial u}{\partial x}dx + \frac{\partial u}{\partial y}dy\right) + \frac{\partial z}{\partial v}\left(\frac{\partial v}{\partial x}dx + \frac{\partial v}{\partial y}dy\right)$$

$$= \frac{\partial z}{\partial u}du + \frac{\partial z}{\partial v}dv.$$

由此可见,无论 u, v 是自变量还是中间变量,函数 $z = f(u, v)$ 的全微分形式是一样的. 这个性质叫作**全微分形式不变性**.

习题 6.4

1. 求下列函数的导数:

(1) $z = \dfrac{y}{x}$;$x = e^t, y = 1 - t$, 求 $\dfrac{dz}{dt}$;

(2) $z = \arcsin(x - y), x = 3t, y = \sqrt{t}$, 求 $\dfrac{dz}{dt}$;

(3) $u = \dfrac{e^{ax}(y - z)}{a^2 + 1}, y = a\sin x, z = \cos x$, 求 $\dfrac{du}{dx}$.

2. 求下列函数的偏导数:

(1) $z = u^2 \ln v, u = \dfrac{x}{y}, v = 3x - 2y$, 求 $\dfrac{\partial z}{\partial x}, \dfrac{\partial z}{\partial y}$;

(2) $z = \arctan \dfrac{y}{x}, x = s - t, y = s + t$, 求 $\dfrac{\partial z}{\partial s}, \dfrac{\partial z}{\partial t}$;

(3) $z = (3x^2 + y^2)^{2x+3}$, 求 $\dfrac{\partial z}{\partial x}, \dfrac{\partial z}{\partial y}$.

3. 求下列函数的偏导数(其中 f 具有一阶连续偏导数):

(1) $z = f(x^2 y, e^{\frac{y}{x}})$; (2) $z = f(x^2 - y^2, e^{xy})$;

(3) $u = f\left(\dfrac{x}{y}, \dfrac{y}{z}\right)$; (4) $u = f(x, xy, xyz)$.

4. 设 $z = xyf\left(\dfrac{y}{x}\right)$, 其中 f 可导,求 $xz_x + yz_y$.

5. 设 $z = f(x, u), u = \dfrac{1}{xy}$, 其中 f 具有二阶连续偏导数,求 $\dfrac{\partial z}{\partial x}, \dfrac{\partial^2 z}{\partial x \partial y}$.

6. 设 $z = f(x^2 + y^2)$, 其中 f 具有连续的二阶导数,求 $\dfrac{\partial^2 z}{\partial x^2}, \dfrac{\partial^2 z}{\partial x \partial y}, \dfrac{\partial^2 z}{\partial y^2}$.

7. 设 $z = f(2x - y, y\sin x)$，其中 f 具有连续的二阶偏导数，求 $\dfrac{\partial^2 z}{\partial x^2}, \dfrac{\partial^2 z}{\partial x \partial y}, \dfrac{\partial^2 z}{\partial y^2}$.

8. 设 $u = f\left(x, \dfrac{x}{y}\right)$，求 $\dfrac{\partial^2 u}{\partial y^2}, \dfrac{\partial^2 u}{\partial y \partial x}$，其中 f 具有足够阶的偏导数.

9. 设 $z = f(u, x, y)$，$u = x\mathrm{e}^y$，其中 f 具有二阶连续偏导数，求 $\dfrac{\partial^2 z}{\partial x \partial y}$.

10. 已知 $u = \varphi\left(\dfrac{y}{x}\right) + x\psi\left(\dfrac{y}{x}\right)$，其中 φ, ψ 均具有连续的二阶导数. 求证：

$$x^2 \frac{\partial^2 u}{\partial x^2} + 2xy \frac{\partial^2 u}{\partial x \partial y} + y^2 \frac{\partial^2 u}{\partial y^2} = 0.$$

第 5 节   隐函数的求导公式

在一元函数的微分学中，我们曾引入了隐函数的概念，并介绍了不经过显示化而直接由方程求它所确定的隐函数的导数的方法. 但一个方程确定一个隐函数是需要条件的，本节将进一步从理论上阐明隐函数存在的条件，并通过多元复合函数求导的链导法则建立隐函数的求导公式.

定理 1（隐函数存在定理 Ⅰ）   设函数 $F(x, y)$ 在点 (x_0, y_0) 的某邻域内满足：

(1) $F(x, y)$ 在该邻域内具有连续的偏导数；

(2) $F(x_0, y_0) = 0$；

(3) $F_y(x_0, y_0) \neq 0$，

则方程 $F(x, y) = 0$ 在点 (x_0, y_0) 的某邻域内唯一确定了一个连续可导的一元函数 $y = y(x)$，它满足 $y(x_0) = y_0$，且有

$$\frac{\mathrm{d}y}{\mathrm{d}x} = -\frac{F_x}{F_y}. \tag{1}$$

隐函数的存在性和可微性的证明超出了本书的范围，证明略去. 下面在已知方程 $F(x, y) = 0$ 可确定连续可微的隐函数的前提下，给出公式（1）的推导.

设 $y = y(x)$ 是由方程 $F(x, y) = 0$ 所确定的隐函数，把 $y = y(x)$ 代入方程，有

$$F[x, y(x)] = 0,$$

此式左端是关于 x 的复合函数，根据全导数公式，得

$$F_x + F_y \cdot \frac{\mathrm{d}y}{\mathrm{d}x} = 0.$$

由于 F_y 在点 (x_0, y_0) 的邻域内连续，且 $F_y(x_0, y_0) \neq 0$，因此，存在点 (x_0, y_0) 的一个邻域，在此邻域内 $F_y \neq 0$，于是有

$$\frac{\mathrm{d}y}{\mathrm{d}x} = -\frac{F_x}{F_y}.$$

注 (1)在条件 $F_y(x_0,y_0) \neq 0$ 下,方程确定 y 是关于 x 的函数.如果改成 $F_x(x_0, y_0) \neq 0$,则确定 x 是关于 y 的函数;

(2)定理是指方程 $F(x,y)=0$ 在点 (x_0,y_0) 的某邻域内确定一个单值、连续、可导的函数,不是指整个定义域内.如 $x^2+y^2-1=0$ 在 $[-1,1]$ 上不是单值函数,而是一个多值函数,但在点 $\left(\dfrac{1}{2}, \dfrac{\sqrt{3}}{2}\right)$ 的某邻域内却确定了一个单值、连续、可导的函数 $y=\sqrt{1-x^2}$;

(3)在满足定理条件的情况下,式(1)提供了计算隐函数导数的一般公式.

例 1 已知 $\sin y + e^x - xy = 1$,求 $\dfrac{dy}{dx}$.

解 设 $F(x,y) = \sin y + e^x - xy - 1$,则
$$F_x = e^x - y, \qquad F_y = \cos y - x,$$
利用公式(1),得
$$\frac{dy}{dx} = -\frac{F_x}{F_y} = \frac{e^x - y}{x - \cos y}.$$

隐函数存在定理还可以推广到多元函数.既然一个二元方程 $F(x,y)=0$ 可以确定一个一元隐函数,那么一个三元方程
$$F(x,y,z) = 0$$
就有可能确定一个二元隐函数.我们有下面的定理.

定理 2(隐函数存在定理Ⅱ) 设函数 $F(x,y,z)$ 在点 (x_0,y_0,z_0) 的某邻域内满足:

(1) $F(x,y,z)$ 在该邻域内具有连续的偏导数;

(2) $F(x_0,y_0,z_0)=0$;

(3) $F_z(x_0,y_0,z_0) \neq 0$,

则方程 $F(x,y,z)=0$ 在点 (x_0,y_0,z_0) 的某邻域内唯一确定了一个具有连续偏导数的二元函数 $z=z(x,y)$,满足 $z(x_0,y_0)=z_0$,且有

$$\frac{\partial z}{\partial x} = -\frac{F_x}{F_z}, \qquad \frac{\partial z}{\partial y} = -\frac{F_y}{F_z}. \tag{2}$$

这个定理我们不证.与定理 1 类似,仅就公式(2)作如下推导.

将 $z=z(x,y)$ 代入方程 $F(x,y,z)=0$,有
$$F[x,y,z(x,y)] = 0,$$
将上式的两边分别关于 x 和 y 求偏导,得
$$F_x + F_z \cdot \frac{\partial z}{\partial x} = 0, \qquad F_y + F_z \cdot \frac{\partial z}{\partial y} = 0,$$
而 $F_z \neq 0$,于是有
$$\frac{\partial z}{\partial x} = -\frac{F_x}{F_z}, \qquad \frac{\partial z}{\partial y} = -\frac{F_y}{F_z}.$$

例 2 设 $z = z(x, y)$ 是由方程 $yz^3 - xz^4 + z^5 = 1$ 所确定的隐函数，求 $\dfrac{\partial z}{\partial x}\Big|_{(0,0)}$，$\dfrac{\partial z}{\partial y}\Big|_{(0,0)}$.

解 设 $F(x, y, z) = yz^3 - xz^4 + z^5 - 1$，则

$$F_x = -z^4, \quad F_y = z^3, \quad F_z = 3yz^2 - 4xz^3 + 5z^4,$$

应用公式(2)，得

$$z_x = -\frac{F_x}{F_z} = \frac{z^2}{3y - 4xz + 5z^2}, \quad z_y = -\frac{F_y}{F_z} = -\frac{z}{3y - 4xz + 5z^2}.$$

当 $x = y = 0$ 时，$z = 1$，代入上述式子，得

$$\frac{\partial z}{\partial x}\Big|_{(0,0)} = \frac{1}{5}, \qquad \frac{\partial z}{\partial y}\Big|_{(0,0)} = -\frac{1}{5}.$$

例 3 设 $x^2 + y^2 + z^2 - 4z = 0$，求 $\dfrac{\partial^2 z}{\partial x^2}$.

解 设 $F(x, y, z) = x^2 + y^2 + z^2 - 4z$，则 $F_x = 2x$，$F_z = 2z - 4$. 当 $z \neq 2$ 时，应用公式(2)，得

$$\frac{\partial z}{\partial x} = -\frac{F_x}{F_z} = \frac{x}{2 - z}.$$

再一次对 x 求偏导数，得

$$\frac{\partial^2 z}{\partial x^2} = \frac{(2-z) + x\dfrac{\partial z}{\partial x}}{(2-z)^2} = \frac{(2-z) + x\left(\dfrac{x}{2-z}\right)}{(2-z)^2} = \frac{(2-z)^2 + x^2}{(2-z)^3}.$$

例 4 设函数 $z = z(x, y)$ 由方程 $F\left(x + \dfrac{z}{y}, y + \dfrac{z}{x}\right) = 0$ 所确定，其中 F 为可微函数，证明：$x\dfrac{\partial z}{\partial x} + y\dfrac{\partial z}{\partial y} = z - xy$.

证 方程 $F\left(x + \dfrac{z}{y}, y + \dfrac{z}{x}\right) = 0$ 两边对 x 求偏导数，得

$$F_1' \cdot \left(1 + \frac{1}{y}\frac{\partial z}{\partial x}\right) + F_2' \cdot \left(-\frac{z}{x^2} + \frac{1}{x}\frac{\partial z}{\partial x}\right) = 0,$$

解出 $\dfrac{\partial z}{\partial x} = \dfrac{\dfrac{z}{x^2}F_2' - F_1'}{\dfrac{F_1'}{y} + \dfrac{F_2'}{x}}$.

同理，$F\left(x + \dfrac{z}{y}, y + \dfrac{z}{x}\right) = 0$ 两边对 y 求偏导数，可得 $\dfrac{\partial z}{\partial y} = \dfrac{\dfrac{z}{y^2}F_1' - F_2'}{\dfrac{F_1'}{y} + \dfrac{F_2'}{x}}$.

从而

$$x\frac{\partial z}{\partial x}+y\frac{\partial z}{\partial y}=\frac{\frac{z}{x}F'_2-xF'_1+\frac{z}{y}F'_1-yF'_2}{\frac{F'_1}{y}+\frac{F'_2}{x}}=z-\frac{xF'_1+yF'_2}{\frac{F'_1}{y}+\frac{F'_2}{x}}=z-xy.$$

习题 6.5

1. 已知 $e^x\sin y+e^y\cos x=1$，求 $\dfrac{dy}{dx}$.

2. 已知 $\ln\sqrt{x^2+y^2}=\arctan\dfrac{y}{x}$，求 $\dfrac{dy}{dx}$.

3. 设方程 $e^x z+xyz+\dfrac{1}{2}z^2-1=0$ 确定 $z=f(x,y)$，求 $\dfrac{\partial z}{\partial x},\dfrac{\partial z}{\partial y}$.

4. 设方程 $z=f(x+y+z,xyz)$ 确定隐函数 $z=z(x,y)$，求 $\dfrac{\partial z}{\partial x},\dfrac{\partial z}{\partial y}$.

5. 已知方程 $z+e^z=xy$ 确定了隐函数 $z=z(x,y)$，求 $\dfrac{\partial^2 z}{\partial x\partial y}$.

6. 设 $f(x,y,z)=e^x yz^2$，其中 $z=z(x,y)$ 是由方程 $x+y+z+xyz=0$ 所确定的隐函数，求 $f_y(0,1,-1)$.

7. 设 $u=f(x,y,z)$ 具有连续偏导数，$z=z(x,y)$ 由方程 $x+2y+xy-ze^z=0$ 所确定，求 du.

8. 设 $y=g(x,z)$，而 z 是由方程 $f(x-z,xy)=0$ 所确定的 x,y 的函数，求 $\dfrac{dz}{dx}$.

9. 设函数 $z=f(x,y)$ 满足方程 $x-az=\varphi(y-bz)$，其中 φ 为可微函数 a,b 为常数. 证明：$a\dfrac{\partial z}{\partial x}+b\dfrac{\partial z}{\partial y}=1$.

10. 设 $z=xy+xF(u)$，其中 F 为可微函数，且 $u=\dfrac{y}{x}$，试证：

$$x\frac{\partial z}{\partial x}+y\frac{\partial z}{\partial y}=z+xy.$$

第 6 节 多元函数的极值与最值

在许多实际问题中，往往需要求出多元函数的最大值与最小值. 与一元函数相类似，多元函数的最大值、最小值与极大值、极小值有密切联系，因此，这 1 节我们以二元函数为例，先来讨论多元函数的极值问题，然后利用函数的极值求解一些实际问题的最大值和最小值.

一、多元函数极值的概念

定义　设函数 $z = f(x, y)$ 在点 (x_0, y_0) 的某邻域内有定义，若对于该邻域内异于 (x_0, y_0) 的任何点 (x, y)，都有

$$f(x, y) < f(x_0, y_0) \quad (或 f(x, y) > f(x_0, y_0)),$$

则称函数 $f(x, y)$ 在点 (x_0, y_0) 有**极大值**（或**极小值**）$f(x_0, y_0)$，点 (x_0, y_0) 称为函数 $f(x, y)$ 的**极大值点**（或**极小值点**）.

极大值、极小值统称为**极值**，使得函数取得极值的点称为**极值点**.

例1　函数 $z = x^2 + y^2$ 在 $(0, 0)$ 处取到极小值. 因为对于点 $(0, 0)$ 的任意邻域内任一异于 $(0, 0)$ 的点，其函数值为正，而点 $(0, 0)$ 处的函数值为 0. 从几何图形上看也是显然的，如图 6-16 所示.

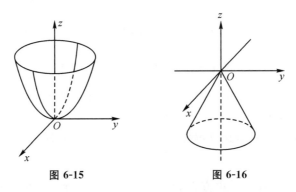

图 6-15　　　　　　　　　图 6-16

例2　函数 $z = -\sqrt{x^2 + y^2}$ 在 $(0, 0)$ 处取到极大值. 因为在点 $(0, 0)$ 处函数值为 0，而在 $(0, 0)$ 的任意邻域内任一异于 $(0, 0)$ 的点，其函数值都为负. 几何图形如图 6-16 所示.

例3　函数 $z = y^2 - x^2$ 在 $(0, 0)$ 处无极值. 因为该函数在点 $(0, 0)$ 处函数值为 0，但对这个点 $(0, 0)$ 的任一去心邻域，不妨记为 $\{(x, y) \mid 0 < \sqrt{x^2 + y^2} < \delta\}$，总可找到某一点，比如点 $\left(0, \dfrac{\delta}{2}\right)$，其函数值为 $f\left(0, \dfrac{\delta}{2}\right) = \dfrac{\delta^2}{4} > 0 = f(0, 0)$；同时又可找一点 $\left(\dfrac{\delta}{2}, 0\right)$，其函数值为 $f\left(\dfrac{\delta}{2}, 0\right) = -\dfrac{\delta^2}{4} < 0 = f(0, 0)$，因此 $(0, 0)$ 不是极值点，几何图形如图 6-17 所示.

与导数在一元函数极值研究中的作用一样，偏导数也是研究多元函数极值的主要手段.

如果二元函数 $z = f(x, y)$ 在点 (x_0, y_0) 处取得极值，那么固定 $y = y_0$，一元函数 $z = f(x, y_0)$ 在点 $x = x_0$ 必取得相同的极值；同理，固定 $x = x_0$，$z = f(x_0, y)$ 在点 $y = y_0$ 也取得相同的极值. 因此，由一元函数极值的必要条件，我们可以得到二元函数极值的必要条件.

定理1（极值存在的必要条件）　设函数 $z = f(x, y)$ 在点 (x_0, y_0) 具有偏导数，且

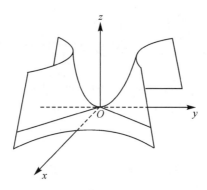

图 6-17

在点 (x_0, y_0) 处有极值,则它在该点的偏导数必然为零,即

$$f_x(x_0, y_0) = 0, \quad f_y(x_0, y_0) = 0.$$

与一元函数的情形类似,凡能使 $f_x(x_0, y_0) = 0, f_y(x_0, y_0) = 0$ 同时成立的点 (x_0, y_0) 称为函数 $z = f(x, y)$ 的**驻点**.

根据定理 1,具有偏导数的函数的极值点必定是驻点,但函数的驻点不一定是极值点. 如例 3 中,$(0, 0)$ 是函数 $z = y^2 - x^2$ 的驻点,但函数在该点无极值. 此外函数的极值也可能在偏导数不存在的点取得. 如例 2 中,函数 $z = -\sqrt{x^2 + y^2}$ 在点 $(0, 0)$ 处不可导,但在该点处取得极值.

如何判定一个驻点是否为极值点? 下面的定理部分地回答了这个问题.

定理 2(极值存在的充分条件)　设函数 $z = f(x, y)$ 在点 (x_0, y_0) 的某邻域内连续且有一阶及二阶连续偏导数,且 $f_x(x_0, y_0) = 0, f_y(x_0, y_0) = 0$. 令

$$f_{xx}(x_0, y_0) = A, f_{xy}(x_0, y_0) = B, f_{yy}(x_0, y_0) = C,$$

则 $f(x, y)$ 在 (x_0, y_0) 处是否取得极值的条件如下:

(1)当 $B^2 - AC < 0$ 时具有极值,且当 $A < 0$ 时有极大值,当 $A > 0$ 时有极小值;

(2)当 $B^2 - AC > 0$ 时没有极值;

(3)当 $B^2 - AC = 0$ 时可能有极值,也可能没有极值,需另作讨论.

这个定理不证. 根据定理 1、2,我们把具有二阶连续偏导数的函数 $z = f(x, y)$ 的极值求法叙述如下:

第一步　解方程组

$$\begin{cases} f_x(x_0, y_0) = 0, \\ f_y(x_0, y_0) = 0, \end{cases}$$

求得一切驻点;

第二步　对于每一个驻点 (x_0, y_0),求出其二阶偏导数的值 A, B 和 C;

第三步　确定 $B^2 - AC$ 及 A 的符号,并根据极值存在的充分条件判定 $f(x_0, y_0)$ 是

否是极值，是极大值还是极小值，并计算出极值.

例 4 求函数 $f(x,y) = x^3 - y^3 + 3x^2 + 3y^2 - 9x$ 的极值.

解 先解方程组

$$\begin{cases} f_x = 3x^2 + 6x - 9 = 0, \\ f_y = -3y^2 + 6y = 0, \end{cases}$$

得驻点 $(-3,0),(1,0),(-3,2),(1,2)$.

再求出二阶偏导数

$$A = f_{xx} = 6x + 6, \quad B = f_{xy} = 0, \quad C = f_{yy} = -6y + 6,$$

列表如下

驻点	A	B	C	$B^2 - AC$	
$(-3,0)$	-12	0	6	$+$	不是极值
$(1,0)$	12	0	6	$-$	极小值 -5
$(-3,2)$	-12	0	-6	$-$	极大值 31
$(1,2)$	12	0	-6	$+$	不是极值

二、多元函数极的最值

由极值的定义知道，极值是函数 $f(x,y)$ 在某一点的局部范围内的最大或最小值. 如果要获得 $f(x,y)$ 在区域 D 上的最大值与最小值，与一元函数相类似，可以利用函数的极值来求函数的最大值和最小值.

情形 1 假设函数 $f(x,y)$ 在有界闭区域 D 上连续，那么 $f(x,y)$ 在 D 上必定能取得最大值和最小值. 这时，求函数的最大值和最小值的一般方法是：首先求出函数 $f(x,y)$ 在区域 D 内部所有驻点及偏导数不存在的点，然后将这些点的函数值与区域 D 的边界点的函数值进行比较，其中最大的就是最大值，最小的就是最小值.

情形 2 在实际问题中，如果根据问题的性质，知道函数 $f(x,y)$ 的最大值（或最小值）一定在区域 D 的内部取得，且函数在 D 内只有一个驻点，那么可以肯定该驻点处的函数值就是 $f(x,y)$ 在 D 上的最大值（或最小值）.

例 5 求函数 $z = (x^2 + y^2 - 2x)^2$ 在圆域 $\{(x,y) \mid x^2 + y^2 \leqslant 2x\}$ 上的最值.

解 因为函数在有界闭区域上连续，所以一定存在最大值和最小值.

显然，在 D 上 $z \geqslant 0$，而 D 的边界上 $z \equiv 0$. 因此函数的最小值 $z = 0$.

在 D 的内部，令

$$\begin{cases} z_x = 2(x^2 + y^2 - 2x)(2x - 2) = 0, \\ z_y = 2(x^2 + y^2 - 2x) \cdot 2y = 0, \end{cases}$$

解得驻点 $(1,0)$.且 $z(1,0) = 1$.与函数在边界上的值 $z \equiv 0$ 比较得,函数在圆域 D 上的最大值为 1,最小值为 0.

例 6　设商品 A 的需求量为 x 吨,价格为 p(万元),需求函数为 $x = 26 - p$;商品 B 的需求量为 y 吨,价格为 q(万元),需求函数为 $y = 10 - \dfrac{1}{4}q$.生产两种产品的总成本 $C(x,y) = (x+y)^2$.问两种商品各生产多少时,才能获得最大利润?最大利润是多少?

解　由 $x = 26 - p$ 得 $p = 26 - x$;由 $y = 10 - \dfrac{1}{4}q$ 得 $q = 40 - 4y$,因此总收益为

$$R(x,y) = px + qy = x(26-x) + y(40-4y),$$

总利润为

$$\begin{aligned}
L(x,y) &= R(x,y) - C(x,y) \\
&= 26x - x^2 + 40y - 4y^2 - (x+y)^2 \\
&= 26x - 2x^2 + 40y - 5y^2 - 2xy,
\end{aligned}$$

令

$$\begin{cases} L_x = 26 - 4x - 2y = 0, \\ L_y = 40 - 10y - 2x = 0, \end{cases}$$

解得惟一驻点为 $(5,3)$,由实际问题可知,利润有最大值,因此当生产商品 A 的数量为 5 吨,商品 B 的数量为 3 吨时,所获利润最大,且最大利润为 $L(5,3) = 125$(万吨).

习题 6.6

1.求下列函数的极值

(1) $f(x,y) = 4(x-y) - x^2 - y^2$;

(2) $f(x,y) = e^{2x}(x + y^2 + 2y)$;

(3) $f(x,y) = (x^2 + y^2)^2 - 2(x^2 - y^2)$;

(4) $f(x,y) = \sin x + \sin y + \cos(x+y)$, $\left(0 \leqslant x \leqslant \dfrac{\pi}{4}, 0 \leqslant y \leqslant \dfrac{\pi}{4}\right)$;

(5) $f(x,y) = x^4 + y^4 - x^2 - 2xy - y^2$.

2.求函数 $f(x,y) = x^2 y(4 - x - y)$ 在由直线 $x + y = 6$,x 轴及 y 轴所围成闭区域 D 上的最值.

3.某工厂生产两种产品 A 和 B,价格分别为 100 元和 50 元,当两者的产量分别为 x,y 时,总成本为

$$C(x,y) = 2x^2 - 4xy + 9y^2 + 10y + 14 \text{(元)},$$

问如何安排两种产品的产量,使利润达到最大.

4.某企业所产的一种商品同时在两个市场上销售,售价分别为 P_1 和 P_2,销量分别

为 Q_1 和 Q_2，需求函数分别为 $Q_1 = 24 - 0.2P_1$，$Q_2 = 10 - 0.05P_2$，成本函数为 $C = 35 + 40(Q_1 + Q_2)$，试问：应如何确定 P_1 和 P_2 才可获得最大总利润？最大总利润为多少？

第7节　带有约束条件的最值

上节中我们指出：如果函数的最大值（或最小值）在区域内部达到，且函数在该区域内只有一个驻点，则驻点处的函数值就是该函数在区域上的最大值（或最小值）. 此时，驻点其实也是该函数的极值点，即我们将最值问题转化成为极值问题. 在讨论函数的极值时，自变量在定义域内往往是不限制的，这类极值问题通常称为**无条件极值**.

但在实际问题中，往往也会遇到这样的情况，即自变量除了受到函数定义域的限制外，各个自变量之间还受到其他附加条件的限制. 如在有限资源条件下利润最大化，在产量确定条件下生产成本最小化等问题. 这里我们仍约定最值点是在驻点上达到（即最值也是极值）. 这类极值问题称之为**条件极值**，对应的函数称为**目标函数**，附加的条件称为**约束条件**.

例1　用铁皮制做一个有盖的长方形水箱，其容积为 V，问怎样设计，能使材料最省？

解　材料最省即表面积最小. 设水箱的长、宽、高分别为 x, y, z，则水箱所用材料的面积为（目标函数）

$$S = 2(xy + yz + zx),$$

约束条件

$$V = xyz.$$

将约束条件转化为 $z = \dfrac{V}{xy}$，代入目标函数，即化为无条件极值问题：

$$S = 2\left(xy + \frac{V}{x} + \frac{V}{y}\right).$$

令

$$\begin{cases} S_x = 2\left(y - \dfrac{V}{x^2}\right) = 0, \\ S_y = 2\left(x - \dfrac{V}{y^2}\right) = 0, \end{cases}$$

求得唯一驻点 $x = y = \sqrt[3]{V}$，从而 $z = \sqrt[3]{V}$.

由问题的实际意义知，S 有最小值，故驻点是最小值点，即做成正方体时表面积最小.

但这种做法有如下缺点：

（1）变量之间的平等关系和对称性被破坏；

（2）约束条件往往是隐函数形式，显化有时很困难甚至不可能.

下面我们介绍一种直接寻求条件极值的重要而简便的方法——拉格朗日乘数法.

现在我们的问题是：寻求目标函数

$$z = f(x,y) \tag{1}$$

在约束条件

$$\varphi(x,y) = 0 \tag{2}$$

下取得极值的必要条件.

如果函数 $z = f(x,y)$ 在 (x_0,y_0) 取得极值，须先有

$$\varphi(x_0,y_0) = 0. \tag{3}$$

假定在 (x_0,y_0) 的某一邻域内函数(1)与 $\varphi(x,y)$ 均有连续的一阶偏导数，则由方程式 (2)确定一个连续且具有连续导数的函数 $y = y(x)$，将其代入目标函数(1)，得一元函数

$$z = f[x,y(x)],$$

于是 $x = x_0$ 是一元函数 $z = f[x,y(x)]$ 的极值点，由取得极值的必要条件，有

$$\frac{\mathrm{d}z}{\mathrm{d}x}\bigg|_{x=x_0} = f_x(x_0,y_0) + f_y(x_0,y_0)\frac{\mathrm{d}y}{\mathrm{d}x}\bigg|_{x=x_0} = 0. \tag{4}$$

而对约束方程(2)，利用隐函数求导公式，有

$$\frac{\mathrm{d}y}{\mathrm{d}x}\bigg|_{x=x_0} = -\frac{\varphi_x(x_0,y_0)}{\varphi_y(x_0,y_0)},$$

代入式(4)，得

$$f_x(x_0,y_0) - f_y(x_0,y_0)\frac{\varphi_x(x_0,y_0)}{\varphi_y(x_0,y_0)} = 0. \tag{5}$$

从而式(3)和(5)就是函数 $z = f(x,y)$ 在条件 $\varphi(x,y) = 0$ 下在点 (x_0,y_0) 处取得极值的 必要条件.

现令

$$\frac{f_y(x_0,y_0)}{\varphi_y(x_0,y_0)} = -\lambda, \tag{6}$$

则必要条件式(3)(5)以及(6)便成了以下三个等式

$$\begin{cases} f_x(x_0,y_0) + \lambda\varphi_x(x_0,y_0) = 0, \\ f_y(x_0,y_0) + \lambda\varphi_y(x_0,y_0) = 0, \\ \varphi(x_0,y_0) = 0. \end{cases}$$

而上式恰好是三元函数

$$F(x,y,\lambda) = f(x,y) + \lambda\varphi(x,y)$$

在点 (x_0,y_0,λ) 处取得无条件极值的必要条件. 由此，我们得到如下的操作方法.

拉格朗日乘数法　要找函数 $z = f(x,y)$ 在条件 $\varphi(x,y) = 0$ 下的可能极值点，可以 先构造辅助函数

$$F(x,y,\lambda) = f(x,y) + \lambda\varphi(x,y),$$

称之为**拉格朗日函数**，其中参数 λ 称为**拉格朗日乘数**. 求 $F(x,y,\lambda)$ 对 x,y,λ 的偏导数，并令其为零，即

$$\begin{cases} F_x = f_x(x,y) + \lambda\varphi_x(x,y) = 0, \\ F_y = f_y(x,y) + \lambda\varphi_y(x,y) = 0, \\ F_\lambda = \varphi(x,y) = 0. \end{cases}$$

由此方程组解出 x,y,λ，则其中 x,y 就是所要求的可能的极值点.

拉格朗日乘数法的实质是把条件极值化为高一元的无条件极值. 至于如何确定所求的点是否是极值点，在实际问题中往往可根据问题本身的性质判定.

这种思想还可推广到自变量多于两个的情形. 例如求函数

$$u = f(x, y, z, t)$$

在两个约束条件

$$\varphi(x, y, z, t) = 0, \quad \psi(x, y, z, t) = 0$$

下的可能的极值点，可以构造拉格朗日函数

$$F(x, y, z, t; \lambda, \mu) = f(x, y, z, t) + \lambda\varphi(x, y, z, t) + \mu\psi(x, y, z, t),$$

求其对 x, y, z, t, λ, μ 的一阶偏导数，令它们为零，解出 x, y, z, t, λ, μ，这样，x, y, z, t 就是函数 $f(x, y, z, t)$ 在对应两个约束条件下的可能极值点的坐标.

例 2　利用拉格朗日乘数法重新求解例 1.

解　构造拉格朗日函数

$$F(x,y,\lambda) = 2(xy + yz + zx) + \lambda(xyz - V),$$

令

$$\begin{cases} F_x = 2(y+z) + \lambda yz = 0, \\ F_y = 2(x+z) + \lambda xz = 0, \\ F_z = 2(x+y) + \lambda xy = 0, \\ xyz = V, \end{cases}$$

解得唯一驻点 $x = y = z = \sqrt[3]{V}$，由实际意义知，此即为最小值点.

例 3　在周长为 $2p$ 的一切三角形中，求出面积最大的三角形.

解　设三角形的三边长分别为 x,y,z，则三角形的面积为

$$S = \sqrt{p(p-x)(p-y)(p-z)},$$

其中约束条件为 $x+y+z = 2p$.

目标函数取为

$$f(x,y,z) = \frac{S^2}{p} = (p-x)(p-y)(p-z),$$

构造拉格朗日函数

$$F(x,y,z,\lambda) = (p-x)(p-y)(p-z) + \lambda(x+y+z-2p),$$

令

$$\begin{cases} F_x = -(p-y)(p-z) + \lambda = 0, \\ F_y = -(p-x)(p-z) + \lambda = 0, \\ F_z = -(p-x)(p-y) + \lambda = 0, \\ x + y + z = 2p, \end{cases}$$

解得唯一驻点 $x = y = z = \dfrac{2}{3}p$. 由于三角形面积显然有最大值,故驻点即为最大值点,

即做成正三角形时面积最大,最大面积为 $\dfrac{\sqrt{3}}{9}p^2$.

例 4　设生产某种产品的数量与所用两种原料 A, B 的数量 x, y 有关系式

$$p(x,y) = 0.005x^2 y \text{(吨)}$$

欲用 15 万元购买原料,已知原料 A, B 的价格分别为 0.1 万元/吨和 0.2 万元/吨,问购进两种原料各多少吨,能使产量最大?

解　问题即为求目标函数 $p(x,y) = 0.005x^2 y$ 在约束条件 $0.1x + 0.2y = 15$ 或 $x + 2y = 150$ 下的极值问题.

构造拉格朗日函数

$$F(x,y,\lambda) = 0.005x^2 y + \lambda(x + 2y - 150),$$

令

$$\begin{cases} F_x = 0.01xy + \lambda = 0, \\ F_y = 0.005x^2 + 2\lambda = 0, \\ x + 2y = 150, \end{cases}$$

解得唯一驻点 $x = 100$, $y = 25$,由实际意义知,产品数量必有最大值,因此,当采购原料分别为 100 吨和 25 吨时,产量最大.

习题 6.7

1.求抛物线 $y = x^2$ 与直线 $x - y - 2 = 0$ 之间的最短距离.

2.从斜边长为 l 的一切直角三角形中,求有最大周界的直角三角形.

3.将周长为 $2p$ 的矩形绕它的一边旋转而构成一个圆柱体,问矩形的边长各为多少时,使圆柱体的体积为最大?

4.求函数 $z = xy$ 在适合约束条件 $x + y = 1$ 下的极值.

5.求 $f(x,y) = x^2 + y^2 + 2xy - 2x$ 在圆域 $x^2 + y^2 \leqslant 1$ 上的最值.

6.某工厂生产两种产品的需求函数分别为 $x = 72 - 0.5P_1$, $y = 120 - P_2$,总成本函数为 $C(x,y) = x^2 + xy + y^2 + 35$,产品的总数额为 $x + y = 40$,求最大利润及此时的产

出水平（x,y 的值）和价格.

7.某工厂生产某种产品的生产函数是

$$Q(x,y) = 80x^{\frac{3}{4}}y^{\frac{1}{4}},$$

其中 x 和 y 各表示劳动力数和资本数，Q 是产量.若每单位劳动力需 600 元,每单位资本是 2000 元,工厂对该产品的劳力和资本投入的总预算是 40 万元,试求最佳资金投入分配方案.

8.某公司打算通过电台及报纸两种方式做销售某种商品的广告.根据统计资料,销售收入 R（万元）与电台广告费 x_1（万元）及报纸广告费 x_2（万元）之间的关系有如下经验公式:

$$R(x_1,x_2) = 15 + 14x_1 + 32x_2 - 8x_1x_2 - 2x_1^2 - 10x_2^2.$$

（1）在广告费用不限的情况下,求最优广告策略;

（2）如果提供的广告费用为 1.5 万元,求相应的最优广告策略.

第 8 节   二重积分

在一元函数的积分学中我们知道,定积分是某种确定形式的和的极限.这种和的极限的概念推广到定义在区域上的二元函数,便得到二重积分的概念.本节将介绍二重积分的概念以及计算方法.

一、二重积分的概念

我们通过计算曲顶柱体的体积来抽象出二重积分的定义.

引例   曲顶柱体的体积.

假定 D 是平面 xOy 上的一个有界闭区域,$z = f(x,y) \geqslant 0$ 为空间中一张连续曲面.过区域 D 的边界（称为**准线**）上任何一点作轴的平行线,所有平行线（称为**母线**）构成一个柱面.这时,我们将区域 D 与柱面以及曲面 $z = f(x,y)$ 所构成的几何体叫作**曲顶柱体**（如图 6-18）.现在我们来求这个曲顶柱体的体积 V.

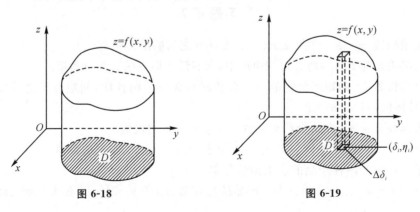

图 6-18   图 6-19

　　求曲顶柱体的体积与求曲边梯形面积的做法相仿:先在局部上"以平代曲"找到曲顶柱体体积的近似值;然后把这些值相加,就得到整个曲顶柱体体积的一个近似值;最后通过取极限,由近似值得到曲顶柱体体积的精确值.具体做法如下:

　　(1)**分割**　用一组曲线网将 D 分割成 n 个小闭区域 $\Delta\sigma_1,\Delta\sigma_2,\cdots,\Delta\sigma_n$,并用同样的记号记它们的面积.相应地,此时曲顶柱体被分为 n 个小曲顶柱体.

　　(2)**近似**　在 $\Delta\sigma_i$ 中任取一点 $(\xi_i,\eta_i)\in\sigma_i$,其相应的函数值 $f(\xi_i,\eta_i)(\geqslant 0)$.我们以 $\Delta\sigma_i$ 为底,高为 $f(\xi_i,\eta_i)$ 的小平顶柱体的体积(图 6-19)作为以 $\Delta\sigma_i$ 为底的小曲顶柱体体积 ΔV_i 的近似值.即

$$\Delta V_i \approx f(\xi_i,\eta_i)\Delta\sigma_i,\quad i=1,2,\cdots,n.$$

　　(3)**求和**　所有小平顶柱体的体积之和是整个曲顶柱体体积的近似值,即

$$V \approx \sum_{i=1}^{n} f(\xi_i,\eta_i)\Delta\sigma_i.$$

　　(4)**取极限**　将分割无限变细,当 n 无限增大,而这 n 个小区域中的最大直径①(记作 λ)趋于零时,即当这每个小区域都趋向于一点时,上述和式的极限就是曲顶柱体的体积 V,即

$$V = \lim_{\lambda\to 0}\sum_{i=1}^{n} f(\xi_i,\eta_i)\Delta\sigma_i.$$

　　因此,曲顶柱体体积是一个由乘积和式的极限来确定的问题.事实上,很多实际问题的计算也可以归结为这种固定格式的乘积和式的极限形式.因此,很有必要对此作研究,这就是二重积分的概念.

　　定义　设 $f(x,y)$ 是有界闭区域 D 上的有界函数.将闭区域 D 任意分成 n 个小区域

$$\Delta\sigma_1,\Delta\sigma_2,\cdots,\Delta\sigma_n,$$

其中 $\Delta\sigma_i$ 表示第 i 个小闭区域,也表示它的面积.在每个 $\Delta\sigma_i$ 上任取一点 (ξ_i,η_i),作乘积 $f(\xi_i,\eta_i)\Delta\sigma_i(i=1,2,\cdots,n)$,并作和

$$\sum_{i=1}^{n} f(\xi_i,\eta_i)\Delta\sigma_i.$$

如果当各小闭区域的直径中的最大值 λ 趋于零时,这和的极限总存在,则称此极限为函数 $f(x,y)$ 在闭区域 D 上的**二重积分**,记作 $\iint\limits_{D} f(x,y)\mathrm{d}\sigma$,即

$$\iint\limits_{D} f(x,y)\mathrm{d}\sigma = \lim_{\lambda\to 0}\sum_{i=1}^{n} f(\xi_i,\eta_i)\Delta\sigma_i. \tag{1}$$

其中 $f(x,y)$ 叫作**被积函数**,$f(x,y)\mathrm{d}\sigma$ 叫作**被积表达式**,$\mathrm{d}\sigma$ 叫作**面积元素**,x 与 y 叫作

---

①　一个闭区域的直径是指这个区域上任意两点的距离的最大值.

积分变量，D 叫作积分区域，$\sum\limits_{i=1}^{n} f(\xi_i, \eta_i)\Delta\sigma_i$ 叫作积分和.

注意，式(1)右端极限存在与否不依赖于区域 D 的分法及点 (ξ_i, η_i) 的取法. 二重积分的值的大小只依赖于被积函数 $f(x, y)$ 和积分区域 D，与积分变量无关.

这里我们要指出，当 $f(x, y)$ 在有界闭区域 D 上连续时，(1)式右端的和式极限必定存在. 也就是说，有界闭区域上的连续函数的二重积分一定存在. 今后，我们总是假定所讨论的函数 $f(x, y)$ 在区域 D 上连续，所以它在 D 上的二重积分总是存在的.

一般地，被积函数 $f(x, y)$ 可以解释为柱体的曲顶在点 (x, y) 处的竖坐标. 所以如果 $f(x, y) \geqslant 0$，二重积分的几何意义就是以曲面 $z = f(x, y)$ 为顶，以区域 D 为底的曲顶柱体的体积；如果 $f(x, y) \leqslant 0$，柱体就在 xOy 平面下方，二重积分就是曲顶柱体体积的负值；如果 $f(x, y)$ 在 D 的若干部分区域上是正的，而在其他的部分区域上是负的，那么二重积分就等于 xOy 平面上方的柱体体积减去 xOy 平面下方的柱体体积所得之差.

二、二重积分的性质

比较定积分与二重积分的定义可以想到，二重积分与定积分有类似的性质，现叙述于下.

性质 1(线性性质) 设 α, β 为常数，则

$$\iint\limits_{D}[\alpha f(x, y) + \beta g(x, y)]\mathrm{d}\sigma = \alpha\iint\limits_{D}f(x, y)\mathrm{d}\sigma + \beta\iint\limits_{D}g(x, y)\mathrm{d}\sigma.$$

性质 2 如果在 D 上 $f(x, y) \equiv 1$，σ 为 D 的面积，则 $\iint\limits_{D}\mathrm{d}\sigma = \sigma$.

这性质的几何意义是很明显的，因为高为 1 的平顶柱体的体积在数值上就等于柱体的底面积.

性质 3(积分区域可加性) 如果闭区域 D 被有限条曲线分为有限个部分闭区域，则在 D 上的二重积分等于在各部分闭区域上的二重积分之和.

例如 D 分为两个闭区域 D_1 与 D_2，则

$$\iint\limits_{D}f(x, y)\mathrm{d}\sigma = \iint\limits_{D_1}f(x, y)\mathrm{d}\sigma + \iint\limits_{D_2}f(x, y)\mathrm{d}\sigma.$$

性质 4 如果在 D 上，$f(x, y) \leqslant g(x, y)$，则有

$$\iint\limits_{D}f(x, y)\mathrm{d}\sigma \leqslant \iint\limits_{D}g(x, y)\mathrm{d}\sigma.$$

特殊地，由于

$$-|f(x, y)| \leqslant f(x, y) \leqslant |f(x, y)|,$$

从而我们有如下推论.

推论　$\left| \iint\limits_{D} f(x,y)\mathrm{d}\sigma \right| \leqslant \iint\limits_{D} \mid f(x,y)\mid \mathrm{d}\sigma.$

性质 5　设 M,m 分别是 $f(x,y)$ 在闭区域 D 上的最大值和最小值，σ 为 D 的面积，则

$$m\sigma \leqslant \iint\limits_{D} f(x,y)\mathrm{d}\sigma \leqslant M\sigma.$$

上述不等式是对于二重积分估值的不等式. 因为 $m \leqslant f(x,y) \leqslant M$，所以由性质 4 有

$$\iint\limits_{D} m\,\mathrm{d}\sigma \leqslant \iint\limits_{D} f(x,y)\mathrm{d}\sigma \leqslant \iint\limits_{D} M\mathrm{d}\sigma,$$

再应用性质 1 和性质 2，便得此估值不等式.

性质 6(二重积分的中值定理)　设函数 $f(x,y)$ 在闭区域 D 上连续，σ 为 D 的面积，则在 D 上至少存在一点 $(\xi,\eta)\in D$，使得

$$\iint\limits_{D} f(x,y)\mathrm{d}\sigma = f(\xi,\eta)\cdot\sigma.$$

证　显然 $\sigma \neq 0$. 把性质 5 中不等式各除以 σ，有

$$m \leqslant \frac{1}{\sigma}\iint\limits_{D} f(x,y)\mathrm{d}\sigma \leqslant M.$$

这就是说，确定的数值 $\dfrac{1}{\sigma}\iint\limits_{D} f(x,y)\mathrm{d}\sigma$ 是介于函数 $f(x,y)$ 的最大值 M 与最小值 m 之间的. 根据在闭区域上连续函数的介值定理，在 D 上至少存在一点 (ξ,η)，使得函数在该点的值与这个确定的数值相等，即

$$\frac{1}{\sigma}\iint\limits_{D} f(x,y)\mathrm{d}\sigma = f(\xi,\eta).$$

上式两端各乘以 σ，就得所需要证明的公式.

三、直角坐标系中二重积分的计算

二重积分定义本身为我们提供了一种计算它的方法——求积分和的极限. 但是，在具体使用这种方法计算二重积分时，我们就会发现它不仅是复杂和十分困难的，而且在一般情况下几乎是不可能的. 因此我们需要探讨求二重积分的简便且可行的方法. 这种方法就是将二重积分转化为接连计算两次定积分(即**二次积分**). 下面分别就直角坐标系和极坐标系给出具体的计算方法.

由定义我们知道，二重积分的值与区域 D 的分法是无关的. 所以在直角坐标系里，我们可以用平行于 x 轴和 y 轴的直线来分割区域 D. 这种划分，除了包含边界点的一些不规则小闭区域外，其余小区域都是矩形. 取出一个小矩形区域 $\Delta\sigma$，它的两个边长为 Δx 与

Δy，于是小矩形区域的面积为 $\Delta\sigma = \Delta x \cdot \Delta y$（见图 6-20）. 因此，在直角坐标系下，可把面积元素记为 $\mathrm{d}\sigma = \mathrm{d}x\mathrm{d}y$，这样二重积分也常记作

$$\iint\limits_D f(x,y)\mathrm{d}\sigma = \iint\limits_D f(x,y)\mathrm{d}x\mathrm{d}y.$$

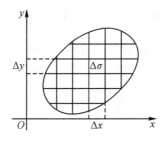

图 6-20

在具体讨论二重积分的计算之前，先要介绍所谓 X 型区域和 Y 型区域的概念. 图 6-21中（a）（b）分别给出了这两种区域的典型图例.

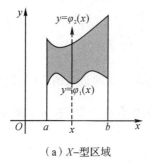 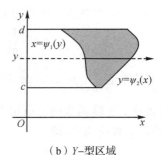

（a）X-型区域　　　　　　　　（b）Y-型区域

图 6-21

若区域 D 由直线 $x = a$，$x = b(a \leqslant b)$ 及连续曲线 $y = \varphi_1(x)$，$y = \varphi_2(x)$（$\varphi_1(x) \leqslant \varphi_2(x)$）围成，我们称这种区域为 X 型区域. 其特点是穿过 D 内部垂直于 x 轴的直线与 D 的边界相交不多于两点. 此时区域 D 可表示为

$$D = \{(x,y) \mid a \leqslant x \leqslant b, \varphi_1(x) \leqslant y \leqslant \varphi_2(x)\},$$

其中函数 $\varphi_1(x)$，$\varphi_2(x)$ 均在区间 $[a,b]$ 上连续.

若区域 D 由直线 $y = c$，$y = d(c \leqslant d)$ 及连续曲线 $x = \psi_1(y)$，$x = \psi_2(y)$（$\psi_1(y) \leqslant \psi_2(y)$）围成，我们称这种区域为 Y 型区域. 其特点是穿过 D 内部垂直于 y 轴的直线与 D 的边界相交不多于两点. 此时区域 D 可表示为

$$D = \{(x,y) \mid c \leqslant y \leqslant d, \psi_1(y) \leqslant x \leqslant \psi_2(y)\},$$

其中函数 $\psi_1(y)$，$\psi_2(y)$ 均在区间 $[c,d]$ 上连续.

　　下面用几何观点来讨论二重积分的计算问题. 先假定积分区域 D 为 X 型区域：
$$D = \{(x,y) \mid a \leqslant x \leqslant b, \varphi_1(x) \leqslant y \leqslant \varphi_2(x)\},$$
且在 D 上，$z = f(x,y) \geqslant 0$.

　　这样二重积分 $\iint\limits_{D} f(x,y)\mathrm{d}x\mathrm{d}y$ 的值就等于以 D 为底，以曲面 $z = f(x,y)$ 为顶的曲顶柱体的体积 V. 下面利用定积分应用中计算"平行截面面积为已知的立体的体积"的方法来计算这个柱体的体积.

　　过任意一点 $x(x \in [a,b])$ 作 x 轴的垂直平面，我们得到一平行截面，该截面面积记为 $A(x)$（立体图及截面平面图分别见图 6-22 和图 6-23），根据定积分的几何意义有
$$A(x) = \int_{\varphi_1(x)}^{\varphi_2(x)} f(x,y)\mathrm{d}y.$$

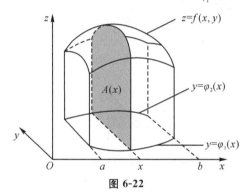

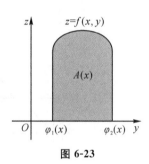

图 6-22　　　　　　　　　　　　　　　　图 6-23

　　于是，应用计算平行截面面积为已知的立体体积的方法，得曲顶柱体体积为
$$V = \int_a^b A(x)\mathrm{d}x = \int_a^b \left[\int_{\varphi_1(x)}^{\varphi_2(x)} f(x,y)\mathrm{d}y\right]\mathrm{d}x,$$
这个体积也就是所求二重积分的值，从而有
$$\iint\limits_{D} f(x,y)\mathrm{d}x\mathrm{d}y = \int_a^b \left[\int_{\varphi_1(x)}^{\varphi_2(x)} f(x,y)\mathrm{d}y\right]\mathrm{d}x.$$
通常记
$$\int_a^b \left[\int_{\varphi_1(x)}^{\varphi_2(x)} f(x,y)\mathrm{d}y\right]\mathrm{d}x = \int_a^b \mathrm{d}x \int_{\varphi_1(x)}^{\varphi_2(x)} f(x,y)\mathrm{d}y,$$
于是，有
$$\iint\limits_{D} f(x,y)\mathrm{d}x\mathrm{d}y = \int_a^b \mathrm{d}x \int_{\varphi_1(x)}^{\varphi_2(x)} f(x,y)\mathrm{d}y. \tag{2}$$

　　上式右端的积分叫作先对 y，后对 x 的**二次积分**（或**累次积分**），其中每个定积分的上下限可以由区域 D 的联立不等式给出. 具体而言，先把 x 看成常数，把 $f(x,y)$ 只看作关于 y 的函数，对 y 从 $\varphi_1(x)$ 到 $\varphi_2(x)$ 计算定积分；然后把算得的结果（是关于 x 的函数）

再对 x 在区间 $[a, b]$ 上计算定积分.

另外，需要说明的是，上面的讨论中假定 $f(x, y) \geqslant 0$. 实际上没有这个条件公式（2）仍然正确.

关于 Y 型区域上二重积分的计算公式，类似地有

$$\iint\limits_D f(x, y) \mathrm{d}x \mathrm{d}y = \int_c^d \mathrm{d}y \int_{\psi_1(x)}^{\psi_2(x)} f(x, y) \mathrm{d}x. \tag{3}$$

这是先对 x，后对 y 的二次积分.

例 1 求 $\iint\limits_D xy \mathrm{d}x \mathrm{d}y$，其中 D 由直线 $y = 1, x = 2$ 及 $y = x$ 围成.

解法 1 画出积分区域 D（图 6-24）. 如果先对 y 后对 x 积分，利用公式（2）得

$$\iint\limits_D xy \mathrm{d}x \mathrm{d}y = \int_1^2 \mathrm{d}x \int_1^x xy \mathrm{d}y = \int_1^2 \frac{1}{2} xy^2 \Big|_1^x \mathrm{d}x$$

$$= \int_1^2 \frac{1}{2} x(x^2 - 1) \mathrm{d}x = \frac{1}{2} \left(\frac{1}{4} x^4 - \frac{1}{2} x^2 \right) \Big|_1^2 = \frac{9}{8}.$$

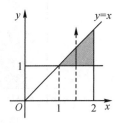 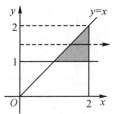

图 6-24   图 6-25

解法 2 画出积分区域 D（图 6-25）. 如果先对 x 后对 y 积分，利用公式（3）得

$$\iint\limits_D xy \mathrm{d}x \mathrm{d}y = \int_1^2 \mathrm{d}y \int_y^2 xy \mathrm{d}x = \int_1^2 \frac{1}{2} x^2 y \Big|_y^2 \mathrm{d}y$$

$$= \int_1^2 \frac{1}{2} (4y - y^3) \mathrm{d}y = \frac{1}{2} \left(2y^2 - \frac{1}{4} y^4 \right) \Big|_1^2 = \frac{9}{8}.$$

将二重积分化为二次积分的关键是确定两个定积分的上、下限. 如果积分区域已经表示成联立不等式的形式，那么可以对照公式（2）或（3）直接写出积分的上、下限. 如果仅是给出积分区域 D 的边界曲线，则应先画出 D 的草图. 若 D 是 X − 型区域，那么可以采用先对 y 后对 x 的二次积分. 这时，x 的取值范围就是积分区间 $[a, b]$；在 $[a, b]$ 中取定一 x 值，过以 x 值为横坐标的点画一条穿过积分区域 D 且平行于 y 轴的带箭头直线（如图 6-24 所示），确定进入、穿出 D 边界纵坐标 y 的值 $\varphi_1(x)$、$\varphi_2(x)$，即得公式（2）中先把 x 看作常量而对 y 积分时的下限和上限.

例 2 计算 $\iint\limits_D xy \mathrm{d}x \mathrm{d}y$，其中 D 由直线 $y = x - 2$ 及抛物线 $x = y^2$ 围成

解 画出积分区域 D 如图 6-26 所示. D 既是 X 型的,又是 Y 型的. 利用公式(3),得

$$\iint\limits_D xy\,dx\,dy = \int_{-1}^{2} dy \int_{y^2}^{y+2} xy\,dx = \frac{1}{2}\int_{-1}^{2}\big[y(y+2)^2 - y^5\big]dy$$

$$= \frac{1}{2}\left(\frac{1}{4}y^4 + \frac{4}{3}y^3 + 2y^2 - \frac{1}{6}y^6\right)\bigg|_{-1}^{2} = \frac{45}{8}.$$

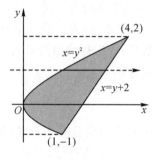

图 6-26

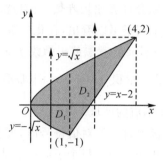

图 6-27

若利用公式(2)来计算,这由于在区间 $[0,1]$ 及 $[1,4]$ 上表示 $\varphi_1(x)$ 的式子不同,所以要用经过交点 $(-1,1)$ 且平行于 y 轴的直线 $x=1$ 把区域 D 分成 D_1 和 D_2 两部分(图 6-27),其中

$$D_1 = \{(x,\ y)\ |\ 0 \leqslant x \leqslant 1, -\sqrt{x} \leqslant y \leqslant \sqrt{x}\},$$

$$D_2 = \{(x,\ y)\ |\ 1 \leqslant x \leqslant 4, x-2 \leqslant y \leqslant \sqrt{x}\}.$$

因此,根据二重积分的性质 3,就有

$$\iint\limits_D xy\,dx\,dy = \iint\limits_{D_1} xy\,dx\,dy + \iint\limits_{D_2} xy\,dx\,dy = \int_0^1 dx \int_{-\sqrt{x}}^{\sqrt{x}} xy\,dy + \int_1^4 dx \int_{x-2}^{\sqrt{x}} xy\,dy.$$

可见,这里用公式(2)来计算比较麻烦.

例 3 计算 $\iint\limits_D \sqrt{1+x^3}\,d\sigma$,其中 D 由 $x=1, y=0$ 与 $y=x^2$ 所围成.

解 画出积分区域 D 如图 6-28 所示. 利用公式(2),得

$$\iint\limits_D \sqrt{1+x^3}\,d\sigma = \int_0^1 dx \int_0^{x^2} \sqrt{1+x^3}\,dy$$

$$= \int_0^1 \sqrt{1+x^3}\,(x^2 - 0)dx$$

$$= \frac{1}{3}\int_0^1 \sqrt{1+x^3}\,d(1+x^3)$$

$$= \frac{1}{3} \times \frac{2}{3}(1+x^3)^{\frac{3}{2}}\bigg|_0^1$$

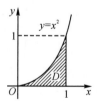

图 6-28

$$= \frac{2}{9}(2\sqrt{2} - 1).$$

若利用公式(3),就有

$$\iint\limits_D \sqrt{1+y^3}\,\mathrm{d}x\mathrm{d}y = \int_0^1 \mathrm{d}y \int_{\sqrt{y}}^1 \sqrt{1+x^3}\,\mathrm{d}x,$$

其中关于 x 的积分计算比较麻烦. 所以这里用公式(2)计算较为方便.

从上面两个例子可以看出,在化二重积分为二次积分时,为了计算简便,既要考虑积分区域 D 的形状,又要考虑被积函数 $f(x, y)$ 的特性,以选择恰当的二次积分的次序.

例 4 计算二重积分 $\iint\limits_D |x-1|\,\mathrm{d}x\mathrm{d}y$,其中 D 是第一象限内由直 $y=0, y=x$ 及圆 $x^2 + y^2 = 2$ 所围成的区域.

解 被积函数含有绝对值符号时,要把积分区域适当划分若干个子区域,使得:(1)这些子区域不相交;(2)在每个子区域上被积函数不含绝对值符号,即被积函数在每个子区域上取值不变号. 这里,用直线 $x=1$ 把区域 D 分成两个子区域 D_1, D_2 (如图 6-29).

$$\iint\limits_D |x-1|\,\mathrm{d}x\mathrm{d}y = \iint\limits_{D_1}(1-x)\,\mathrm{d}x\mathrm{d}y + \iint\limits_{D_2}(x-1)\,\mathrm{d}x\mathrm{d}y$$

$$= \int_0^1 \mathrm{d}x \int_0^x (1-x)\,\mathrm{d}y + \int_1^{\sqrt{2}} \mathrm{d}x \int_0^{\sqrt{2-x^2}} (x-1)\,\mathrm{d}y$$

$$= \int_0^1 (1-x)x\,\mathrm{d}x + \int_1^{\sqrt{2}} (x-1)\sqrt{2-x^2}\,\mathrm{d}x$$

$$= \left(\frac{1}{2}x^2 - \frac{1}{3}x^3\right)\Big|_0^1 + \int_1^{\sqrt{2}} x\sqrt{2-x^2}\,\mathrm{d}x - \int_1^{\sqrt{2}} \sqrt{2-x^2}\,\mathrm{d}x$$

$$= \frac{1}{6} - \frac{1}{2}\int_1^{\sqrt{2}} \sqrt{2-x^2}\,\mathrm{d}(2-x^2) - \int_{\frac{\pi}{4}}^{\frac{\pi}{2}} \sqrt{2}\cos t \cdot \sqrt{2}\cos t\,\mathrm{d}t$$

$$= \frac{1}{6} - \frac{1}{2}\cdot\frac{1}{1+\frac{1}{2}}(2-x^2)^{\frac{1}{2}+1}\Big|_1^{\sqrt{2}} - \left(t + \frac{1}{2}\sin 2t\right)\Big|_{\frac{\pi}{4}}^{\frac{\pi}{2}}$$

$$= \frac{1}{6} + \frac{1}{3} - \left(\frac{\pi}{4} - \frac{1}{2}\right) = 1 - \frac{\pi}{4}.$$

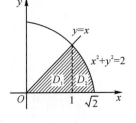

图 6-29

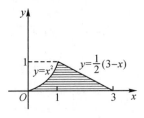

图 6-30

例 5　交换二次积分 $\int_0^1 \mathrm{d}x \int_0^{x^2} f(x,y)\mathrm{d}y + \int_l^3 \mathrm{d}x \int_0^{\frac{1}{2}(3-x)} f(x,y)\mathrm{d}y$ 的积分次序.

解　由所给积分式的限画出积分区域如图 6-30 所示.

$$D = \left\{ (x,y) \mid 0 \leqslant x \leqslant 1,\ 0 \leqslant y \leqslant x^2 \right\} \bigcup \left\{ (x,y) \mid 1 \leqslant x \leqslant 3,\ 0 \leqslant y \leqslant \frac{1}{2}(3-x) \right\}$$

$$= \{ (x,y) \mid 0 \leqslant y \leqslant 1,\ \sqrt{y} \leqslant x \leqslant 3-2y \}.$$

因而，

$$\int_0^1 \mathrm{d}x \int_0^{x^2} f(x,y)\mathrm{d}y + \int_0^3 \mathrm{d}x \int_0^{\frac{1}{2}(3-x)} f(x,y)\mathrm{d}y = \int_0^1 \mathrm{d}y \int_{\sqrt{y}}^{3-2y} f(x,y)\mathrm{d}x.$$

四、极坐标系中二重积分的计算

有些二重积分，积分区域 D 的边界曲线用极坐标方程来表示比较简单，且被积函数用极坐标变量 r,θ 表达比较简单. 这时，可以考虑用极坐标来计算二重积分.

下面介绍如何利用极坐标计算二重积分 $\iint_D f(x,y)\mathrm{d}\sigma$. 按照二重积分的定义有

$$\iint_D f(x,y)\mathrm{d}\sigma = \lim_{\lambda \to 0} \sum_{i=1}^n f(\xi_i,\eta_i)\Delta\sigma_i,$$

我们来研究这个和式的极限在极坐标系中的形式.

假定区域 D 的边界与过极点的射线相交不多于两点，函数 $f(x,y)$ 在 D 上连续. 我们用以极点 O 为中心的一族同心圆（r 为常数）和从极点 O 出发的射线（θ 为常数），把区域 D 划分成 n 个小闭区域（图 6-31）. 除了包含边界点的一些小闭区域外，设其中的一个典型小闭区域为 $\Delta\sigma$（$\Delta\sigma$ 同时也表示该小闭区域的面积），它是由半径分别为 r 和 $r+\Delta r$ 的同心圆和极角分别为 θ 和 $\theta+\Delta\theta$ 的射线所确定，其面积

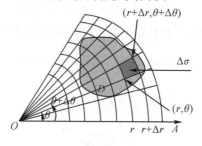

图 6-31

$$\Delta\sigma = \frac{1}{2}(r+\Delta r)^2 \cdot \Delta\theta - \frac{1}{2}r^2 \cdot \Delta\theta = \left(r + \frac{1}{2}\Delta r\right)\Delta r \cdot \Delta\theta \approx r \cdot \Delta r \cdot \Delta\theta,$$

这里,略去了高阶无穷小 $= \dfrac{1}{2}(\Delta r)^2 \cdot \Delta \theta$. 于是,根据微元法可得到极坐标系下的面积元素 $\mathrm{d}\sigma = r \cdot \mathrm{d}r \cdot \mathrm{d}\theta$,注意到直角坐标与极坐标之间的转换关系,于是

$$\lim_{\lambda \to 0} \sum_{i=1}^{n} f(\xi_i,\ \eta_i)\Delta \sigma_i = \lim_{\lambda \to 0} \sum_{i=1}^{n} f(r_i\cos \theta_i,\ r_i\sin \theta_i) \cdot r_i \cdot \Delta r_i \cdot \Delta \theta_i,$$

即

$$\iint\limits_{D} f(x,y)\mathrm{d}\sigma = \iint\limits_{D} f(r\cos \theta, r\sin \theta) r\mathrm{d}r\mathrm{d}\theta.$$

这里我们把点 (r, θ) 看作是在同一平面上的点 (x, y) 的极坐标表示,所以上式右端的积分区域仍然记作 D. 由于在直角坐标系中 $\iint\limits_{D} f(x,y)\mathrm{d}\sigma$ 也常记作 $\iint\limits_{D} f(x,y)\mathrm{d}x\mathrm{d}y$,所以上式又可写成

$$\iint\limits_{D} f(x,y)\mathrm{d}x\mathrm{d}y = \iint\limits_{D} f(r\cos \theta, r\sin \theta) r\mathrm{d}r\mathrm{d}\theta. \tag{4}$$

这就是二重积分的变量从直角坐标系变换为极坐标的变换公式,其中 $r\mathrm{d}r\mathrm{d}\theta$ 就是极坐标系中的面积元素.

公式(4)表明,要把二重积分中的变量从直角坐标系变换为极坐标,只要把被积函数中的 x, y 分别换成 $r\cos \theta, r\sin \theta$,并把直角坐标系中的面积元素 $\mathrm{d}x\mathrm{d}y$ 换成极坐标系中的面积元素 $r\mathrm{d}r\mathrm{d}\theta$.

极坐标系中的二重积分,同样需化为二次积分来计算. 下面分三种情况来讨论.

1. 如果极点 O 在积分区域 D 之外,设从极点出发的两条射线 $\theta = \alpha, \theta = \beta$ 与区域 D 边界的交点为 A 和 B,当极径按逆时针方向扫过区域 D 的始角 α 和终角 β 时,积分区域的边界被分成两部分 $r = \varphi_1(\theta), r = \varphi_2(\theta)$(图 6-32(a)),则 D 可以用不等式表示为

$$\alpha \leqslant \theta \leqslant \beta, r_1(\theta) \leqslant r \leqslant r_2(\theta).$$

这样就可看出,极坐标系中的二重积分化为二次积分的公式为

$$\iint\limits_{D} f(r\cos \theta,\ r\sin \theta) r\mathrm{d}r\mathrm{d}\theta = \int_{\alpha}^{\beta} \mathrm{d}\theta \int_{r_1(\theta)}^{r_2(\theta)} f(r\cos \theta,\ r\sin \theta) r\mathrm{d}r. \tag{5}$$

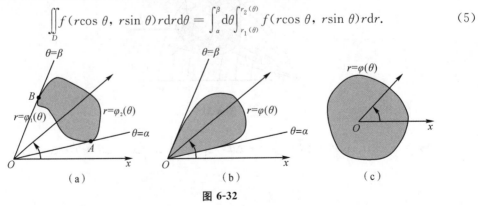

图 6-32

2.如果极点 O 在积分区域 D 的边界上,那么可以把区域 D(图 6-32(b))看作图 6-32(a)中当 $\varphi_1(\theta) \equiv 0, \varphi_2(\theta) = \varphi(\theta)$ 时的特例.这时闭区域 D 可以用不等式

$$\alpha \leqslant \theta \leqslant \beta, 0 \leqslant r \leqslant r(\theta)$$

来表示,而公式(5)成为

$$\iint\limits_{D} f(r\cos\theta, r\sin\theta)r\mathrm{d}r\mathrm{d}\theta = \int_{\alpha}^{\beta}\mathrm{d}\theta\int_{0}^{r(\theta)} f(r\cos\theta, r\sin\theta)r\mathrm{d}r.$$

3.如果极点 O 在积分区域 D 的内部,那么可以把区域 D(图 6-32(c))看作图 6-32(b)中当 $\alpha = 0$、$\beta = 2\pi$ 时的特例,这时闭区域 D 可以用不等式

$$0 \leqslant \theta \leqslant 2\pi, 0 \leqslant r \leqslant r(\theta)$$

来表示,而公式(5)成为

$$\iint\limits_{D} f(r\cos\theta, r\sin\theta)r\mathrm{d}r\mathrm{d}\theta = \int_{0}^{2\pi}\mathrm{d}\theta\int_{0}^{r(\theta)} f(r\cos\theta, r\sin\theta)r\mathrm{d}r.$$

当积分区域是圆域、环域、扇形域或其一部分,而被积函数是 $f(x^2 + y^2), f\left(\dfrac{x}{y}\right)$, $f\left(\dfrac{y}{x}\right)$ 等形式时,一般选择极坐标下计算二重积分会使计算简单.

例 6　计算 $\iint\limits_{D}\arctan\dfrac{y}{x}\mathrm{d}\sigma$,其中 D 是由圆周 $x^2 + y^2 = 4, x^2 + y^2 = 1$ 及直线 $y = 0$, $y = x$ 所围成的在第一象限内的闭区域.

解　在极坐标系中,积分区域 D(图 6-33)可以表示为

$$0 \leqslant \theta \leqslant \frac{\pi}{4}, 1 \leqslant r \leqslant 2.$$

由公式(4)及(5),有

$$\iint\limits_{D}\arctan\frac{y}{x}\mathrm{d}\sigma = \int_{0}^{\frac{\pi}{4}}\mathrm{d}\theta\int_{1}^{2}\theta r\,\mathrm{d}r$$

$$= \int_{0}^{\frac{\pi}{4}}\theta\mathrm{d}\theta \cdot \int_{1}^{2} r\mathrm{d}r$$

$$= \frac{1}{2}\theta^2 \bigg|_{0}^{\frac{\pi}{4}} \cdot \frac{1}{2}r^2 \bigg|_{1}^{2} = \frac{\pi^2}{32} \cdot \frac{3}{2} = \frac{3\pi^2}{64}.$$

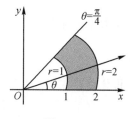

图 6-33

例 7　计算 $\iint\limits_{D}\mathrm{e}^{-x^2-y^2}\mathrm{d}x\mathrm{d}y$,其中 D 是由中心在原点,半径为 $a(>0)$ 的圆周所围成的闭区域.

解　在极坐标系中,积分区域 D(图 6-34)可表示为:

$$0 \leqslant \theta \leqslant 2\pi, 0 \leqslant r \leqslant a.$$

由公式(4)及(5),有

$$\iint_D e^{-x^2-y^2} dxdy = \int_0^{2\pi} d\theta \int_0^a e^{-r^2} r dr = 2\pi \int_0^a e^{-r^2} r dr$$

$$= -\pi e^{-r^2} \Big|_0^a = \pi(1 - e^{-a^2}).$$

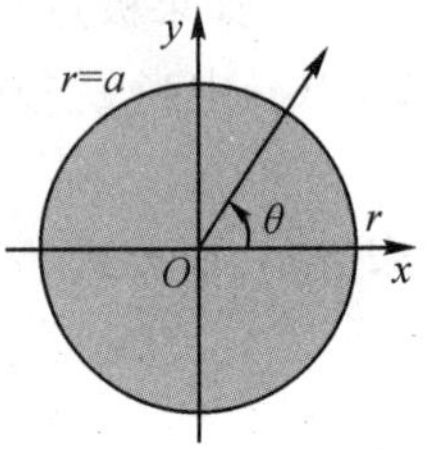

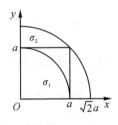

图 6-34

本题如果用直角坐标计算,由于积分 $\int e^{-x^2} dx$ 不能用初等函数表示,所以算不出来.现在我们利用上面的结果来计算在概率统计及工程上常用的反常积分 $\int_0^{+\infty} e^{-x^2} dx$.

若 $a > 0$,令 $I = \int_0^a e^{-x^2} dx$. 由

$$I^2(a) = \int_0^a e^{-x^2} dx \cdot \int_0^a e^{-y^2} dy = \iint_D e^{-(x^2+y^2)} dxdy,$$

其中 $D: 0 \leqslant x \leqslant a, 0 \leqslant y \leqslant a$.

考虑扇形区域(图 6-35):

$$\sigma_1 : x^2 + y^2 \leqslant a^2, x \geqslant 0, y \geqslant 0;$$
$$\sigma_2 : x^2 + y^2 \leqslant 2a^2, x \geqslant 0, y \geqslant 0.$$

又 $e^{-(x^2+y^2)} > 0$,故有

$$\iint_{\sigma_1} e^{-(x^2+y^2)} dxdy \leqslant I^2(a) \leqslant \iint_{\sigma_2} e^{-(x^2+y^2)} dxdy.$$

图 6-35

化为极坐标有

$$\int_0^{\frac{\pi}{2}} d\theta \int_0^a e^{-r^2} r dr \leqslant I^2(a) \leqslant \int_0^{\frac{\pi}{2}} d\theta \int_0^{\sqrt{2}a} e^{-r^2} r dr,$$

积分后有

$$\frac{\pi}{4}(1 - e^{-a^2}) \leqslant I^2(a) \leqslant \frac{\pi}{4}(1 - e^{-2a^2}).$$

当 $a \to +\infty$ 时,不等式两端极限均为 $\frac{\pi}{4}$,故

$$\lim_{a \to +\infty} I^2(a) = \frac{\pi}{4}.$$

这样

$$\int_0^{+\infty} e^{-x^2} dx = \frac{\sqrt{\pi}}{2}.$$

习题 6.8

1.利用二重积分的几何意义,计算 $\iint\limits_{D}(1-x-y)\mathrm{d}\sigma$ 的值,其中 $D=\{(x,y)\mid x\geqslant 0,$
$y\geqslant 0,x+y\leqslant 1\}$.

2.根据二重积分的性质,比较 $\iint\limits_{D}(x+y)^2\mathrm{d}\sigma$ 与 $\iint\limits_{D}(x+y)^3\mathrm{d}\sigma$ 的大小,其中积分区域 D
是由 x 轴,y 轴与直线 $x+y=1$ 所围成.

3.利用二重积分的性质,估计 $\iint\limits_{D}\sin^2 x\sin^2 y\mathrm{d}\sigma$ 的值,其中 $D=\{(x,y)\mid 0\leqslant x\leqslant \pi,$
$0\leqslant y\leqslant \pi\}$.

4.化二重积分 $I=\iint\limits_{D}f(x,y)\mathrm{d}\sigma$ 为二次积分(分别列出对两个变量先后次序不同的两
个二次积分),其中积分区域 D 是

(1)由直线 $2x+y=4$,x 轴及 y 轴所围成的闭区域;

(2)由直线直线 $y=2x$,$y=x$ 及 $x=2$ 所围成的闭区域;

(3)由 x 轴及半圆周 $x^2+y^2=r^2(y\geqslant 0)$ 所围成的闭区域.

5.画出积分区域,并计算下列二重积分:

(1) $\iint\limits_{D}(x^2+y^2-x)\mathrm{d}\sigma$,其中 D 是由直线 $y=2$,$y=x$ 及 $y=2x$ 所围成的闭区域;

(2) $\iint\limits_{D}\dfrac{x}{1+y}\mathrm{d}\sigma$,其中 D 由直线 $y=x$,$x=2$ 及双曲线 $y=\dfrac{1}{x}$ 围成;

(3) $\iint\limits_{D}xy^2\mathrm{d}\sigma$,其中 D 是由圆周 $x^2+y^2=4$ 及 y 轴所围成的右半闭区域;

(4) $\iint\limits_{D}\mathrm{e}^{x+y}\mathrm{d}\sigma$,其中 $D=\{(x,y)\mid \mid x\mid +\mid y\mid \leqslant 1\}$;

(5) $\iint\limits_{D}\mathrm{e}^{-y^2}\mathrm{d}\sigma$,其中 D 是顶点为 $(0,0),(1,1),(0,1)$ 的三角形区域;

(6) $\iint\limits_{D}y\sqrt{1+x^2-y^2}\mathrm{d}\sigma$,其中 D 是由直线 $y=x$,$x=-1$ 及 $y=1$ 所围成的区域;

(7) $\iint\limits_{D}\dfrac{\sin y}{y}\mathrm{d}\sigma$,其中 D 由直线 $y=x$ 及抛物线 $x=y^2$ 围成.

6.如果二重积分 $\iint\limits_{D}f(x,y)\mathrm{d}x\mathrm{d}y$ 的被积函数 $f(x,y)$ 是两个函数 $f_1(x)$ 及 $f_2(y)$ 的
乘积,即 $f(x,y)=f_1(x)\cdot f_2(y)$,积分区域 $D=\{(x,y)\mid a\leqslant x\leqslant b,c\leqslant y\leqslant d\}$,证

明这个二重积分等于两个定积分的乘积,即

$$\iint\limits_{D} f(x, y)\mathrm{d}x\mathrm{d}y = \int_a^b f_1(x)\mathrm{d}x \cdot \int_c^d f_2(y)\mathrm{d}y.$$

7. 交换下列二次积分的积分次序:

(1) $\int_1^e \mathrm{d}x \int_0^{\ln x} f(x,y)\mathrm{d}y$;

(2) $\int_0^1 \mathrm{d}y \int_{1-y}^{1+y^2} f(x,y)\mathrm{d}x$;

(3) $\int_1^2 \mathrm{d}x \int_{2-x}^{\sqrt{2x-x^2}} f(x,y)\mathrm{d}y$;

(4) $\int_0^2 \mathrm{d}x \int_0^{\frac{x^2}{2}} f(x,y)\mathrm{d}y + \int_2^{2\sqrt{2}} \mathrm{d}x \int_0^{\sqrt{8-x^2}} f(x,y)\mathrm{d}y$.

8. 利用极坐标计算下列二重积分:

(1) $\iint\limits_{D} \ln(1+x^2+y^2)\mathrm{d}\sigma$,其中是由圆周 $x^2+y^2=1$ 及坐标轴所围成的在第一象限的

闭区域;

(2) $\iint\limits_{D} \sin\sqrt{x^2+y^2}\mathrm{d}\sigma$,其中 $D = \{(x,y) \mid \pi^2 \leqslant x^2+y^2 \leqslant 4\pi^2\}$;

(3) $\iint\limits_{D} \frac{x}{y}\mathrm{d}\sigma$,其中 $D = \{(x,y) \mid x^2+y^2 \leqslant 2ay, x \leqslant 0\}, a > 0$;

(4) $\iint\limits_{D} \sqrt{x^2+y^2}\mathrm{d}\sigma$,其中是由圆 $x^2+y^2=1$ 及 $x^2+y^2=x$ 所围成的第一象限部分

的区域.

9. 把下列积分化为极坐标形式,并计算积分值:

(1) $\int_0^{2a} \mathrm{d}x \int_0^{\sqrt{2ax-x^2}} (x^2+y^2)\mathrm{d}y$;   (2) $\int_0^1 \mathrm{d}x \int_{x^2}^{x} \frac{1}{\sqrt{x^2+y^2}}\mathrm{d}y$;

(3) $\int_0^a \mathrm{d}y \int_0^{\sqrt{a^2-y^2}} (x^2+y^2)\mathrm{d}x$;   (4) $\int_0^a \mathrm{d}x \int_0^{x} \sqrt{x^2+y^2}\mathrm{d}y$.

10. 设 $f(x)$ 在 $[0,1]$ 连续,证明:

$$\int_0^1 \mathrm{d}x \int_x^1 f(x)f(y)\mathrm{d}y = \frac{1}{2}\left[\int_0^1 f(x)\mathrm{d}x\right]^2.$$

11. 设 $f(x)$ 在 $[a,b]$ 上连续,且 $f(x) > 0$,证明:

$$\int_a^b f(x)\mathrm{d}x \int_a^b \frac{1}{f(x)}\mathrm{d}x \geqslant (b-a)^2.$$

复习题六

一、单项选择题

1. 当 $(x,y) \to (0,0)$ 时,函数 $z = \dfrac{\tan(xy^2)}{y^2}$ 的极限是(　　).

(A) 1　　　　　　　　　　　　　(B) 0

(C) ∞　　　　　　　　　　　　(D) 不存在

2. 函数 $f(x,y) = \begin{cases} \dfrac{xy}{x^2+y^2}, & (x,y) \neq (0,0) \\ 0, & (x,y) = (0,0) \end{cases}$　在点 $(0,0)$ 处(　　).

(A) 极限存在　　　　　　　　　(B) 连续

(C) 可偏导　　　　　　　　　　(D) 可微

3. 考虑二元函数 $f(x,y)$ 在点 (x_0,y_0) 处的四条性质:(1)连续;(2)两个偏导数连续;(3)可微;(4)两个偏导数存在,则下列推导关系中正确的是(　　).

(A) (2)$\Rightarrow$(3)$\Rightarrow$(1)　　　　　(B) (3)$\Rightarrow$(2)$\Rightarrow$(1)

(C) (3)$\Rightarrow$(4)$\Rightarrow$(1)　　　　　(D) (3)$\Rightarrow$(1)$\Rightarrow$(4)

4. 设函数 $z = \arctan \mathrm{e}^{-xy}$,则 $\mathrm{d}z = ($　　$)$.

(A) $-\dfrac{\mathrm{e}^{xy}}{1+\mathrm{e}^{2xy}}(y\mathrm{d}x + x\mathrm{d}y)$　　　　(B) $\dfrac{\mathrm{e}^{xy}}{1+\mathrm{e}^{2xy}}(y\mathrm{d}x - x\mathrm{d}y)$

(C) $\dfrac{\mathrm{e}^{xy}}{1+\mathrm{e}^{2xy}}(x\mathrm{d}y - y\mathrm{d}x)$　　　　(D) $\dfrac{\mathrm{e}^{xy}}{1+\mathrm{e}^{2xy}}(y\mathrm{d}x + x\mathrm{d}y)$

5. 设 $z = z(x,y)$ 是由方程 $x = \ln \dfrac{z}{y}$ 确定的隐函数,则 $\dfrac{\partial z}{\partial x} = ($　　$)$.

(A) 1　　　　　(B) e^x　　　　　(C) $y\mathrm{e}^x$　　　　　(D) y

6. 点 $(0,0)$ 对于函数 $z = x^2 - y^2 + xy$ 是(　　).

(A) 不是驻点　　　　　　　　　(B) 驻点但不是极值点

(C) 极小值点　　　　　　　　　(D) 极大值点

7. 设 $I = \displaystyle\iint\limits_{|x|+|y| \leqslant 2} \dfrac{\mathrm{d}x\mathrm{d}y}{2 + \cos^2 x + \cos^2 y}$,则(　　).

(A) $\dfrac{1}{4} < I < \dfrac{1}{2}$　　　　　　　(B) $\dfrac{1}{2} < I < 1$

(C) $1 < I < 2$　　　　　　　　(D) $2 < I < 4$

8. 设函数 $f(x)$ 连续,记 $I = \displaystyle\int_{-1}^{1} f(x)\mathrm{d}x, D = \left\{ (x,y) \mid |x| \leqslant 2, |y| \leqslant \dfrac{1}{3} \right\}$,则

$\displaystyle\iint_D f\left(\frac{x}{2}\right)f(3y)\mathrm{d}x\mathrm{d}y=($ $)$.

(A) $\dfrac{2}{3}I$ (B) $\dfrac{2}{3}I^2$ (C) $\dfrac{3}{2}I$ (D) $\dfrac{3}{2}I^2$

9. 设 D 是 xOy 平面上以 $(1,1),(-1,1)$ 和 $(-1,-1)$ 为顶点的三角形区域，D_1 是 D 在第一象限的部分，则 $\displaystyle\iint_D(xy+\cos x\sin y)\mathrm{d}x\mathrm{d}y$ 等于(   ).

(A) $2\displaystyle\iint_{D_1}\cos x\sin y\mathrm{d}x\mathrm{d}y$ (B) $2\displaystyle\iint_{D_1}xy\mathrm{d}x\mathrm{d}y$

(C) $4\displaystyle\iint_{D_1}(xy+\cos x\sin y)\mathrm{d}x\mathrm{d}y$ (D) 0

10. 设区域 $D=\{(x,y)\mid x\leqslant x^2+y^2\leqslant 2x,y\geqslant 0\}$，则在极坐标下二重积分 $\displaystyle\iint_D xy\mathrm{d}x\mathrm{d}y=($ $)$.

(A) $\displaystyle\int_0^{\frac{\pi}{2}}\mathrm{d}\theta\int_{\cos\theta}^{2\cos\theta}r^2\cos\theta\sin\theta\mathrm{d}r$ (B) $\displaystyle\int_0^{\frac{\pi}{2}}\mathrm{d}\theta\int_{\cos\theta}^{2\cos\theta}r^3\cos\theta\sin\theta\mathrm{d}r$

(C) $\displaystyle\int_0^{\pi}\mathrm{d}\theta\int_{\cos\theta}^{2\cos\theta}r^2\cos\theta\sin\theta\mathrm{d}r$ (D) $\displaystyle\int_0^{\pi}\mathrm{d}\theta\int_{\cos\theta}^{2\cos\theta}r^3\cos\theta\sin\theta\mathrm{d}r$

11. 累次积分 $\displaystyle\int_0^{\frac{\pi}{2}}\mathrm{d}\theta\int_0^{\cos\theta}f(r\cos\theta,r\sin\theta)r\mathrm{d}r$ 可以写成(   ).

(A) $\displaystyle\int_0^1\mathrm{d}y\int_0^{\sqrt{y-y^2}}f(x,y)\mathrm{d}x$ (B) $\displaystyle\int_0^1\mathrm{d}y\int_0^{\sqrt{1-y^2}}f(x,y)\mathrm{d}x$

(C) $\displaystyle\int_0^1\mathrm{d}x\int_0^1 f(x,y)\mathrm{d}y$ (D) $\displaystyle\int_0^1\mathrm{d}x\int_0^{\sqrt{x-x^2}}f(x,y)\mathrm{d}y$

二、填空题

1. 设函数 $z=(2x+y)^{3xy}$，则 $\left.\dfrac{\partial z}{\partial x}\right|_{(1,1)}=$ _____.

2. 设 $f(u,v)$ 为二元可微函数，$z=f[\sin(x+y),\mathrm{e}^{xy}]$，则 $\dfrac{\partial z}{\partial x}=$ _____.

3. 函数 $z=\dfrac{y^x-1}{y}$ 在点 $(1,\mathrm{e})$ 的全微分 $\mathrm{d}z\,|_{(1,\mathrm{e})}=$ _____.

4. 设 $z=y^{\ln x}$，则 $\dfrac{\partial^2 z}{\partial x\partial y}=$ _____.

5. 由二重积分的几何意义得 $\displaystyle\iint_D\mathrm{d}\sigma=$ _____，这里 $D=\left\{(x,y)\,\middle|\,\dfrac{x^2}{9}+\dfrac{y^2}{16}\leqslant 1\right\}$.

6. 设 $f(x,y)$ 为连续函数，交换积分次序：$\displaystyle\int_1^2\mathrm{d}x\int_{2-x}^{\sqrt{2x-x^2}}f(x,y)\mathrm{d}y=$ _____.

7. 交换积分次序：

$$\int_0^1 \mathrm{d}x \int_0^{x^2} f(x,y)\mathrm{d}y + \int_1^2 \mathrm{d}x \int_0^{2-x} f(x,y)\mathrm{d}y = \underline{\hspace{4cm}}.$$

8. 设 $D = \{(x,y) \mid x^2 + y^2 \leqslant 1, 0 \leqslant y \leqslant x\}$，则 $\iint\limits_D \mathrm{e}^{x^2+y^2}\mathrm{d}x\mathrm{d}y = \underline{\hspace{4cm}}.$

三、解答题

1. 设函数 $z = f(x,y)$ 在点 $(1,1)$ 处可微，且 $f(1,1) = 1, \left.\dfrac{\partial f}{\partial x}\right|_{(1,1)} = 2, \left.\dfrac{\partial f}{\partial y}\right|_{(1,1)} = 3.$ 又设 $\varphi(x) = f[x, f(x,x)]$，求 $\left.\dfrac{\mathrm{d}}{\mathrm{d}x}\varphi^3(x)\right|_{x=1}.$

2. 由方程 $z = x + yf(z)$ 确定 $z = z(x,y)$，且 $yf'(z) \neq 1$，求 $\dfrac{\partial z}{\partial x} \cdot f(z) - \dfrac{\partial z}{\partial y}.$

3. 设 $u = f(x,y,z)$ 有连续的一阶偏导数，又函数 $y = y(x)$ 及 $z = z(x)$ 分别由 $\mathrm{e}^{xy} - xy = 2$ 和 $\mathrm{e}^x = \int_0^{x-z} \dfrac{\sin t}{t}\mathrm{d}t$ 确定，求 $\dfrac{\mathrm{d}u}{\mathrm{d}x}.$

4. 设函数 $z = f(x - y^2, x^2\sin\pi y)$，$f$ 具有 2 阶连续偏导数，求 $\left.\dfrac{\partial^2 z}{\partial x \partial y}\right|_{(1,1)}.$

5. 设函数 $z = z(x,y)$ 由方程 $x^2 + 3y^2 + z^3 = 22$ 确定，求 $\left.\dfrac{\partial^2 z}{\partial y^2}\right|_{(3,2)}.$

6. 设 $f(x,y) = 3x + 4y - ax^2 - 2ay^2 - 2bxy$，试问参数 a,b 满足什么条件时，$f(x,y)$ 有唯一的极大值？$f(x,y)$ 有唯一的极小值？

7. 求 $z = 2x^2 + y^2 - 8x - 2y + 9$ 在 $D : 2x^2 + y^2 \leqslant 1$ 上的最大值和最小值.

8. 计算二重积分 $\iint\limits_D (x-1)y\mathrm{d}x\mathrm{d}y$，其中区域 D 由曲线 $x = 1 + \sqrt{y}$ 和直线 $y = 1 - x$ 及 $y = 1$ 围成.

9. 计算 $\iint\limits_D |y - x^2|\mathrm{d}\sigma$，其中 D 是由 $x = -1, x = 1, y = 0$ 及 $y = 1$ 所围成的区域.

10. 计算 $\iint\limits_D \sqrt{\dfrac{1-x^2-y^2}{1+x^2+y^2}}\mathrm{d}x\mathrm{d}y$，其中 $D : x^2 + y^2 \leqslant 1.$

11. 计算二重积分 $I = \iint\limits_D [x + \sin(xy)]\mathrm{d}x\mathrm{d}y$，其中区域 $D = \{(x,y) \mid x^2 + y^2 \leqslant 2, x \geqslant 1\}.$

12. 设 $f(x)$ 为 $[0, +\infty)$ 上的可导函数，且 $f(0) = 0, f'_+(0) = 3.$ 又设

$$g(t) = \iint\limits_{x^2+y^2 \leqslant t^2} f(\sqrt{x^2+y^2})\mathrm{d}\sigma,$$

求 $\lim\limits_{t \to 0^+} \dfrac{g(t)}{\pi t^3}.$

13. 设闭区域 $D: x^2 + y^2 \leqslant y, x \geqslant 0, f(x,y)$ 为 D 上的连续函数,且

$$f(x,y) = \sqrt{1 - x^2 - y^2} - \frac{8}{\pi} \iint\limits_{D} f(u,v)\mathrm{d}u\mathrm{d}v,$$

求 $f(x,y)$.

14. 设 $z = x^n f\left(\dfrac{y}{x^2}\right)$,其中 f 为可微函数,证明 $x\dfrac{\partial z}{\partial x} + 2y\dfrac{\partial z}{\partial y} = nz$.

15. 设 $x = x(y,z), y = y(x,z), z = z(x,y)$ 都是由方程 $F(x,y,z) = 0$ 所确定的具有连续偏导数的函数,证明 $\dfrac{\partial x}{\partial y} \cdot \dfrac{\partial y}{\partial z} \cdot \dfrac{\partial z}{\partial x} = -1$.

16. 证明: $\displaystyle\int_0^a \mathrm{d}y \int_0^y \mathrm{e}^{m(a-x)} f(x)\mathrm{d}x = \int_0^a (a-x)\mathrm{e}^{m(a-x)} f(x)\mathrm{d}x$.

第 7 章　无穷级数

无穷级数是微积分学的一个重要组成部分,是研究函数的性质以及进行数值计算的一种工具.本章中先讨论常数项级数,介绍无穷级数的一些内容,然后讨论函数项级数,着重讨论幂级数和如何将函数表示成幂级数.

第 1 节　常数项级数的概念和性质

一、常数项级数的概念

定义 1　给定数列 $\{u_n\}$,则由这数列构成的表达式

$$u_1 + u_2 + \cdots + u_n + \cdots$$

称为**(常数项)无穷级数**,简称**级数**,记作 $\sum\limits_{n=1}^{\infty} u_n$,即

$$\sum_{n=1}^{\infty} u_n = u_1 + u_2 + \cdots + u_n + \cdots,$$

其中第 n 项 u_n 称为级数的**通项**或**一般项**.

上述级数的定义只是一个形式上的定义,如何理解无穷级数中无穷多个数相加呢?我们可以从有限项的和出发,考察它们的变化趋势,由此来理解无穷多个数相加的含义.

级数 $\sum\limits_{n=1}^{\infty} u_n$ 的前 n 项的和

$$s_n = u_1 + u_2 + \cdots + u_n$$

称为级数的**部分和**.当 n 依次取 $1,2,3,\cdots$ 时,它们构成一个新的数列,根据这个数列有没有极限,我们引进无穷级数的收敛与发散的概念.

定义 2　若级数 $\sum\limits_{n=1}^{\infty} u_n$ 的部分和数列 $\{s_n\}$ 有极限 s,则称级数 $\sum\limits_{n=1}^{\infty} u_n$ **收敛**,极限值 $s = \lim\limits_{n\to\infty} s_n$ 称为此级数的**和**,并记 $s = \sum\limits_{n=1}^{\infty} u_n$.若部分和数列 $\{s_n\}$ 没有极限,则称级数 $\sum\limits_{n=1}^{\infty} u_n$ **发散**,即发散级数没有和.

当级数收敛时，其部分和 s_n 是级数的和 s 的近似值，它们之间的差值

$$r_n = s - s_n = u_{n+1} + u_{n+2} + \cdots + u_n + \cdots$$

称为级数的 **余项**. 当级数收敛时，它对应的余项 r_n 趋于零.

从上述定义可知，无穷级数从形式上看是加法运算，但实际上是极限运算下的等式，也就是说无穷级数是以加法形式出现的极限问题.

例 1 讨论几何级数（等比级数）

$$\sum_{n=1}^{\infty} aq^{n-1} = a + aq + aq^2 + \cdots + aq^{n-1} + \cdots \quad （a \neq 0）$$

的敛散性.

解 如果 $q \neq 1$，则部分和

$$s_n = a + aq + aq^2 + \cdots + aq^{n-1} = \frac{a(1-q^n)}{1-q}.$$

当 $|q| < 1$ 时，有 $\lim\limits_{n\to\infty} s_n = \dfrac{a}{1-q}$，所以级数收敛，其和为 $\dfrac{a}{1-q}$. 当 $|q| > 1$ 时，由于 $\lim\limits_{n\to\infty} s_n = \infty$，这时级数发散.

如果 $q = 1$，则 $s_n = na \to \infty (n \to \infty)$，因此级数发散.

如果 $q = -1$，则级数成为

$$a - a + a - a + \cdots,$$

显然 s_n 随着 n 为奇数或为偶数而等于 a 或等于零，从而 s_n 的极限不存在，这时级数也发散.

综合上述结果，如果几何级数 $\sum\limits_{n=1}^{\infty} aq^{n-1}$ 的公比绝对值 $|q| < 1$，则级数收敛；如果 $|q| \geqslant 1$，则级数发散.

例 2 讨论级数 $\sum\limits_{n=1}^{\infty} \dfrac{1}{n(n+1)}$ 的收敛性. 若收敛，求其和.

解 由于

$$u_n = \frac{1}{n(n+1)} = \frac{1}{n} - \frac{1}{n+1},$$

因此

$$\begin{aligned}
s_n &= \frac{1}{1 \cdot 2} + \frac{1}{2 \cdot 3} + \cdots + \frac{1}{n(n+1)} \\
&= \left(1 - \frac{1}{2}\right) + \left(\frac{1}{2} - \frac{1}{3}\right) + \cdots + \left(\frac{1}{n} - \frac{1}{n+1}\right) \\
&= 1 - \frac{1}{n+1}.
\end{aligned}$$

从而

$$\lim_{n\to\infty}s_n = \lim_{n\to\infty}\left(1-\frac{1}{n+1}\right)=1,$$

所以这级数收敛,它的和是 1.

例 3　讨论级数 $\sum_{n=1}^{\infty}\ln\left(1+\frac{1}{n}\right)$ 的收敛性.

解　这级数的部分和为

$$
\begin{aligned}
s_n &= \ln\left(1+\frac{1}{1}\right)+\ln\left(1+\frac{1}{2}\right)+\cdots+\ln\left(1+\frac{1}{n}\right)\\
&= \ln\frac{2}{1}+\ln\frac{3}{2}+\cdots+\ln\frac{n+1}{n}\\
&= (\ln2-\ln1)+(\ln3-\ln2)+\cdots+[\ln(n+1)-\ln n]\\
&= \ln(n+1).
\end{aligned}
$$

显然 $\lim_{n\to\infty}s_n=\infty$,因此所给级数发散.

二、收敛级数的性质

根据无穷级数收敛、发散及和的概念,可以得出收敛级数的几个基本性质.

性质 1　若 $k\neq0$,则级数 $\sum_{n=1}^{\infty}u_n$ 和 $\sum_{n=1}^{\infty}ku_n$ 具有相同的敛散性.特别地,若收敛级数 $\sum_{n=1}^{\infty}u_n=s$,则 $\sum_{n=1}^{\infty}ku_n=ks$.

证　(1)先考虑 $\sum_{n=1}^{\infty}u_n$ 是收敛的情形,设级数 $\sum_{n=1}^{\infty}u_n$ 与 $\sum_{n=1}^{\infty}ku_n$ 的部分和分别为 s_n 与 σ_n,则

$$\sigma_n=ku_1+ku_2+\cdots ku_n=k(u_1+u_2+\cdots u_n)=ks_n,$$

于是

$$\lim_{n\to\infty}\sigma_n=\lim_{n\to\infty}ks_n=k\lim_{n\to\infty}s_n=ks,$$

这表明级数 $\sum_{n=1}^{\infty}ku_n$ 收敛,且和为 ks.

(2)当 $k\neq0$,若 $\sum_{n=1}^{\infty}u_n$ 发散,即部分和 $\{s_n\}$ 没有极限,由关系式 $\sigma_n=ks_n$ 知,$\sum_{n=1}^{\infty}ku_n$ 的部分和 $\{\sigma_n\}$ 也没极限,即它是发散的.

性质 1 表明,级数的每一项同乘一个不为零的常数后,它的敛散性不会改变.

性质 2　若级数 $\sum_{n=1}^{\infty}u_n$,$\sum_{n=1}^{\infty}v_n$ 分别收敛于和 s,σ,则级数 $\sum_{n=1}^{\infty}(u_n\pm v_n)$ 也收敛,且其和

为 $s \pm \sigma$.

证 设级数 $\sum\limits_{n=1}^{\infty} u_n$，$\sum\limits_{n=1}^{\infty} v_n$ 的部分和分别为 s_n，σ_n，则级数 $\sum\limits_{n=1}^{\infty} (u_n \pm v_n)$ 的部分和

$$\tau_n = (u_1 \pm v_1) + (u_2 \pm v_2) + \cdots + (u_n \pm v_n)$$
$$= (u_1 + u_2 + \cdots + u_n) \pm (v_1 + v_2 + \cdots + v_n)$$

于是

$$\lim_{n \to \infty} \tau_n = \lim_{n \to \infty} (s_n \pm \sigma_n) = s \pm \sigma.$$

这就表明级数 $\sum\limits_{n=1}^{\infty} (u_n \pm v_n)$ 收敛，且其和为 $s \pm \sigma$.

性质 2 也可以说成：两个收敛级数可以逐项相加与逐项相减.

性质 3 添加、去掉或改变级数的有限项，不会改变级数的敛散性.

证 我们先证明"在级数的前面部分去掉有限项，不会改变级数的敛散性". 设级数 $\sum\limits_{n=1}^{\infty} u_n$ 的部分和为 s_n，将 $\sum\limits_{n=1}^{\infty} u_n$ 的前 k 项去掉，得新级数

$$\sum_{n=k+1}^{\infty} u_n = u_{k+1} + u_{k+2} + \cdots + u_{k+n} + \cdots.$$

于是新级数的部分和为

$$\sigma_n = u_{k+1} + u_{k+2} + \cdots + u_{k+n} = s_{k+n} - s_k.$$

因为 s_k 是常数，所以当 $n \to \infty$ 时，σ_n 与 s_{k+n} 或者同时具有极限，或者同时没有极限.

类似地，可以证明在级数的前面加上有限项，不会改变级数的敛散性. 至于其他情形（即在级数中任意去掉、加上或改变有限项的情形）都可以看成在级数的前面部分先去掉有限项，然后再加上有限项的结果.

性质 4 若级数 $\sum\limits_{n=1}^{\infty} u_n$ 收敛，则对该级数的项任意加括号后所成的级数仍收敛，且其和不变.

证 将原收敛级数 $\sum\limits_{n=1}^{\infty} u_n$ 不改变各项次序而插入括号得另一新级数

$$(u_1 + u_2 + \cdots u_k) + (u_{k+1} + u_{k+2} + \cdots + u_l) + (u_{l+1} + u_{l+2} + \cdots + u_m) + \cdots.$$

设新级数的部分和为 σ_n，而 $\sum\limits_{n=1}^{\infty} u_n$ 的部分和为 s_n，则

$$\sigma_1 = s_{n_1}, \quad \sigma_2 = s_{n_2}, \quad \cdots, \quad \sigma_k = s_{n_k}, \quad \cdots, \quad (n_1 < n_2 < \cdots < n_k < \cdots).$$

可见，数列 $\{\sigma_k\}$ 是数列 $\{s_n\}$ 的一个子数列. 由数列 $\{s_n\}$ 的收敛性以及收敛数列与其子数列的关系可知，数列 $\{\sigma_k\}$ 必定收敛，且有

$$\lim_{k \to \infty} \sigma_k = \lim_{n \to \infty} s_n,$$

即加括号后所成的级数收敛,且其和不变.

注意 如果加括号后所成的级数收敛,则不能断定去括号后原来的级数也收敛.例如,级数

$$(1-1)+(1-1)+\cdots+(1-1)+\cdots$$

收敛于零,但去括号后的级数

$$1-1+1-1+\cdots+1-1+\cdots$$

却是发散的.

根据性质 4 可得如下推论.

推论 如果加括号后所成的级数发散,则原来级数也发散.

事实上,倘若原来级数收敛,则根据性质 4,加括号后的级数就应该收敛了.

性质 5(级数收敛的必要条件) 如果级数 $\sum\limits_{n=1}^{\infty} u_n$ 收敛,则 $\lim\limits_{n\to\infty} u_n = 0$.

证 设级数 $\sum\limits_{n=1}^{\infty} u_n$ 的部分和为 s_n,且 $\lim\limits_{n\to\infty} s_n = s$,则

$$\lim_{n\to\infty} u_n = \lim_{n\to\infty}(s_n - s_{n-1}) = \lim_{n\to\infty} s_n - \lim_{n\to\infty} s_{n-1} = s - s = 0.$$

性质 5 告诉我们:如果级数的一般项不趋于零,则该级数必定发散.例如级数

$$\frac{1}{2} - \frac{2}{3} + \frac{3}{4} - \cdots + (-1)^{n-1}\frac{n}{n+1} + \cdots,$$

它的一般项 $u_n = (-1)^{n-1}\dfrac{n}{n+1}$ 当 $n\to\infty$ 时不趋于零,因此,该级数是发散的.

注意 级数的一般项趋于零并不是级数收敛的充分条件.有些级数虽然一般项趋于零,但仍然是发散的.例如,级数 $\sum\limits_{n=1}^{\infty} \ln\left(1+\dfrac{1}{n}\right)$,虽然它的一般项 $u_n = \ln\left(1+\dfrac{1}{n}\right) \to 0 (n\to\infty)$,但是由例 3 知道它是发散的.下面再看一个重要的例子.

例 4 证明**调和级数**

$$\sum_{n=1}^{\infty} \frac{1}{n} = 1 + \frac{1}{2} + \frac{1}{3} + \cdots + \frac{1}{n} + \cdots$$

是发散的.

证 反证法.假设调和级数 $\sum\limits_{n=1}^{\infty} \dfrac{1}{n}$ 收敛且其和为 s,s_n 是它的部分和.显然有

$$\lim_{n\to\infty} s_n = s \ \text{及} \ \lim_{n\to\infty} s_{2n} = s.$$

于是

$$\lim_{n\to\infty}(s_{2n} - s_n) = 0.$$

但另一方面

$$s_{2n} - s_n = \frac{1}{n+1} + \frac{1}{n+2} + \cdots + \frac{1}{2n} > \frac{1}{2n} + \frac{1}{2n} + \cdots + \frac{1}{2n} = \frac{1}{2},$$

故

$$\lim_{n \to \infty}(s_{2n} - s_n) \neq 0,$$

与假设矛盾. 因此调和级数 $\displaystyle\sum_{n=1}^{\infty} \frac{1}{n}$ 必定发散.

习题 7.1

1.写出下列级数的前五项：

(1) $\displaystyle\sum_{n=1}^{\infty} \frac{1 \cdot 3 \cdot \cdots \cdot (2n-1)}{2 \cdot 4 \cdot \cdots \cdot 2n}$;   (2) $\displaystyle\sum_{n=1}^{\infty} \frac{(-1)^{n-1}}{5^n}$;

(3) $\displaystyle\sum_{n=1}^{\infty} \frac{n!}{n^n}$.

2.若级数 $\displaystyle\sum_{n=1}^{\infty} u_n$ 的前 n 项和 $s_n = \frac{2}{n+1}$, 求该级数的一般项 u_n.

3.根据级数收敛与发散的定义判定下列级数的敛散性：

(1) $\displaystyle\sum_{n=1}^{\infty}(\sqrt{n+1} - \sqrt{n})$;

(2) $\frac{1}{1 \times 3} + \frac{1}{3 \times 5} + \frac{1}{5 \times 7} + \cdots + \frac{1}{(2n-1) \cdot (2n+1)} + \cdots$.

4.判定下列级数的收敛性：

(1) $-\frac{8}{9} + \frac{8^2}{9^2} - \frac{8^3}{9^3} + \cdots + (-1)^n \frac{8^n}{9^n} + \cdots$;

(2) $\frac{1}{3} + \frac{1}{6} + \frac{1}{9} + \cdots + \frac{1}{3n} + \cdots$;

(3) $\frac{1}{3} + \frac{1}{\sqrt{3}} + \frac{1}{\sqrt[3]{3}} + \cdots + \frac{1}{\sqrt[n]{3}} + \cdots$;

(4) $\frac{3}{2} + \frac{3^2}{2^2} + \frac{3^3}{2^3} + \cdots + \frac{3^n}{2^n} + \cdots$;

(5) $\left(\frac{2}{5} + \frac{1}{10}\right) + \left(\frac{4}{25} + \frac{1}{100}\right) + \left(\frac{8}{125} + \frac{1}{1000}\right) + \left(\frac{16}{625} + \frac{1}{10^4}\right) + \cdots$.

5.已知数列 $\{na_n\}$ 收敛, 级数 $\displaystyle\sum_{n=1}^{\infty} n(a_n - a_{n-1})$ 收敛, 证明级数 $\displaystyle\sum_{n=0}^{\infty} a_n$ 收敛.

第 2 节　常数项级数的审敛法

一、正项级数及其审敛法

我们先来考虑**正项级数**(非负项级数),即每一项 $u_n \geqslant 0(n=1,2,\cdots)$ 的级数.负项(非正项)级数与正项级数并无本质上的差异,因为负项级数一旦改变正负号后,就变成正项级数了.正项级数特别重要,以后我们将看到许多级数的收敛性问题可归结为这种级数的收敛性问题.

设级数

$$u_1 + u_2 + \cdots + u_n + \cdots$$

是一个正项级数,它的部分和为 s_n. 显然,部分和数列 $\{s_n\}$ 是一个单调增加数列:

$$s_1 \leqslant s_2 \leqslant \cdots \leqslant s_n \leqslant \cdots.$$

如果数列 $\{s_n\}$ 有上界,根据单调有界的数列必有极限的准则,级数 $\sum\limits_{n=1}^{\infty} u_n$ 必收敛于和 s. 反之,如果正项级数 $\sum\limits_{n=1}^{\infty} u_n$ 收敛于和 s,即 $\lim s_n = s$,根据极限存在的数列是有界数列的性质可知,数列 $\{s_n\}$ 有界.因此,我们得到一条关于判定正项级数敛散性的基本定理.

定理 1　正项级数 $\sum\limits_{n=1}^{\infty} u_n$ 收敛的充分必要条件它的部分和数列 $\{s_n\}$ 有上界.

根据定理 1,我们就可以推导出一系列判别正项级数收敛或发散的法则,也称为**审敛法**.这些审敛法都给出了级数收敛的充分条件.

定理 2(比较审敛法)　设 $\sum\limits_{n=1}^{\infty} u_n$ 和 $\sum\limits_{n=1}^{\infty} v_n$ 都是正项级数,且 $u_n \leqslant v_n (n=1,2,\cdots)$. 于是,如果级数 $\sum\limits_{n=1}^{\infty} v_n$ 收敛,则级数 $\sum\limits_{n=1}^{\infty} u_n$ 收敛;如果级数 $\sum\limits_{n=1}^{\infty} u_n$ 发散,则级数 $\sum\limits_{n=1}^{\infty} v_n$ 发散.

证　记级数 $\sum\limits_{n=1}^{\infty} u_n$ 和 $\sum\limits_{n=1}^{\infty} v_n$ 的部分和分别为 s_n 和 σ_n,则有

$$s_n = u_1 + u_2 + \cdots + u_n \leqslant v_1 + v_2 + \cdots + v_n \leqslant \sigma_n (n=1,2,\cdots).$$

由定理 1 可知,当 $\sum\limits_{n=1}^{\infty} v_n$ 收敛时,σ_n 必有上界.于是由上面的不等式可知 s_n 也必有上界,从而 $\sum\limits_{n=1}^{\infty} u_n$ 收敛.

另一方面,当 $\sum\limits_{n=1}^{\infty} u_n$ 发散时,$\sum\limits_{n=1}^{\infty} v_n$ 不可能收敛,因为根据由上面已证明的结果,将有

级数 $\sum\limits_{n=1}^{\infty} u_n$ 也收敛,这就与假设矛盾.

注意到级数的每一项同乘不为零的常数 k 以及去掉级数前面部分的有限项不会影响级数的收敛性,我们可得如下推论:

推论 设 $\sum\limits_{n=1}^{\infty} u_n$ 和 $\sum\limits_{n=1}^{\infty} v_n$ 都是正项级数,且存在正整数 N,使当 $n \geqslant N$ 时有 $u_n \leqslant kv_n (k>0)$ 成立. 于是,如果级数 $\sum\limits_{n=1}^{\infty} v_n$ 收敛,则级数 $\sum\limits_{n=1}^{\infty} u_n$ 收敛;如果级数 $\sum\limits_{n=1}^{\infty} u_n$ 发散,则级数 $\sum\limits_{n=1}^{\infty} v_n$ 发散.

例 1 讨论 p 级数

$$1 + \frac{1}{2^p} + \frac{1}{3^p} + \frac{1}{4^p} + \cdots + \frac{1}{n^p} + \cdots$$

的收敛性,其中常数 $p>0$.

解 设 $p \leqslant 1$. 这时级数的各项不小于调和级数的对应项:$\frac{1}{n^p} \geqslant \frac{1}{n}$,但调和级数发散,因此根据比较审敛法可知,此时级数发散.

设 $p>1$. 因为当 $k-1 \leqslant x \leqslant k$ 时,有 $\frac{1}{k^p} \leqslant \frac{1}{x^p}$,所以

$$\frac{1}{k^p} = \int_{k-1}^{k} \frac{1}{k^p} dx \leqslant \int_{k-1}^{k} \frac{1}{x^p} dx (k = 2, 3, \cdots),$$

从而级数的部分和

$$s_n = 1 + \sum_{k=2}^{n} \frac{1}{k^p} \leqslant 1 + \sum_{k=2}^{n} \int_{k-1}^{k} \frac{1}{x^p} dx = 1 + \int_{1}^{n} \frac{1}{x^p} dx$$

$$= 1 + \frac{1}{p-1}\left(1 - \frac{1}{n^{p-1}}\right) < 1 + \frac{1}{p-1} (n = 2, 3, \cdots),$$

这表明数列 $\{s_n\}$ 有界,因此级数收敛.

综合上述结果,我们得到:p 级数当 $p>1$ 时收敛,当 $p \leqslant 1$ 时发散.

应用比较审敛法的关键,就是把所给级数与一个已知敛散性的正项级数进行比较. 经常把几何级数和 p 级数作为比较级数.

例 2 证明级数 $\sum\limits_{n=1}^{\infty} \frac{1}{\sqrt{n(n+1)}}$ 是发散的.

证 因为 $\frac{1}{\sqrt{n(n+1)}} > \frac{1}{\sqrt{(n+1)^2}} = \frac{1}{n+1}$. 而级数

$$\sum_{n=1}^{\infty} \frac{1}{n+1} = \frac{1}{2} + \frac{1}{3} + \cdots + \frac{1}{n+1} + \cdots$$

是发散的,根据比较审敛法可知所给级数也是发散的.

例 3　证明级数

$$\sum_{n=1}^{\infty} \frac{1}{n^n} = 1 + \frac{1}{2^2} + \frac{1}{3^3} + \cdots + \frac{1}{n^n} + \cdots$$

是收敛的.

证　因为当 $n > 1$ 时,有

$$\frac{1}{n^n} \leqslant \frac{1}{2^n},$$

而等比级数 $\sum_{n=1}^{\infty} \frac{1}{2^n}$ 是收敛的,根据比较审敛法可知所给级数也是收敛的.

为应用上的方便,下面我们给出比较审敛法的极限形式.

定理 3(比较审敛法的极限形式)　设 $\sum_{n=1}^{\infty} u_n$ 和 $\sum_{n=1}^{\infty} v_n$ 都是正项级数,且

$$\lim_{n \to \infty} \frac{u_n}{v_n} = \lambda,$$

则

(1)当 $0 < \lambda < +\infty$ 时,级数 $\sum_{n=1}^{\infty} u_n$ 和 $\sum_{n=1}^{\infty} v_n$ 或者同时收敛,或者同时发散;

(2)当 $\lambda = 0$ 时,若级数 $\sum_{n=1}^{\infty} v_n$ 收敛,则级数 $\sum_{n=1}^{\infty} u_n$ 收敛;

(3)当 $\lambda = +\infty$ 时,若级数 $\sum_{n=1}^{\infty} v_n$ 发散,则级数 $\sum_{n=1}^{\infty} u_n$ 发散.

证　(1)由极限定义可知,对于 $\varepsilon = \frac{\lambda}{2}$,存在正整数 N,当 $n > N$ 时,有

$$\lambda - \varepsilon < \frac{u_n}{v_n} < \lambda + \varepsilon, \text{ 即 } \frac{\lambda}{2} v_n < u_n < \frac{3\lambda}{2} v_n.$$

根据比较审敛法的推论,知级数 $\sum_{n=1}^{\infty} u_n$ 和 $\sum_{n=1}^{\infty} v_n$ 或者同时收敛,或者同时发散.

(2)由极限定义可知,对于 $\varepsilon = 1$,存在正整数 N,当 $n > N$ 时,有

$$\left| \frac{u_n}{v_n} - 0 \right| < 1, \text{ 即 } u_n < v_n,$$

而级数 $\sum_{n=1}^{\infty} v_n$ 收敛.根据比较审敛法的推论,知级数 $\sum_{n=1}^{\infty} u_n$ 收敛.

(3)由无穷大与无穷小的关系知 $\lim_{n \to \infty} \frac{v_n}{u_n} = 0$,再由结论(2),若级数 $\sum_{n=1}^{\infty} u_n$ 收敛,则有

级数 $\sum\limits_{n=1}^{\infty} v_n$ 收敛. 这与假设矛盾.

例 4 判别级数 $\sum\limits_{n=1}^{\infty} \sin\dfrac{1}{n}$ 的敛散性.

解 因为

$$\lim_{n\to\infty} \frac{\sin\dfrac{1}{n}}{\dfrac{1}{n}} = 1,$$

而级数 $\sum\limits_{n=1}^{\infty}\dfrac{1}{n}$ 发散, 根据定理 3 知此级数发散.

例 5 判别级数 $\sum\limits_{n=1}^{\infty}\left(1-\cos\dfrac{\pi}{n}\right)$ 的敛散性.

解 因为

$$\lim_{n\to\infty} \frac{1-\cos\dfrac{\pi}{n}}{\dfrac{1}{n^2}} = \lim_{n\to\infty} \frac{\dfrac{1}{2}\left(\dfrac{\pi}{n}\right)^2}{\dfrac{1}{n^2}} = \frac{1}{2}\pi^2,$$

而 $\sum\limits_{n=1}^{\infty}\dfrac{1}{n^2}$ 收敛, 故由比较审敛法的极限形式知所给级数收敛.

以上两个比较审敛法中, 第一个显然比第二个更基本, 而第二个却比第一个更实用. 不过无论如何, 要使用这两个审敛法来判定一个已知级数的敛散性都需要另选一个收敛或发散的级数以资比较. 因此, 如果我们知道的收敛与发散的级数愈多, 那么自然就愈能显示出这些法则的作用. 但是要选择一个合宜于解决问题的级数, 也常常不是显而易见的. 所以我们还要建立起一类只依赖于已知级数本身的审敛法则. 下面我们将正项级数与等比级数比较, 得到在实用上很方便的比值判别法和根值判别法.

定理 4(比值审敛法) 设 $\sum\limits_{n=1}^{\infty} u_n$ 为正项级数, 且

$$\lim_{n\to\infty} \frac{u_{n+1}}{u_n} = \lambda,$$

则

(1) 当 $\lambda < 1$ 时, 级数收敛;

(2) 当 $\lambda > 1$ (或 $\lim\limits_{n\to\infty}\dfrac{u_{n+1}}{u_n} = \infty$) 时, 级数发散;

(3) 当 $\lambda = 1$ 时, 级数可能收敛也可能发散.

证 (1) 当 $\lambda < 1$. 由极限的定义可知, 对于 $\varepsilon = \dfrac{1-\lambda}{2} > 0$, 存在正整数 N, 当 $n > N$

时,有不等式

$$0 < \frac{u_{n+1}}{u_n} < \lambda + \varepsilon = \frac{1+\lambda}{2} = q < 1,$$

因此

$$u_{N+1} < qu_N, u_{N+2} < qu_{N+1}, \cdots, u_{N+k} < q^k u_N, \cdots,$$

而级数 $\sum\limits_{k=1}^{\infty} q^k u_N$ 收敛(公比 $q < 1$),根据定理 2 推论,知级数 $\sum\limits_{n=1}^{\infty} u_n$ 收敛.

(2)当 $\lambda > 1$. 由极限的定义可知,对于 $\varepsilon = \frac{\lambda-1}{2} > 0$,存在正整数 N,当 $n > N$ 时,有不等式

$$\frac{u_{n+1}}{u_n} > \lambda - \varepsilon = \frac{\lambda+1}{2} > 1,$$

也就是

$$u_{n+1} > u_n.$$

所以当 $n > N$ 时,级数的一般项 u_n 是逐渐增大的,从而 $\lim\limits_{n \to \infty} u_n \neq 0$. 根据级数收敛的必要条件可知级数 $\sum\limits_{n=1}^{\infty} u_n$ 发散.

类似地,可以证明当 $\lim\limits_{n \to \infty} \dfrac{u_{n+1}}{u_n} = \infty$ 时,级数 $\sum\limits_{n=1}^{\infty} u_n$ 发散.

(3)当 $\lambda = 1$ 时级数可能收敛也可能发散.例如 p 级数,不论 p 为何值都有

$$\lim_{n \to \infty} \frac{u_{n+1}}{u_n} = \lim_{n \to \infty} \frac{\dfrac{1}{(n+1)^p}}{\dfrac{1}{n^p}} = 1.$$

但我们知道,当 $p > 1$ 时级数收敛,当 $p \leqslant 1$ 时级数发散,因此只根据 $\lambda = 1$ 不能判定级数的收敛性.

例 6　判定级数 $\sum\limits_{n=1}^{\infty} \dfrac{2^n n!}{n^n}$ 的敛散性.

解　因为

$$\lim_{n \to \infty} \frac{u_{n+1}}{u_n} = \lim_{n \to \infty} \frac{\dfrac{2^{n+1}(n+1)!}{(n+1)^{n+1}}}{\dfrac{2^n n!}{n^n}} = \lim_{n \to \infty} \frac{2}{\left(1+\dfrac{1}{n}\right)^n} = \frac{2}{\mathrm{e}} < 1,$$

根据比值判别法可知所给级数收敛.

例 7　判定级数

$$\frac{1}{10} + \frac{1 \times 2}{10^2} + \frac{1 \times 2 \times 3}{10^3} + \cdots + \frac{n!}{10^n} + \cdots$$

的敛散性.

解 因为

$$\lim_{n\to\infty}\frac{u_{n+1}}{u_n}=\lim_{n\to\infty}\frac{(n+1)!}{10^{n+1}}\cdot\frac{10^n}{n!}=\lim_{n\to\infty}\frac{n+1}{10}=\infty,$$

根据比值审敛法可知所给级数发散.

定理 5(根值审敛法) 设 $\sum_{n=1}^{\infty}u_n$ 为正项级数,且

$$\lim_{n\to\infty}\sqrt[n]{u_n}=\lambda,$$

则

(1)当 $\lambda<1$ 时,级数收敛;

(2)当 $\lambda>1$(或 $\lim_{n\to\infty}\sqrt[n]{u_n}=\infty$)时,级数发散;

(3)当 $\lambda=1$ 时,级数可能收敛也可能发散.

定理 5 的证明与定理 4 相仿,这里从略.

例 8 判定级数 $\sum_{n=1}^{\infty}\left(\frac{n}{2n+1}\right)^n$ 的敛散性.

解 因为

$$\lim_{n\to\infty}\sqrt[n]{u_n}=\lim_{n\to\infty}\frac{n}{2n+1}=\frac{1}{2}<1,$$

根据根值审敛法可知所给级数收敛.

定理 6(积分判别法) 设 $f(x)$ 在 $[1,+\infty)$ 上是单调递减的非负连续函数,若 $u_n=f(n)$($n=1,2,\cdots$),则正项级数 $\sum_{n=1}^{\infty}u_n$ 与反常积分 $\int_1^{+\infty}f(x)\mathrm{d}x$ 有相同的敛散性.

证 由 $f(x)$ 的单调递减知,当 $k-1\leqslant x\leqslant k$ 时,$f(k)\leqslant f(x)\leqslant f(k-1)$. 从而有

$$u_k=f(k)\leqslant\int_{k-1}^k f(x)\mathrm{d}x\leqslant f(k-1)=u_{k-1},k=2,3,\cdots.$$

依次相加可得,

$$\sum_{k=2}^n u_k\leqslant\sum_{k=2}^n\int_{k-1}^k f(x)\mathrm{d}x\leqslant\sum_{k=2}^n u_{k-1},$$

即

$$s_n-u_1\leqslant\int_1^n f(x)\mathrm{d}x\leqslant s_{n-1}.$$

若反常积分 $\int_1^{+\infty}f(x)\mathrm{d}x$ 收敛,则 $\lim_{n\to\infty}\int_1^n f(x)\mathrm{d}x=\int_1^{+\infty}f(x)\mathrm{d}x$ 存在. 由上式的左半式得知,对于任一个 n 恒有 $s_n\leqslant u_1+\int_1^{+\infty}f(x)\mathrm{d}x$,而 $\{s_n\}$ 又是单调增加的. 根据极限的存在

准则知 $\lim\limits_{n\to\infty}s_n$ 存在，即级数 $\sum\limits_{n=1}^{\infty}u_n$ 收敛.

若反常积分 $\int_1^{+\infty}f(x)\mathrm{d}x$ 发散，由上式的右半式得知 $s_n\to+\infty$，即级数 $\sum\limits_{n=1}^{\infty}u_n$ 发散.

积分判别法有一个简单的几何解释（图 7-1）：一方面，$f(x)$ 在 $[1,n]$ 上的曲边梯形面积为 $\int_1^n f(x)\mathrm{d}x$，而 $\lim\limits_{n\to\infty}\int_1^n f(x)\mathrm{d}x$ 可看作图形向右端无限延伸时的面积的表达式. 另一方面，级数 $\sum\limits_{k=2}^n u_k$ 表示 $n-1$ 个小矩形的面积之和，这些小矩形的高为 u_k，底边为 1，皆位于曲线 $y=f(x)$ 之下，称为**内接矩形**，而级数 $\sum\limits_{k=2}^n u_{k-1}$ 则为另外一些小矩形的面积之和，这些小矩形的高为 u_{k-1}，底边为 1，称为**外接矩形**. 上面证明过程中所确定的结果从直观上理解就是，如果曲线向右端无限延伸的面积是有限的，即 $\int_1^{+\infty}f(x)\mathrm{d}x$ 收敛，那么在它下面的内接矩形的面积之和也将为有限，此即级数 $\sum\limits_{k=2}^{\infty}u_k$ 收敛，亦即级数 $\sum\limits_{n=1}^{\infty}u_n$ 收敛；如果曲线图形向右端无限延伸的面积是无穷大，那么包含这曲线图形的外接矩形的面积之和也将为无穷大，此即级数 $\sum\limits_{k=2}^{\infty}u_{k-1}$ 发散，亦即级数 $\sum\limits_{n=1}^{\infty}u_n$ 发散.

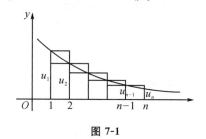

图 7-1

从定理 6 可以看出无穷级数与无穷限的反常积分之间的紧密关系，即两者同时收敛或同时发散. 由于无穷级数与无穷限的反常积分都是无穷项相加，差别只是在于，前者是"离散"地加，后者是"连续"地加，因此还可以用无穷级数来估计无穷限的反常积分，或用无穷限的反常积分来估计无穷级数.

例 1 就是用积分判别法的思想判断了 p 级数的敛散性. 如果直接应用积分判别法，可以将证明简写为：由于 $f(x)=\dfrac{1}{x^p}$ 当 $p>0$ 时在 $[1,+\infty)$ 上是单调递减非负的连续函数，且

$$\int_1^{+\infty} \frac{1}{x^p}\mathrm{d}x = \begin{cases} \dfrac{1}{p-1}, & p > 1 \\ +\infty, & 0 < p \leqslant 1 \end{cases}.$$

因此对于 p 级数来说,当 $p > 1$ 时收敛;当 $0 < p \leqslant 1$ 时发散.

例 9 证明级数 $\displaystyle\sum_{n=1}^{\infty} \frac{1}{n\ln n}$ 发散,级数 $\displaystyle\sum_{n=1}^{\infty} \frac{1}{n\ln^2 n}$ 收敛.

证 因为

$$\int_2^{+\infty} \frac{1}{x\ln x}\mathrm{d}x = \int_2^{+\infty} \frac{1}{\ln x}\mathrm{d}(\ln x) = \ln(\ln x)\big|_2^{+\infty} = +\infty,$$

所以根据积分判别法知级数 $\displaystyle\sum_{n=1}^{\infty} \frac{1}{n\ln n}$ 发散.

又因为

$$\int_2^{+\infty} \frac{1}{x\ln^2 x}\mathrm{d}x = \int_2^{+\infty} \frac{1}{\ln^2 x}\mathrm{d}(\ln x) = -\frac{1}{\ln x}\bigg|_2^{+\infty} = \frac{1}{\ln 2},$$

所以根据积分判别法知级数 $\displaystyle\sum_{n=1}^{\infty} \frac{1}{n\ln^2 n}$ 收敛.

二、交错级数及其审敛法

所谓**交错级数**就是各项正负相间的级数,可以写成

$$u_1 - u_2 + u_3 - u_4 + \cdots + (-1)^{n-1}u_n + \cdots,$$

其中 u_1,u_2,$\cdots$,u_n,$\cdots$ 都是正数.要确定这种交错级数是不是收敛的,我们有

定理 7(莱布尼茨定理) 如果交错级数 $\displaystyle\sum_{n=1}^{\infty}(-1)^{n-1}u_n$ 满足条件:

(1) $u_n \geqslant u_{n+1}\ (n = 1, 2, 3, \cdots)$;

(2) $\displaystyle\lim_{n\to\infty}u_n = 0$,

则级数收敛,且其和 $s \leqslant u_1$,其余项 r_n 的绝对值 $|r_n| \leqslant u_{n+1}$.

证 先考虑这级数的前 $2n$ 项的部分和

$$s_{2n} = (u_1 - u_2) + (u_3 - u_4) + \cdots + (u_{2n-1} - u_{2n}).$$

根据条件(1),上式每一个括号的表达式都是正的,因此 $s_{2n} > 0$,而且随着 n 的增加而增大.

现在我们把这部分和另写成

$$s_{2n} = u_1 - (u_2 - u_3) - (u_4 - u_5) - \cdots - (u_{2n-2} - u_{2n-1}) - u_{2n}.$$

根据条件(1),上式每一个括号内的表达式也都是正的.所以从 u_1 中减去这些括号与 u_{2n} 后,就得到一个小于 u_1 的数,这就是说,$s_{2n} < u_1$.

这样,我们已经证明了 s_{2n} 是单调增加而且有上界的,从而可知 s_{2n} 有极限 s,即

$$\lim_{n\to\infty} s_{2n} = s,$$

而且 $s \leqslant u_1$.

我们证明了偶数个项的部分和有极限 s,现在来证明奇数个项的部分和也趋于同一个极限 s. 为此,考虑前 $2n+1$ 项的部分和

$$s_{2n+1} = s_{2n} + u_{2n+1}.$$

由条件(2)知 $\lim\limits_{n\to\infty} u_{2n+1} = 0$,因此

$$\lim_{n\to\infty} s_{2n+1} = \lim_{n\to\infty}(s_{2n} + u_{2n+1}) = s.$$

这就证明了无论 n 是偶数或奇数,都有

$$\lim_{n\to\infty} s_n = s.$$

这就是说,级数 $\sum\limits_{n=1}^{\infty}(-1)^{n-1} u_n$ 收敛于和 s,且 $s \leqslant u_1$.

最后,不难看出余项 r_n 可以写成

$$r_n = \pm (u_{n+1} - u_{n+2} + \cdots),$$

其绝对值

$$|r_n| = u_{n+1} - u_{n+2} + \cdots,$$

上式右端也是一个交错级数,它也满足收敛的两个条件,所以其和小于级数的第一项,也就是说 $|r_n| \leqslant u_{n+1}$.

例 10　交错级数

$$\sum_{n=1}^{\infty} \frac{(-1)^{n-1}}{n} = 1 - \frac{1}{2} + \frac{1}{3} - \frac{1}{4} + \cdots + (-1)^{n-1} \frac{1}{n} + \cdots$$

满足条件

(1) $u_n = \dfrac{1}{n} > \dfrac{1}{n+1} = u_{n+1}(1,\ 2,\ \cdots)$

及

(2) $\lim\limits_{n\to\infty} u_n = \lim\limits_{n\to\infty} \dfrac{1}{n} = 0$,

所以它是收敛的,且其和 $s < 1$. 如果取前 n 项的和

$$s_n = 1 - \frac{1}{2} + \frac{1}{3} - \cdots + (-1)^{n-1} \frac{1}{n}$$

作为 s 的近似值,所产生的误差 $|r_n| \leqslant \dfrac{1}{n+1}(= u_{n+1})$.

例 11　判定级数 $\sum\limits_{n=1}^{\infty}(-1)^{n-1} \dfrac{\ln n}{n}$ 的敛散性.

解 这是交错级数. 设 $f(x) = \dfrac{\ln x}{x}$, 则

$$f'(x) = \frac{\dfrac{1}{x} \cdot x - \ln x \cdot 1}{x^2} = \frac{1 - \ln x}{x^2} < 0, \quad x > \mathrm{e}.$$

故当 $x > \mathrm{e}$ 时, $f(x)$ 单调减少. 由此可知, 当 $n \geqslant 3$ 时, $u_n = \dfrac{\ln n}{n}$ 单调减少.

又

$$\lim_{n \to \infty} \frac{\ln n}{n} = \lim_{x \to +\infty} \frac{\ln x}{x} = \lim_{x \to +\infty} \frac{\dfrac{1}{x}}{1} = 0.$$

所以由莱布尼茨判别法知所给级数收敛.

三、绝对收敛与条件收敛

现在我们来考虑一般的级数, 就是既不交错又含有无穷多正项与负项的级数

$$u_1 + u_2 + \cdots + u_n + \cdots.$$

如果级数 $\displaystyle\sum_{n=1}^{\infty} u_n$ 各项的绝对值所构成的正项级数 $\displaystyle\sum_{n=1}^{\infty} |u_n|$ 收敛, 则称级数 $\displaystyle\sum_{n=1}^{\infty} u_n$ **绝对收敛**; 如果级数 $\displaystyle\sum_{n=1}^{\infty} u_n$ 收敛, 而级数 $\displaystyle\sum_{n=1}^{\infty} |u_n|$ 发散, 则称级数 $\displaystyle\sum_{n=1}^{\infty} u_n$ **条件收敛**. 容易知道, 级数 $\displaystyle\sum_{n=1}^{\infty} (-1)^{n-1} \dfrac{1}{n^p}$ 当 $p > 1$ 时是绝对收敛, 当 $0 < p \leqslant 1$ 时是条件收敛的.

级数绝对收敛与级数条件收敛有以下重要关系:

定理 8 如果级数 $\displaystyle\sum_{n=1}^{\infty} u_n$ 绝对收敛, 那么级数 $\displaystyle\sum_{n=1}^{\infty} u_n$ 必定收敛.

证 令

$$v_n = \frac{1}{2}(u_n + |u_n|), \quad (n = 1, 2, \cdots).$$

显然 $v_n \geqslant 0$ 且 $v_n \leqslant |u_n|$ $(n = 1, 2, \cdots)$.

因级数 $\displaystyle\sum_{n=1}^{\infty} |u_n|$ 收敛, 故由比较审敛法知道, 级数 $\displaystyle\sum_{n=1}^{\infty} v_n$ 收敛, 从而级数 $\displaystyle\sum_{n=1}^{\infty} 2v_n$ 也收敛. 而 $u_n = 2v_n - |u_n|$, 由收敛级数的基本性质可知

$$\sum_{n=1}^{\infty} u_n = \sum_{n=1}^{\infty} 2v_n - \sum_{n=1}^{\infty} |u_n|,$$

所以级数 $\displaystyle\sum_{n=1}^{\infty} u_n$ 收敛.

定理 8 说明,对于一般的级数 $\sum\limits_{n=1}^{\infty} u_n$,如果我们用正项级数的审敛法判定级数 $\sum\limits_{n=1}^{\infty}$ $|u_n|$ 收敛,那么此级数收敛. 这就使得一大类级数的收敛性判定问题,转化成为正项级数的敛散性判定性问题.

一般来说,如果级数 $\sum\limits_{n=1}^{\infty} |u_n|$ 发散,我们不能断定级数 $\sum\limits_{n=1}^{\infty} u_n$ 也发散. 但是,如果我们用比值审敛法或根值审敛法根据 $\lim\limits_{n \to \infty} \left| \dfrac{u_{n+1}}{u_n} \right| = \lambda > 1$ 或 $\lim\limits_{n \to \infty} \sqrt[n]{|u_n|} = \lambda > 1$ 判定级数 $\sum\limits_{n=1}^{\infty} |u_n|$ 发散,那么我们可以断定级数 $\sum\limits_{n=1}^{\infty} u_n$ 必定发散. 这是因为从 $\lambda > 1$ 可推知 $\lim\limits_{n \to \infty} |u_n| \neq 0$,从而 $\lim\limits_{n \to \infty} u_n \neq 0$,因此级数 $\sum\limits_{n=1}^{\infty} u_n$ 是发散的.

例 12 判别级数 $\sum\limits_{n=1}^{\infty} \dfrac{\sin na}{n^2}$ 是绝对收敛,条件收敛,还是发散的?

解 因为

$$\left| \frac{\sin na}{n^2} \right| \leqslant \frac{1}{n^2},$$

而级数 $\sum\limits_{n=1}^{\infty} \dfrac{1}{n^2}$ 收敛,所以级数 $\sum\limits_{n=1}^{\infty} \left| \dfrac{\sin na}{n^2} \right|$ 也收敛,即级数 $\sum\limits_{n=1}^{\infty} \dfrac{\sin na}{n^2}$ 绝对收敛.

例 13 判定级数 $\sum\limits_{n=2}^{\infty} \sin(n\pi + \dfrac{1}{\ln n})$ 是绝对收敛,条件收敛,还是发散的?

解 由于 $u_n = \sin(n\pi + \dfrac{1}{\ln n}) = (-1)^n \sin \dfrac{1}{\ln n}$,于是要 $0 < \dfrac{1}{\ln n} < \dfrac{\pi}{2}$,只须 $n > \mathrm{e}^{\frac{2}{\pi}}$ ≈ 1.89. 故当 $n \geqslant 2$ 时就有 $0 < \dfrac{1}{\ln n} < \dfrac{\pi}{2}$,从而 $\sin \dfrac{1}{\ln n} > 0$,因此原级数是交错级数.

由于 $\lim\limits_{n \to \infty} \dfrac{\sin \frac{1}{\ln n}}{\frac{1}{\ln n}} = 1$,从而 $\sum\limits_{n=2}^{\infty} \sin \dfrac{1}{\ln n}$ 与 $\sum\limits_{n=2}^{\infty} \dfrac{1}{\ln n}$ 有相同的敛散性. 又当 $n \geqslant 2$ 时,有

$\dfrac{1}{\ln n} > \dfrac{1}{n}$,而 $\sum\limits_{n=2}^{\infty} \dfrac{1}{n}$ 发散,故 $\sum\limits_{n=2}^{\infty} \dfrac{1}{\ln n}$ 发散,从而 $\sum\limits_{n=2}^{\infty} \sin \dfrac{1}{\ln n}$ 发散,即原级数不绝对收敛.

令 $f(x) = \sin \dfrac{1}{\ln x}$,则

$$f'(x) = \cos \frac{1}{\ln x} \cdot \left(-\frac{1}{\ln^2 x} \right) \cdot \frac{1}{x} = -\frac{1}{x \ln^2 x} \cos \frac{1}{\ln x} < 0, \quad x \geqslant 2.$$

即当 $x \geqslant 2$ 时,$f(x)$ 为单调减函数,故 $u_n = f(n) = \sin \dfrac{1}{\ln n}$ 为单调减数列,且 $\lim\limits_{n \to \infty} u_n = 0$.

于是原级数满足莱布尼茨判别法的条件,因而收敛.故原级数条件收敛.

习题 7.2

1.用比较审敛法判定下列级数的收敛性:

(1) $1 + \dfrac{1}{3} + \dfrac{1}{5} + \cdots + \dfrac{1}{2n-1} + \cdots$;

(2) $1 + \dfrac{1+2}{1+2^2} + \dfrac{1+3}{1+3^2} + \cdots + \dfrac{1+n}{1+n^2} + \cdots$;

(3) $\dfrac{1}{2 \cdot 5} + \dfrac{1}{3 \cdot 6} + \cdots + \dfrac{1}{(n+1)(n+4)} + \cdots$;

(4) $\displaystyle\sum_{n=1}^{\infty} \dfrac{1}{\sqrt{n(n+1)}}$;

(5) $\displaystyle\sum_{n=1}^{\infty} 2^n \sin \dfrac{\pi}{3^n}$;

(6) $\displaystyle\sum_{n=1}^{\infty} \dfrac{1}{1+a^n} (a > 0)$.

2.用比值审敛法判定下列级数的收敛性:

(1) $\dfrac{3}{1 \cdot 2} + \dfrac{3^2}{2 \cdot 2^2} + \dfrac{3^3}{3 \cdot 2^3} + \cdots + \dfrac{3^n}{n \cdot 2^n} + \cdots$;

(2) $\displaystyle\sum_{n=1}^{\infty} \dfrac{n2^n}{3^n - 2^n}$;

(3) $1 + \dfrac{1}{1} + \dfrac{1}{1 \cdot 2} + \dfrac{1}{1 \cdot 2 \cdot 3} + \cdots + \dfrac{1}{(n-1)!} + \cdots$;

(4) $\displaystyle\sum_{n=1}^{\infty} \dfrac{(n!)^2}{(2n)!}$;

(5) $\displaystyle\sum_{n=1}^{\infty} n \tan \dfrac{\pi}{2^{n+1}}$;

(6) $\displaystyle\sum_{n=1}^{\infty} \dfrac{2^n \cdot n!}{n^n}$.

3.用根值审敛法判定下列级数的收敛性:

(1) $\displaystyle\sum_{n=1}^{\infty} \left(\dfrac{n}{3n-1} \right)^{2n-1}$;

(2) $\displaystyle\sum_{n=1}^{\infty} \dfrac{1}{[\ln(n+1)]^n}$;

(3) $\displaystyle\sum_{n=1}^{\infty} \left(\dfrac{na}{n+1} \right)^n$.

4.判定下列级数的收敛性：

(1) $\dfrac{1^4}{1!} + \dfrac{2^4}{2!} + \dfrac{3^4}{3!} + \cdots + \dfrac{n^4}{n!} + \cdots$；

(2) $\displaystyle\sum_{n=1}^{\infty} \dfrac{n+1}{n(n+2)}$；

(3) $\sqrt{2} + \sqrt{\dfrac{3}{2}} + \cdots + \sqrt{\dfrac{n+1}{n}} + \cdots$；

(4) $\displaystyle\sum_{n=1}^{\infty} \dfrac{1 \cdot 3 \cdot 5 \cdots (2n-1)}{2 \cdot 5 \cdot 8 \cdots (3n-1)}$.

5.判定下列级数是否收敛？ 如果是收敛的话,是绝对收敛还是条件收敛？

(1) $\dfrac{1}{\ln 2} - \dfrac{1}{\ln 3} + \dfrac{1}{\ln 4} - \dfrac{1}{\ln 5} + \cdots + (-1)^{n-1} \dfrac{1}{\ln(n+1)} + \cdots$；

(2) $\displaystyle\sum_{n=1}^{\infty} \dfrac{(-1)^{n-1}}{n+\sqrt{n}}$；

(3) $\displaystyle\sum_{n=1}^{\infty} (-1)^{n-1} \dfrac{n}{3^{n-1}}$；

(4) $\displaystyle\sum_{n=1}^{\infty} \dfrac{(-1)^{n-1}}{n-\ln n}$；

(5) $\displaystyle\sum_{n=1}^{\infty} (-1)^{n+1} \dfrac{2^{n^2}}{n!}$；

(6) $\displaystyle\sum_{n=1}^{\infty} \dfrac{n}{10^n} \cos^3\left(\dfrac{n}{5}\pi\right)$.

6.如果正项级数 $\displaystyle\sum_{n=1}^{\infty} u_n$ 收敛,证明 $\displaystyle\sum_{n=1}^{\infty} u_n^2$ 也收敛. 反之对吗？ 说明理由.

7.已知 $\displaystyle\sum_{n=1}^{\infty} u_n^2$ 收敛,证明 $\displaystyle\sum_{n=1}^{\infty} \dfrac{u_n}{n}$ 也收敛.

8.证明:若 $\displaystyle\sum_{n=1}^{\infty} a_n$ 绝对收敛,则 $\displaystyle\sum_{n=1}^{\infty} a_n(a_1 + a_2 + \cdots + a_n)$ 亦必绝对收敛.

第 3 节 幂级数

在自然科学与工程技术的问题中,有很多的函数关系是不能用初等函数表示的. 因此,我们迫切需要新的函数表达方法. 函数项级数的重要性,不仅在于它能够表出很多非初等函数,而且由于它是研究这些函数的一个工具.

在函数项级数中特别重要的是幂级数,所以本节在一般地给出函数项级数概念后,便立即重点讨论幂级数.

一、函数项级数的概念

设 $u_1(x), u_2(x), \cdots, u_n(x), \cdots$ 是一个定义在区间 I 上的函数列,则表达式

$$\sum_{n=1}^{\infty} u_n(x) = u_1(x) + u_2(x) + \cdots + u_n(x) + \cdots$$

称为定义在区间 I 上的**函数项无穷级数**,简称**函数项级数**或**级数**.

对于每一个确定的值 $x_0 \in I$,级数

$$\sum_{n=1}^{\infty} u_n(x_0) = u_1(x_0) + u_2(x_0) + \cdots + u_n(x_0) + \cdots$$

是一个常数项级数,这个级数可能收敛也可能发散. 如果它收敛,就称点 x_0 是函数项级数 $\sum\limits_{n=1}^{\infty} u_n(x)$ 的**收敛点**;如果它发散,就称点 x_0 是函数项级数 $\sum\limits_{n=1}^{\infty} u_n(x)$ 的**发散点**. 函数项级数 $\sum\limits_{n=1}^{\infty} u_n(x)$ 的收敛点的全体称为它的**收敛域**,发散点的全体称为它的**发散域**.

对应于收敛域内的任意一个数 x,函数项级数成为一收敛的常数项级数,因而有一确定的和 s. 这样,在收敛域上,函数项级数的和是 x 的函数 $s(x)$,称 $s(x)$ 为函数项级数的**和函数**,这函数的定义域就是级数的收敛域,并写成

$$s(x) = u_1(x) + u_2(x) + \cdots + u_n(x) + \cdots.$$

对于函数项级数 $\sum\limits_{n=1}^{\infty} u_n(x)$,仍将前 n 项的和记为 $s_n(x)$,即

$$s_n(x) = u_1(x) + u_2(x) + \cdots + u_n(x),$$

并称 $\{s_n(x)\}$ 为级数 $\sum\limits_{n=1}^{\infty} u_n(x)$ 的**部分和函数列**. 记

$$r_n(x) = s(x) - s_n(x),$$

称 $r_n(x)$ 为函数项级数的**余项**.

显然,在收敛域上,$\sum\limits_{n=1}^{\infty} u_n(x) = s(x)$ 等价于 $\lim\limits_{n\to\infty} s_n(x) = s(x)$,且 $\lim\limits_{n\to\infty} r_n(x) = 0$.

借助于前二节中探究级数敛散的方法,我们不难确定一些函数项级数的收敛域.

例 1 级数

$$\sum_{n=0}^{\infty} x^n = 1 + x + x^2 + \cdots + x^n + \cdots$$

是公比等于 x 的等比级数,所以它的收敛域是区间 $(-1, 1)$,而其和是 $\dfrac{1}{1-x}$.

例 2　试讨论级数 $\displaystyle\sum_{n=0}^{\infty} \frac{1}{3n+1}\left(\frac{1-x}{1+x}\right)^{2n}$ 的收敛范围.

解　由

$$\lim_{n\to\infty}\left|\frac{u_{n+1}(x)}{u_n(x)}\right| = \lim_{n\to\infty}\left|\frac{\dfrac{1}{3n+4}\left(\dfrac{1-x}{1+x}\right)^{2n+2}}{\dfrac{1}{3n+1}\left(\dfrac{1-x}{1+x}\right)^{2n}}\right| = \left(\frac{1-x}{1+x}\right)^2 < 1$$

解得 $x > 0$.

当 $x = 0$ 时,原级数为 $\displaystyle\sum_{n=1}^{\infty}\frac{1}{3n+1}$,发散.

因此,原级数的收敛范围为 $(0, +\infty)$.

二、幂级数及其收敛性

函数项级数中简单而常见的一类级数就是各项都是幂函数的函数项级数,即所谓**幂级数**,它的一般形式是

$$\sum_{n=0}^{\infty} a_n(x-x_0)^n = a_0 + a_1(x-x_0) + a_2(x-x_0)^2 + \cdots + a_n(x-x_0)^n + \cdots \qquad (1)$$

其中常数 $a_0, a_1, a_2, \cdots, a_n, \cdots$ 叫作幂级数的**系数**.

特别地,取 $x_0 = 0$,则幂级数(1)变为

$$\sum_{n=0}^{\infty} a_n x^n = a_0 + a_1 x + a_2 x^2 + \cdots + a_n x^n + \cdots. \qquad (2)$$

显然只要作代换 $t = x - x_0$,(1)立即可以化到(2)的形式,因此在实质上没有什么新的东西.由于这个缘故,下面的讨论都以级数(2)为主.

对于幂级数(2),我们首先要问:它的收敛域是怎样的? 显然级数(2)不能对于所有的 x 值发散,因为它至少在 $x=0$ 时是收敛的.但是要一般地回答这个问题,我们首先应当知道

定理 1(阿贝尔定理)　如果级数 $\displaystyle\sum_{n=0}^{\infty} a_n x^n$ 当 $x = x_0\,(x_0 \neq 0)$ 时收敛,则适合不等式 $|x| < |x_0|$ 的一切 x 使这幂级数绝对收敛.反之,如果级数 $\displaystyle\sum_{n=0}^{\infty} a_n x^n$ 当 $x = x_0$ 时发散,则适合不等式 $|x| > |x_0|$ 的一切 x 使这幂级数发散.

证　先设 x_0 是幂级数(2)的收敛点,即级数 $\displaystyle\sum_{n=0}^{\infty} a_n x_0^n$ 收敛.根据级数收敛的必要条件,这时有

$$\lim_{n\to\infty} a_n x_0^n = 0,$$

于是存在一个常数 M,使得

$$|a_n x_0^n| \leqslant M(n = 0, 1, 2, \cdots).$$

这样级数(2)的一般项的绝对值

$$|a_n x^n| = \left| a_n x_0^n \cdot \frac{x^n}{x_0^n} \right| = |a_n x_0^n| \cdot \left| \frac{x}{x_0} \right|^n \leqslant M \left| \frac{x}{x_0} \right|^n.$$

当 $|x| < |x_0|$ 时,因为公比 $\left| \dfrac{x}{x_0} \right| < 1$,等比级数 $\displaystyle\sum_{n=0}^{\infty} M \left| \dfrac{x}{x_0} \right|^n$ 收敛,根据比较审敛法知

级数 $\displaystyle\sum_{n=0}^{\infty} |a_n x^n|$ 收敛,也就是级数 $\displaystyle\sum_{n=0}^{\infty} a_n x^n$ 绝对收敛.

定理的第二部分可用反证法证明.假设幂级数(2)当 $x = x_0$ 时发散而有一点 x_1 适合 $|x_1| > |x_0|$ 使级数收敛,则根据定理的第一部分,级数当 $x = x_0$ 时应收敛,这与假设矛盾.

根据这个定理可知,如果级数(2)在 x_0 收敛,那么级数必在开区间 $(-|x_0|, |x_0|)$ 内绝对收敛.我们设想点 $x = |x_0|$ 沿 x 轴向右移动,那么在它遇到使级数发散的点以前,开区间就随着 x 的右移而关于原点对称地向左右扩大.在不能无限延伸时,显然会到达一点 $x = R$,使级数(2)当 $|x| < R$ 时绝对收敛,当 $|x| > R$ 时发散.事实上,我们有

定理 2 如果幂级数 $\displaystyle\sum_{n=0}^{\infty} a_n x^n$ 不是仅在 $x = 0$ 一点收敛,也不是在整个数轴上都收敛,则必有一个确定的正数 R 存在,使得当 $|x| < R$ 时,幂级数绝对收敛;当 $|x| > R$ 时,幂级数发散.

定理 2 中的这个正数 R 称为幂级数(2)的**收敛半径**.开区间 $(-R, R)$ 叫作幂级数(2)的**收敛区间**.对于两种极端情况,即级数只在 $x = 0$ 时收敛及对于所有 x 都收敛,我们分别规定 $R = 0$ 与 $R = +\infty$.在收敛区间的端点 $x = \pm R$,级数是否收敛,不能作出一般结论,还得就具体级数个别加以考虑.

关于幂级数的收敛半径求法,有下面的定理.

定理 3 如果幂级数 $\displaystyle\sum_{n=1}^{\infty} a_n x^n$ 的系数满足

$$\lim_{n \to \infty} \left| \frac{a_{n+1}}{a_n} \right| = \rho,$$

则这幂级数的收敛半径

$$R = \begin{cases} \dfrac{1}{\rho}, & \rho \neq 0, \\ +\infty, & \rho = 0, \\ 0, & \rho = +\infty. \end{cases}$$

证 考察幂级数(2)的各项取绝对值所成的级数 $\displaystyle\sum_{n=1}^{\infty} |a_n x^n|$,应用比值审敛法,有

$$\lim_{n \to \infty} \left| \frac{u_{n+1}}{u_n} \right| = \lim_{n \to \infty} \left| \frac{a_{n+1} x^{n+1}}{a_n x^n} \right| = |x| \lim_{n \to \infty} \left| \frac{a_{n+1}}{a_n} \right| = \rho |x|.$$

(1)若 $\rho \neq 0$，根据比值审敛法，则当 $\rho|x| < 1$ 即 $|x| < \frac{1}{\rho}$ 时，级数(2)绝对收敛；当 $\rho|x| > 1$ 时，级数(2)发散. 于是收敛半径 $R = \frac{1}{\rho}$.

(2)若 $\rho = 0$，则对任何 x 都有 $\rho|x| = 0 < 1$，从而级数(2)绝对收敛. 于是 $R = +\infty$.

(3)若 $\rho = +\infty$，则对于除 $x = 0$ 外的其他一切 x 值，级数(2)必发散，否则由定理 1 知道将有点 $x \neq 0$ 使级数(2)绝对收敛. 于是 $R = 0$.

例 3　求幂级数

$$1 + \frac{x}{2 \cdot 5} + \frac{x^2}{3 \cdot 5^2} + \cdots + \frac{x^n}{(n+1) \cdot 5^n} + \cdots$$

的收敛半径与收敛域.

解　收敛半径

$$R = \lim_{n \to \infty} \left| \frac{a_n}{a_{n+1}} \right| = \lim_{n \to \infty} \frac{\dfrac{1}{(n+1)5^n}}{\dfrac{1}{(n+2)5^{n+1}}} = 5 \lim_{n \to \infty} \frac{n+2}{n+1} = 5.$$

对于端点 $x = 5$，级数成为 $\sum\limits_{n=1}^{\infty} \frac{1}{n}$，此级数发散；

对于端点 $x = -5$，级数成为 $\sum\limits_{n=1}^{\infty} \frac{(-1)^{n-1}}{n}$，此级数收敛.

因此，收敛域是 $[-5, 5)$.

例 4　求幂级数 $\sum\limits_{n=0}^{\infty} \frac{x^n}{n!}$ 的收敛域（规定 $0! = 1$）.

解　收敛半径

$$R = \lim_{n \to \infty} \left| \frac{a_n}{a_{n+1}} \right| = \lim_{n \to \infty} \frac{\dfrac{1}{n!}}{\dfrac{1}{(n+1)!}} = \lim_{n \to \infty} (n+1) = +\infty,$$

从而收敛域是 $(-\infty, +\infty)$.

例 5　求幂级数 $\sum\limits_{n=0}^{\infty} n^n x^n$ 的收敛半径.

解　收敛半径

$$R = \lim_{n \to \infty} \left| \frac{a_n}{a_{n+1}} \right| = \lim_{n \to \infty} \frac{n^n}{(n+1)^{n+1}} = \lim_{n \to \infty} \frac{1}{n+1} \cdot \frac{1}{\left(1 + \dfrac{1}{n}\right)^n} = 0,$$

即级数仅在点 $x = 0$ 处收敛.

例 6 求幂级数 $\sum\limits_{n=1}^{\infty} \dfrac{(-1)^n}{n 4^n} x^{2n-1}$ 的收敛域.

解 级数缺少偶次的项,定理 3 不能直接应用.我们根据比值审敛法来求收敛半径:

$$\lim_{n \to \infty} \left| \frac{u_{n+1}(x)}{u_n(x)} \right| = \lim_{n \to \infty} \left| \frac{\dfrac{(-1)^{n+1}}{(n+1) 4^{n+1}} x^{2n+1}}{\dfrac{(-1)^n}{n 4^n} x^{2n-1}} \right| = \frac{x^2}{4}.$$

当 $\dfrac{x^2}{4} < 1$ 即 $|x| < 2$ 时级数收敛;当 $\dfrac{x^2}{4} > 1$ 即 $|x| > 2$ 时级数发散.所以收敛半径 $R = 2$.

当 $x = -2$ 时,级数为 $\sum\limits_{n=1}^{\infty} \dfrac{(-1)^{n+1}}{2n}$,此级数收敛;

当 $x = 2$ 时,级数为 $\sum\limits_{n=1}^{\infty} \dfrac{(-1)^n}{2n}$,此级数收敛.

所以收敛域是 $[-2, 2]$.

例 7 求幂级数 $\sum\limits_{n=1}^{\infty} \dfrac{(x-3)^n}{\sqrt{n}}$ 的收敛域.

解 收敛半径

$$R = \lim_{n \to \infty} \left| \frac{a_n}{a_{n+1}} \right| = \lim_{n \to \infty} \frac{\sqrt{n+1}}{\sqrt{n}} = 1.$$

当 $x - 3 = -1$ 时,级数为 $\sum\limits_{n=1}^{\infty} \dfrac{(-1)^n}{\sqrt{n}}$,此级数收敛;

当 $x - 3 = 1$ 时,级数为 $\sum\limits_{n=1}^{\infty} \dfrac{1}{\sqrt{n}}$,此级数发散.

所以级数的收敛域为 $-1 \leqslant x - 3 < 1$,即 $2 \leqslant x < 4$.

三、幂级数的和函数的性质

幂级数可以说是最简单的函数项级数,而且在性质上跟多项式相类似.下面列出关于幂级数的和函数的三个重要性质:

性质 1 幂级数 $\sum\limits_{n=0}^{\infty} a_n x^n$ 的和函数 $s(x)$ 在其收敛域 I 上连续.

性质 2 幂级数 $\sum\limits_{n=0}^{\infty} a_n x^n$ 的和函数 $s(x)$ 在其收敛域 I 上可积,且有逐项积分公式:

$$\int_0^x s(x)\,\mathrm{d}x = \int_0^x \Big[\sum_{n=0}^{\infty} a_n x^n \Big] \mathrm{d}x = \sum_{n=0}^{\infty} \int_0^x a_n x^n \mathrm{d}x = \sum_{n=0}^{\infty} \frac{a_n}{n+1} x^{n+1},\, x \in I.$$

逐项积分后所得到的幂级数和原级数有相同的收敛半径.

性质 3　幂级数 $\sum\limits_{n=0}^{\infty} a_n x^n$ 的和函数 $s(x)$ 在其收敛区间 $(-R, R)$ 内可导,且有逐项求导公式:

$$s'(x) = \Big(\sum_{n=0}^{\infty} a_n x^n \Big)' = \sum_{n=1}^{\infty} (a_n x^n)' = \sum_{n=1}^{\infty} n a_n x^{n-1},\, |x| < R.$$

逐项求导后所得到的幂级数和原级数有相同的收敛半径.

反复应用上述结论可得:幂级数 $\sum\limits_{n=0}^{\infty} a_n x^n$ 的和函数 $s(x)$ 在其收敛区间 $(-R, R)$ 内具有任意阶导数.

值得注意的是,幂级数可以逐项积分或者导数得到新的幂级数,虽然收敛半径不会变,但收敛域是可能会改变的,也就是说,我们需要检查收敛区间端点的收敛性.

例 8　求幂级数 $\sum\limits_{n=1}^{\infty} (-1)^{n-1} n x^{n-1}$ 的和函数.

解　收敛半径

$$R = \lim_{n \to \infty} \left| \frac{a_n}{a_{n+1}} \right| = \lim_{n \to \infty} \left| \frac{(-1)^{n-1} n}{(-1)^n (n+1)} \right| = 1.$$

当 $x = \pm 1$ 时,级数的一般项不趋于 0,发散.故级数的收敛域为 $(-1, 1)$.

设和函数为 $s(x)$,即

$$s(x) = \sum_{n=1}^{\infty} (-1)^{n-1} n x^{n-1},\, -1 < x < 1.$$

于是

$$s(x) = \sum_{n=1}^{\infty} (-1)^{n-1} (x^n)' = \Big(\sum_{n=1}^{\infty} (-1)^{n-1} x^n \Big)'$$

$$= \Big(\frac{x}{1 - (-x)} \Big)' = \frac{1}{(1+x)^2},\, -1 < x < 1.$$

例 9　求幂级数 $\sum\limits_{n=0}^{\infty} \frac{x^n}{n+1}$ 的和函数.

解　收敛半径

$$R = \lim_{n \to \infty} \left| \frac{a_n}{a_{n+1}} \right| = \lim_{n \to \infty} \frac{n+2}{n+1} = 1.$$

当 $x = -1$ 时,级数成为 $\sum\limits_{n=0}^{\infty} \frac{(-1)^n}{n+1}$,是收敛的交错级数;当 $x = 1$ 时,级数成为

$\sum\limits_{n=0}^{\infty} \dfrac{1}{n+1}$，是发散的. 因此收敛域为$[-1, 1)$.

设和函数为$s(x)$，即

$$s(x) = \sum_{n=0}^{\infty} \frac{x^n}{n+1}, \quad -1 \leqslant x < 1.$$

于是

当$x \neq 0$时，

$$s(x) = \frac{1}{x} \sum_{n=0}^{\infty} \frac{x^{n+1}}{n+1} = \frac{1}{x} \sum_{n=0}^{\infty} \int_0^x x^n \mathrm{d}x = \frac{1}{x} \int_0^x \left(\sum_{n=0}^{\infty} x^n \right) \mathrm{d}x = \frac{1}{x} \int_0^x \frac{1}{1-x} \mathrm{d}x$$

$$= \frac{1}{x} \left[-\ln(1-x) \Big|_0^x \right] = -\frac{1}{x} \ln(1-x).$$

当$x = 0$时，$s(0)$可由$s(0) = a_0 = 1$得出，也可由和函数的连续性得到：

$$s(0) = \lim_{x \to 0} s(x) = \lim_{x \to 0} \left[-\frac{1}{x} \ln(1-x) \right] = 1.$$

故

$$s(x) = \begin{cases} -\dfrac{1}{x} \ln(1-x), & x \in [-1, 0) \bigcup (0, 1), \\ 1, & x = 0. \end{cases}$$

习题 7.3

1. 已知幂级数$\sum\limits_{n=0}^{\infty} a_n (x-3)^n$在点$x = 0$处收敛，在点$x = 6$处发散，求其收敛域.

2. 求下列幂级数的收敛域：

(1) $x + 2x^2 + 3x^3 + \cdots + nx^n + \cdots$；

(2) $\dfrac{x}{2} + \dfrac{x^2}{2 \cdot 4} + \dfrac{x^3}{2 \cdot 4 \cdot 6} + \cdots + \dfrac{x^n}{2 \cdot 4 \cdot \cdots \cdot (2n)} + \cdots$；

(3) $\sum\limits_{n=1}^{\infty} \dfrac{x^n}{(2n-1)2^n}$；

(4) $\sum\limits_{n=1}^{\infty} \dfrac{x^{n-1}}{n \cdot 3^{n-1}}$；

(5) $\sum\limits_{n=1}^{\infty} (-1)^n \dfrac{x^{2n+1}}{2n+1}$；

(6) $\sum\limits_{n=1}^{\infty} \dfrac{2n-1}{2^n} x^{2n-2}$；

(7) $\sum\limits_{n=1}^{\infty} (-1)^{n-1} \dfrac{(x+1)^n}{n}$.

3. 求下列幂级数的和函数：

(1) $\sum\limits_{n=1}^{\infty}(n+2)x^{n+3}$；

(2) $\sum\limits_{n=1}^{\infty}n(n+1)x^n$；

(3) $x+\dfrac{x^3}{3}+\dfrac{x^5}{5}+\cdots+\dfrac{x^{2n-1}}{2n-1}+\cdots$；

(4) $\sum\limits_{n=1}^{\infty}\dfrac{x^{4n+1}}{4n+1}$.

第 4 节　函数展开成幂级数

前面我们已经知道，幂级数在其收敛域内收敛于它的和函数. 由于幂级数不仅形式简单，而且在收敛域内具有很好的分析性质，因此，反过来把一个已知函数表示成幂级数，对研究函数的性质具有重要意义. 这一节我们讨论已知函数 $f(x)$ 能否展开成一个幂级数的问题，也就是说，能否寻找到一个幂级数，使得在其收敛域内的和函数恰好是给定的函数 $f(x)$？ 如果能的话，我们就说，函数 $f(x)$ 在该区间内能展开成幂级数，而这个幂级数在该区间内就表达了函数 $f(x)$.

第 3 章中我们知道，如果函数 $f(x)$ 在点 x_0 的某个邻域内具有直到 $n+1$ 阶的导数，则在该邻域内 $f(x)$ 有泰勒公式

$$
\begin{aligned}
f(x) = &f(x_0)+f'(x_0)(x-x_0)+\frac{f''(x_0)}{2!}(x-x_0)^2 \\
&+\cdots+\frac{f^{(n)}(x_0)}{n!}(x-x_0)^n+R_n(x),
\end{aligned} \tag{1}
$$

其中拉格朗日余项

$$
R_n(x)=\frac{f^{(n+1)}(\xi)}{(n+1)!}(x-x_0)^{n+1}\ (\xi\text{介于}x\text{与}x_0\text{之间}).
$$

式(1)中取前 $n+1$ 项得到的多项式

$$
\begin{aligned}
P_n(x) = &f(x_0)+f'(x_0)(x-x_0)+\frac{f''(x_0)}{2}(x-x_0)^2 \\
&+\cdots+\frac{f^{(n)}(x_0)}{n!}(x-x_0)^n,
\end{aligned} \tag{2}
$$

叫作函数 $f(x)$ 的 n 次**泰勒多项式**.

定义　如果函数 $f(x)$ 在点 x_0 的某个邻域内具有任意阶导数，则称幂级数

$$
f(x_0)+f'(x_0)(x-x_0)+\frac{f''(x_0)}{2!}(x-x_0)^2\cdots+\frac{f^{(n)}(x_0)}{n!}(x-x_0)^n+\cdots \tag{3}
$$

为函数 $f(x)$ 在点 x_0 处的**泰勒级数**.

定理 1 如果函数 $f(x)$ 在点 x_0 的某个邻域内能展开成幂级数,则这种展式是唯一的,它一定与 $f(x)$ 的泰勒级数一致.

证 假设函数 $f(x)$ 在 x_0 的某个邻域内能展开成幂级数,即有

$$f(x) = a_0 + a_1(x - x_0) + a_2(x - x_0)^2 + \cdots + a_n(x - x_0)^n + \cdots,$$

那么,根据和函数的性质知 $f(x)$ 在该邻域内应具有任意阶导数,且

$$f^{(n)}(x) = n!a_n + (n+1)!a_{n+1}(x - x_0) + \frac{(n+2)!}{2!}(x - x_0)^2 + \cdots,$$

由此可得

$$f^{(n)}(x_0) = n!a_n,$$

于是

$$a_n = \frac{1}{n!}f^{(n)}(x_0) (n = 0, 1, 2, \cdots).$$

这就表明,如果函数 $f(x)$ 在点 x_0 的某邻域有幂级数展开式的话,那么该幂级数必是 $f(x)$ 在 x_0 处的泰勒级数,即

$$f(x) = \sum_{n=0}^{\infty} \frac{1}{n!}f^{(n)}(x_0)(x - x_0)^n.$$

那么泰勒级数(3)在什么条件下收敛,且收敛于 $f(x)$ 呢? 事实上,由式(1)和(2),有

$$f(x) = P_n(x) + R_n(x),$$

如果误差满足 $\lim\limits_{n \to \infty} R_n(x) = 0$,则 $f(x) = \lim\limits_{n \to \infty} P_n(x)$,从而有如下定理.

定理 2 设函数 $f(x)$ 在点 x_0 的某个邻域内具有任意阶导数,则 $f(x)$ 在该邻域内能展开成泰勒级数的充分必要条件是在该邻域内 $f(x)$ 的泰勒公式中的余项 $R_n(x)$ 当 $n \to \infty$ 时的极限为零,即 $\lim\limits_{n \to \infty} R_n(x) = 0$.

下面我们着重讨论 $x_0 = 0$ 的情形.

在(3)式中取 $x_0 = 0$,得

$$f(0) + f'(0)x + \frac{f''(0)}{2!}x^2 \cdots + \frac{f^{(n)}(0)}{n!}x^n + \cdots = \sum_{n=0}^{\infty} \frac{f^{(n)}(0)}{n!}x^n. \tag{4}$$

级数(4)称为函数 $f(x)$ 的**麦克劳林级数**. 如果 $f(x)$ 能在 $(-R, R)$ 内展开成 x 的幂级数,则有

$$f(x) = \sum_{n=0}^{\infty} \frac{f^{(n)}(0)}{n!}x^n (|x| < R). \tag{5}$$

要把函数 $f(x)$ 展开成 x 的幂级数,可以按照下列步骤进行:

第一步 求出 $f(x)$ 的各阶导数 $f'(x), f''(x), \cdots, f^{(n)}(x), \cdots$.

第二步 求出函数及其各阶导数在 $x = 0$ 处的值:

$$f(0), f'(0), f''(0), \cdots, f^{(n)}(0), \cdots.$$

第三步　写出幂级数

$$f(0) + f'(0)x + \frac{f''(0)}{2!}x^2 \cdots + \frac{f^{(n)}(0)}{n!}x^n + \cdots,$$

并求出收敛半径 R.

第四步　考察当 x 在区间 $(-R, R)$ 内时余项

$$R_n(x) = \frac{1}{(n+1)!}f^{(n+1)}(\theta x)x^{n+1}\,(0 < \theta < 1)$$

的极限是否为零. 如果为零,则函数在区间 $(-R, R)$ 内的幂级数展开式为

$$f(x) = f(0) + f'(0)x + \frac{f''(0)}{2!}x^2 \cdots + \frac{f^{(n)}(0)}{n!}x^n + \cdots (-R < x < R).$$

例 1　将函数 $f(x) = \mathrm{e}^x$ 展开成 x 的幂级数.

解　因为 $f^{(n)}(x) = \mathrm{e}^x\,(n = 1, 2, \cdots)$,因此 $f^{(n)}(0) = 1\,(n = 0, 1, 2, \cdots)$. 于是它的麦克劳林级数是

$$1 + x + \frac{x^2}{2!} + \cdots + \frac{x^n}{n!} + \cdots,$$

它的收敛半径 $R = +\infty$.

对于任何有限的数 $x, \theta\,(0 < \theta < 1)$,余项的绝对值为

$$|R_n(x)| = \left| \frac{\mathrm{e}^{\theta x}}{(n+1)!}x^{n+1} \right| < |\mathrm{e}^x| \cdot \frac{|x|^{n+1}}{(n+1)!}.$$

考察正项级数 $\sum\limits_{n=0}^{\infty} \frac{|x|^{n+1}}{(n+1)!}$. 因为

$$\lim_{n \to \infty} \frac{u_{n+1}}{u_n} = \lim_{n \to \infty} \frac{\dfrac{|x|^{n+2}}{(n+2)!}}{\dfrac{|x|^{n+1}}{(n+1)!}} = \lim_{n \to \infty} \frac{|x|}{n+2} = 0 < 1,$$

由比值审敛法知级数 $\sum\limits_{n=0}^{\infty} \frac{|x|^{n+1}}{(n+1)!}$ 收敛.

由级数收敛的必要条件得 $\lim\limits_{n \to \infty} \frac{|x|^{n+1}}{(n+1)!} = 0$,而 $\mathrm{e}^{|x|}$ 有限,所以 $\lim\limits_{n \to \infty} R_n(x) = 0$. 于是得展开式

$$\mathrm{e}^x = 1 + x + \frac{x^2}{2!} + \cdots + \frac{x^n}{n!} + \cdots (-\infty < x < +\infty).$$

如果在 $x = 0$ 处附近,用级数的部分和(即多项式)来近似代替 e^x,那么随着项数的增加,它们就越来越接近于 e^x,如图 7-2 所示.

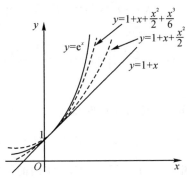

图 7-2

例 2   将函数 $f(x) = \sin x$ 展开成 x 的幂级数.

解   因为 $f^{(n)}(x) = \sin\left(x + n \cdot \dfrac{\pi}{2}\right)$，所以 $f^{(n)}(0)$ 顺序循环地取 $0,1,0,-1,\cdots (n = 0,1,2,\cdots)$. 于是它的麦克劳林级数是

$$x - \frac{x^3}{3!} + \frac{x^5}{5!} - \cdots + (-1)^{n-1} \frac{x^{2n-1}}{(2n-1)!} + \cdots,$$

它的收敛半径 $R = +\infty$.

对于任何的有限的数 $x, \xi(\xi$ 在 0 与 x 之间)，余项的绝对值

$$|R_n(x)| = \left| \frac{\sin\left[\xi + \dfrac{(n+1)\pi}{2}\right]}{(n+1)!} x^{n+1} \right| \leqslant \frac{|x|^{n+1}}{(n+1)!} \to 0 (n \to \infty).$$

因此得展开式

$$\sin x = x - \frac{x^3}{3!} + \frac{x^5}{5!} - \cdots + (-1)^{n-1} \frac{x^{2n-1}}{(2n-1)!} + \cdots (-\infty < x < +\infty).$$

以上将函数展开成幂级数的例子,是直接按公式 $a_n = \dfrac{f^{(n)}(0)}{n!}$ 计算幂级数的系数,最后考察余项 $R_n(x)$ 是否趋于零. 这种直接展开的方法计算量较大,而且研究余项即使在初等函数中也不是一件容易的事情. 所以我们经常采用间接展开的方法,就是利用一些已知的函数展开式,通过幂级数的运算(如四则运算、逐项求导、逐项积分)以及变量代换等,将所给函数的幂级数展开式,这种方法不但计算简单,而且可以避免研究余项.

前面我们已经知道的幂级数展开式有

$$\frac{1}{1-x} = 1 + x + x^2 + \cdots + x^n + \cdots = \sum_{n=0}^{\infty} x^n, \quad -1 < x < 1. \tag{6}$$

$$e^x = 1 + x + \frac{1}{2!}x^2 + \cdots + \frac{1}{n!}x^n + \cdots = \sum_{n=0}^{\infty} \frac{x^n}{n!}, \quad -\infty < x < +\infty. \tag{7}$$

$$\sin x = x - \frac{1}{3!}x^3 + \cdots + (-1)^n \frac{1}{(2n+1)!}x^{2n+1} + \cdots$$

$$= \sum_{n=0}^{\infty} (-1)^n \frac{x^{2n+1}}{(2n+1)!}, -\infty < x < +\infty. \tag{8}$$

利用这三个展开式,可以求得许多函数的幂级数展开式. 例如

把(6)式中的 x 换成 $-x$,可得

$$\frac{1}{1+x} = 1 - x + x^2 - x^3 \cdots + (-1)^n x^n + \cdots = \sum_{n=0}^{\infty} (-1)^n x^n, -1 < x < 1. \tag{9}$$

对(9)式两边从 0 到 x 积分,可得

$$\ln(1+x) = x - \frac{1}{2}x^2 + \frac{1}{3}x^3 + \cdots + (-1)^{n-1}\frac{x^n}{n} + \cdots$$

$$= \sum_{n=1}^{\infty} \frac{(-1)^{n-1}}{n}x^n, -1 < x \leqslant 1. \tag{10}$$

对(8)式两边求导,即得

$$\cos x = 1 - \frac{1}{2!}x^2 + \frac{1}{4!}x^4 \cdots + (-1)^n \frac{1}{(2n)!}x^{2n} + \cdots$$

$$= \sum_{n=0}^{\infty} (-1)^n \frac{x^{2n}}{(2n)!}, -\infty < x < +\infty. \tag{11}$$

把(9)式中的 x 换成 x^2,可得

$$\frac{1}{1+x^2} = 1 - x^2 + x^4 - \cdots + (-1)^n x^{2n} + \cdots$$

$$= \sum_{n=0}^{\infty} (-1)^n x^{2n}, -1 < x < 1. \tag{12}$$

对上式从 0 到 x 积分,可得

$$\arctan x = x - \frac{1}{3}x^3 + \frac{1}{5}x^5 - \cdots + \frac{(-1)^n}{2n+1}x^{2n+1} + \cdots$$

$$= \sum_{n=0}^{\infty} \frac{(-1)^n}{2n+1}x^{2n+1}, -1 \leqslant x \leqslant 1. \tag{13}$$

(6)(7)(8)(10)(11)等五个幂级数展开式是最常用的,记住前三个,后两个也就掌握了.

下面再举几个用间接法把函数展开成幂级数的例子.

例 3　将函数 $(1+x)\ln(1+x)$ 展开成 x 的幂级数,并求展开式成立的区间.

解　$f(x) = \ln(1+x) + x\ln(1+x) = \sum_{n=1}^{\infty} \frac{(-1)^{n-1}}{n}x^n + x\sum_{n=1}^{\infty} \frac{(-1)^{n-1}}{n}x^n$

$$= \sum_{n=1}^{\infty} \frac{(-1)^{n-1}}{n}x^n + \sum_{n=1}^{\infty} \frac{(-1)^{n-1}}{n}x^{n+1}$$

$$= x + \sum_{n=2}^{\infty} \frac{(-1)^{n-1}}{n} x^n + \sum_{n=2}^{\infty} \frac{(-1)^{n-2}}{n-1} x^n$$

$$= x + \sum_{n=2}^{\infty} \left[\frac{(-1)^{n-1}}{n} + \frac{(-1)^{n-2}}{n-1} \right] x^n$$

$$= x + \sum_{n=2}^{\infty} \frac{(-1)^n}{n(n-1)} x^n, x \in (-1, 1).$$

例 4 把函数 $f(x) = \sin^2 x$ 展开成 x 的幂级数.

解法 1 利用 $\cos x = \sum_{n=0}^{\infty} \frac{(-1)^n}{(2n)!} x^{2n}, -\infty < x < +\infty$. 得

$$\sin^2 x = \frac{1}{2} - \frac{1}{2} \cos 2x = \frac{1}{2} - \frac{1}{2} \sum_{n=0}^{\infty} \frac{(-1)^n}{(2n)!} (2x)^{2n}$$

$$= \sum_{n=1}^{\infty} \frac{(-1)^{n-1} 2^{2n-1}}{(2n)!} x^{2n}, -\infty < x < +\infty.$$

解法 2 $(\sin^2 x)' = 2\sin x \cos x = \sin 2x$

$$= \sum_{n=1}^{\infty} \frac{(-1)^{n-1}}{(2n-1)!} (2x)^{2n-1}, -\infty < x < +\infty.$$

将上式两端从 0 到 x 积分, 得

$$(\sin^2 x)' = \int_0^x (\sin^2 x)' \mathrm{d}x + \sin^2 0 = \int_0^x \sum_{n=1}^{\infty} \frac{(-1)^{n-1} (2x)^{2n-1}}{(2n-1)!} \mathrm{d}x$$

$$= \sum_{n=1}^{\infty} \left[\frac{(-1)^{n-1}}{(2n-1)!} \int_0^x (2x)^{2n-1} \mathrm{d}x \right]$$

$$= \sum_{n=1}^{\infty} \left[\frac{(-1)^{n-1}}{(2n-1)!} \frac{1}{2} \frac{1}{2n} (2x)^{2n} \Big|_0^x \right]$$

$$= \sum_{n=1}^{\infty} \frac{(-1)^{n-1} 2^{2n-1}}{(2n)!} x^{2n}, -\infty < x < +\infty.$$

例 5 展开函数 $f(x) = \dfrac{1}{x^2 - x - 6}$ 为 $(x-1)$ 的幂级数, 并指出收敛区间.

解 因为

$$f(x) = \frac{1}{x^2 - x - 6} = \frac{1}{5} \frac{1}{x-3} - \frac{1}{5} \frac{1}{x+2}.$$

而

$$\frac{1}{x-3} = \frac{1}{-2 + (x-1)} = -\frac{1}{2} \cdot \frac{1}{1 - \frac{x-1}{2}} = -\frac{1}{2} \sum_{n=0}^{\infty} \left(\frac{x-1}{2} \right)^n$$

$$= -\sum_{n=0}^{\infty} \frac{1}{2^{n+1}} (x-1)^n, -1 < \frac{x-1}{2} < 1.$$

$$\frac{1}{x+2} = \frac{1}{3+(x-1)} = \frac{1}{3} \cdot \frac{1}{1+\dfrac{x-1}{3}} = \frac{1}{3} \sum_{n=0}^{\infty} (-1)^n \left(\frac{x-1}{3}\right)^n$$

$$= \sum_{n=0}^{\infty} \frac{(-1)^n}{3^{n+1}} (x-1)^n, \quad -1 < \frac{x-1}{3} < 1.$$

所以

$$f(x) = -\frac{1}{5} \sum_{n=0}^{\infty} \frac{1}{2^{n+1}} (x-1)^n - \frac{1}{5} \sum_{n=0}^{\infty} \frac{(-1)^n}{3^{n+1}} (x-1)^n$$

$$= \frac{1}{5} \sum_{n=0}^{\infty} \left[\frac{(-1)^{n+1}}{3^{n+1}} - \frac{1}{2^{n+1}} \right] (x-1)^n, \quad -1 < x < 3.$$

习题 7.4

1.将下列函数展开成 x 的幂级数,并求展开式成立的区间:

(1) $\dfrac{e^x - e^{-x}}{2}$;

(2) a^x;

(3) $\ln(a+x)(a>0)$;

(4) $x \operatorname{acrtan} x - \ln \sqrt{1+x^2}$.

2.把函数 $f(x) = \ln \dfrac{x}{x+1}$ 展成 $(x-1)$ 的幂级数,并指明级数的收敛区间.

3.将函数 $f(x) = \dfrac{1}{x}$ 展开成 $x+2$ 的幂级数.

4.将 $f(x) = \dfrac{2x+1}{x^2+x-2}$ 展开成 $(x-3)$ 的幂级数,并指出其收敛域.

复习题七

一、单项选择题

1. $\lim\limits_{n \to \infty} a_n$ 存在是级数 $\sum\limits_{n=1}^{\infty} (a_n - a_{n+1})$ 收敛的(　　　).

(A)必要条件而非充分条件 　　　(B)充分条件而非必要条件

(C)充分必要条件 　　　(D)既非充分条件又非必要条件

2.设级数 $\sum\limits_{n=1}^{\infty} a_n$ 收敛,则下面必收敛的是(　　　).

(A) $\sum\limits_{n=1}^{\infty} \dfrac{(-1)^n a_n}{n}$ 　　　(B) $\sum\limits_{n=1}^{\infty} a_n^2$

(C) $\sum\limits_{n=1}^{\infty} (a_{2n-1} - a_{2n})$ 　　　(D) $\sum\limits_{n=1}^{\infty} (a_{n+1}^2 - a_n^2)$

3.设 $0 \leqslant a_n \leqslant \dfrac{1}{n}(n = 1, 2, \cdots)$，则下列级数中肯定收敛的是(　　　).

(A) $\displaystyle\sum_{n=1}^{\infty} a_n$ 　　　　　　　　　　(B) $\displaystyle\sum_{n=1}^{\infty} (-1)^n a_n$

(C) $\displaystyle\sum_{n=1}^{\infty} \sqrt{a_n}$ 　　　　　　　　　(D) $\displaystyle\sum_{n=1}^{\infty} (-1)^n a_n^2$

4.设常数 $\lambda > 0$，且级数 $\displaystyle\sum_{n=1}^{\infty} a_n^2$ 收敛，则级数 $\displaystyle\sum_{n=1}^{\infty} (-1)^n \dfrac{|a_n|}{\sqrt{n^2 + \lambda}}$ (　　　).

(A)发散 　　　　　　　　　　　(B)条件收敛

(C)绝对收敛 　　　　　　　　　(D)收敛性与 λ 有关

5.设 α 为常数，则级数 $\displaystyle\sum_{n=1}^{\infty} \left[\dfrac{\sin(n\alpha)}{n^2} - \dfrac{1}{\sqrt{n}} \right]$ (　　　).

(A)绝对收敛 　　　　　　　　　(B)条件收敛

(C)发散 　　　　　　　　　　　(D)收敛性与 α 的取值有关

6.设常数 $k > 0$，则级数 $\displaystyle\sum_{n=1}^{\infty} (-1)^n \dfrac{k+n}{n^2}$ (　　　).

(A)发散 　　　　　　　　　　　(B)绝对收敛

(C)条件收敛 　　　　　　　　　(D)收敛或发散与 k 的取值有关

7.设 $a_n > 0(n = 1, 2, \cdots)$，且 $\displaystyle\sum_{n=1}^{\infty} a_n$ 收敛，常数 $\lambda \in \left(0, \dfrac{\pi}{2} \right)$，则级数

$\displaystyle\sum_{n=1}^{\infty} (-1)^n \left(n\tan \dfrac{\lambda}{n} \right) a_{2n}$ (　　　).

(A)绝对收敛 　　　　　　　　　(B)条件收敛

(C)发散 　　　　　　　　　　　(D)收敛性与 λ 有关

8.若函数 $\displaystyle\sum_{n=1}^{\infty} a_n (x-1)^n$ 在 $x = -1$ 处收敛，则此级数在 $x = 2$ 处(　　　).

(A)条件收敛 　　　　　　　　　(B)绝对收敛

(C)发散 　　　　　　　　　　　(D)收敛性不能确定

二、填空题

1.对级数 $\displaystyle\sum_{n=1}^{\infty} u_n$，$\displaystyle\lim_{n \to \infty} u_n = 0$ 是它收敛的_____条件，不是它收敛的_____条件.

2.部分和数列 $\{s_n\}$ 有界是正项级数 $\displaystyle\sum_{n=1}^{\infty} u_n$ 收敛的_____条件.

3.若级数 $\displaystyle\sum_{n=1}^{\infty} u_n$ 绝对收敛，这级数 $\displaystyle\sum_{n=1}^{\infty} u_n$ 必定_____，若级数 $\displaystyle\sum_{n=1}^{\infty} u_n$ 条件收敛，

这级数 $\sum\limits_{n=1}^{\infty}|u_n|$ 必定_____.

4. 级数 $\sum\limits_{n=0}^{\infty}\dfrac{(\ln 3)^n}{2^n}$ 的和为_____.

5. 级数 $\sum\limits_{n=2}^{\infty}\dfrac{1}{(\ln n)^{\ln n}}$ 的敛散性是_____.

6. 若幂级数 $\sum\limits_{n=0}^{\infty}a_n(x+1)^n$ 在点 $x=\dfrac{3}{2}$ 处条件收敛,则该级数的收敛半径 $R=$____.

7. 设有级数 $\sum\limits_{n=0}^{\infty}a_n(\dfrac{x+1}{2})^n$,若 $\lim\limits_{n\to\infty}\left|\dfrac{a_n}{a_{n+1}}\right|=\dfrac{1}{3}$,则该级数的收敛半径等于_____.

8. 幂级数 $\sum\limits_{n=0}^{\infty}\dfrac{x^n}{\sqrt{n+1}}$ 的收敛域是_____.

9. 设幂级数 $\sum\limits_{n=0}^{\infty}a_nx^n$ 的收敛半径为 3,则幂级数 $\sum\limits_{n=1}^{\infty}na_n(x-1)^{n+1}$ 的收敛区间为____
_____.

三、解答题

1. 判定下列级数的收敛性:

(1) $\sum\limits_{n=1}^{\infty}(a^{\frac{1}{n}}-1)$,其中 $a>0$;　　(2) $\sum\limits_{n=1}^{\infty}\left(\dfrac{1}{n}-\ln\dfrac{n+1}{n}\right)$;

(3) $\sum\limits_{n=1}^{\infty}\sqrt{n+1}\left(1-\cos\dfrac{\pi}{n}\right)$;　　(4) $\sum\limits_{n=2}^{\infty}\dfrac{1}{\ln^{10}n}$;

(5) $\sum\limits_{n=1}^{\infty}\dfrac{2+(-1)^n}{2^n}$;　　(6) $\sum\limits_{n=1}^{\infty}\dfrac{a^n}{n^s}(a>0,s>0)$.

2. 设正项级数 $\sum\limits_{n=1}^{\infty}u_n$ 和 $\sum\limits_{n=1}^{\infty}v_n$ 都收敛,证明级数 $\sum\limits_{n=1}^{\infty}(u_n+v_n)^2$ 也收敛.

3. 设级数 $\sum\limits_{n=1}^{\infty}u_n$ 收敛,且 $\lim\limits_{n\to\infty}\dfrac{v_n}{u_n}=1$. 问级数 $\sum\limits_{n=1}^{\infty}v_n$ 是否也收敛? 试说明理由.

4. 设 $a_n>0,b_n>0$,且满足 $\dfrac{a_{n+1}}{a_n}\leqslant\dfrac{b_{n+1}}{b_n}$,$n=1,2,\cdots$,证明:(1)若级数 $\sum\limits_{n=1}^{\infty}b_n$ 收敛,则级数 $\sum\limits_{n=1}^{\infty}a_n$ 收敛;(2)若级数 $\sum\limits_{n=1}^{\infty}a_n$ 发散,则 $\sum\limits_{n=1}^{\infty}b_n$ 发散.

5. 级数 $\sum\limits_{n=1}^{\infty}a_n$ 与 $\sum\limits_{n=1}^{\infty}c_n$ 都收敛,且对一切自然数 n,下列不等式成立:

$$a_n<b_n<c_n.$$

证明:级数 $\sum\limits_{n=1}^{\infty}b_n$ 也收敛.

6.试用级数理论证明：当 $n \to \infty$ 时，$\dfrac{1}{n^n}$ 是比 $\dfrac{1}{n!}$ 高阶的无穷小.

7.讨论下列级数的绝对收敛性与条件收敛性：

(1) $\displaystyle\sum_{n=1}^{\infty} (-1)^n \dfrac{(n+1)!}{n^{n+1}}$；

(2) $\displaystyle\sum_{n=1}^{\infty} (-1)^n \dfrac{1}{2^n} \left(1+\dfrac{1}{n}\right)^{n^2}$.

8.设 $f(x)$ 在区间 $(0,1)$ 内可导，且导函数 $f'(x)$ 有界：$|f'(x)| \leqslant M$. 证明：

(1)级数 $\displaystyle\sum_{n=1}^{\infty} \left[f\left(\dfrac{1}{n}\right) - f\left(\dfrac{1}{n+1}\right) \right]$ 绝对收敛；

(2) $\displaystyle\lim_{n \to \infty} f\left(\dfrac{1}{n}\right)$ 存在.

9.求幂级数 $\displaystyle\sum_{n=1}^{\infty} \dfrac{3^n + (-2)^n}{n} (x+1)^n$ 的收敛域.

10.求下列幂级数的和函数：

(1) $\displaystyle\sum_{n=1}^{\infty} \dfrac{x^{2n+1}}{2n}$；

(2) $\displaystyle\sum_{n=1}^{\infty} \dfrac{x^{4n}}{4^n n!}$；

(3) $\displaystyle\sum_{n=1}^{\infty} (-1)^{n-1} \dfrac{n-1}{n+1} x^n$；

(4) $\displaystyle\sum_{n=1}^{\infty} \left(\dfrac{1}{3^n} + \dfrac{1}{n}\right) (x-1)^{3n}$.

11.求下列数项级数的和：

(1) $\displaystyle\sum_{n=1}^{\infty} \dfrac{n}{3^{n-1}}$；

(2) $\displaystyle\sum_{n=1}^{\infty} \dfrac{n^2}{n!}$；

(3) $\displaystyle\sum_{n=1}^{\infty} \dfrac{1}{(4n^2-1)4^n}$；

(4) $\displaystyle\sum_{n=1}^{\infty} (-1)^n \dfrac{n^2+n}{2^n}$.

12.将下列函数展开成 x 的幂级数：

(1) $\ln(1+x-2x^2)$；

(2) $\dfrac{1}{(2-x)^2}$；

(3) $\arctan \dfrac{2x}{1-x^2}$.

13.已知 $f(x) = x^5 e^{x^2}$，求 $f^{(99)}(0)$，$f^{(100)}(0)$.

14.求函数 $f(x) = x^2 \ln(1+x)$ 在 $x=0$ 处的 n 阶导数 $f^{(n)}(0) (n \geqslant 3)$.

15.计算 $\displaystyle\int_0^{\frac{1}{2}} e^{-x^2} \mathrm{d}x$ 的近似值，取 e^{-x^2} 展开式的前三项，并精确到 0.0001.

第8章　微分方程与差分方程初步

有大量的科学问题需要人们试着从它的变化率来确定某些结果,例如我们可以根据一个运动质点的速度或加速度来计算质点的位置.或者对于一种已知衰变率的放射性物质,需要确定在一给定时间后尚存物质的总量.在这样一些例子中,都要试图从一个方程所表示的关系中确定一个未知函数,而这个方程至少含有未知函数的一个导数,这样的方程称为微分方程.本章第1节至第5节介绍微分方程的一些基本概念和几种简单常用的微分方程的求解及应用.

用连续变量描述研究对象变化规律的数学模型常常用微分方程来表示,而用离散变量描述研究对象的数学模型则常常用差分方程来表示.由于经济、生命科学、化学、物理、力学、控制等领域有不少现象只能用离散型的数学模型来描述,也由于计算机技术的飞速发展,对连续的数学模型,数值计算其解也需要离散化,即变成差分方程求解.这部分内容的讨论在第六节进行.

第1节　微分方程的基本概念

先看一个具体的例子.

例1　实验表明,物体在自由下落过程中受到的空气阻力与物体下落的速度成正比,因此作用在该物体上的力是

$$F = mg - kv.$$

由牛顿第二定律

$$F = ma \text{ 或者 } F = m\frac{\mathrm{d}v}{\mathrm{d}t} = m\frac{\mathrm{d}^2 s}{\mathrm{d}t^2}$$

得到物体运动速度与其导数的关系式

$$m\frac{\mathrm{d}v}{\mathrm{d}t} + kv = mg, \tag{1}$$

或者物体位移与其一阶、二阶导数的关系式

$$m\frac{\mathrm{d}^2 s}{\mathrm{d}t^2} + k\frac{\mathrm{d}s}{\mathrm{d}t} = mg. \tag{2}$$

此外,位移函数 $s(t)$ 还应满足下列条件:

$$s(t)\mid_{t=0}=0, \quad s'(t)\mid_{t=0}=v(0)=0. \tag{3}$$

可以验证函数

$$s(t)=C_1+C_2\mathrm{e}^{-\frac{k}{m}t}+\frac{mg}{k}t(C_1,C_2\text{ 是任意的常数}) \tag{4}$$

是满足关系式(2)的.

把条件 $s(0)=0$ 代入(3)得: $C_1+C_2=0$;

把条件 $s'(0)=0$ 代入(3)得: $C_2=\dfrac{m^2g}{k^2}$.

将 $C_1=-\dfrac{m^2g}{k^2}$, $C_2=\dfrac{m^2g}{k^2}$ 代入(2)得

$$s(t)=\frac{m^2g}{k^2}(1-\mathrm{e}^{-\frac{k}{m}t})+\frac{mg}{k}t. \tag{5}$$

这就是自由落体的位移与时间的函数关系.

上述例子中的关系式(1)和(2)都含有未知函数的导数,它们都是微分方程. 一般地,凡表示未知函数、未知函数的导数与自变量之间的关系的方程,叫作**微分方程**,有时也简称**方程**. 根据未知函数只是一个变量还是两个或多个变量的函数分为两大类:**常微分方程和偏微分方程**. 本章中只讨论常微分方程.

微分方程中所出现的未知函数的最高阶导数的阶数,叫作微分方程的**阶**. 例如,方程(1)是一阶微分方程;方程(2)是二阶微分方程. 又如方程

$$x^3y'''-4xy'=x^2$$

是三阶微分方程;方程

$$y^{(4)}-4y'''+10y''-12y'+5y=\sin 2x$$

是四阶微分方程.

n 阶微分方程的一般形式是

$$F(x,\ y,\ y',\ \cdots,\ y^{(n)})=0. \tag{6}$$

其中 x 是自变量, y 为未知函数,且 $y^{(n)}$ 必定出现.

经验表明,除少数类型外,获得微分方程的一般性的数学理论是困难的,而在这少数类型中有所谓线性微分方程,这类方程出现在各种各样的问题中.

如果方程(6)的左端为 y 及 y', $\cdots$, $y^{(n)}$ 的一次有理整式,则称(6)为 n 阶**线性微分方程**. n 阶线性微分方程具有一般形式

$$y^{(n)}+a_1(x)y^{(n-1)}+\cdots+a_{n-1}(x)y'+a_n(x)y=f(x), \tag{7}$$

这里 $a_1(x)$, $\cdots$, $a_n(x)$, $f(x)$ 是 x 的已知函数.

以后我们讨论的微分方程是线性微分方程中最简单的一类以及它们的某些应用.

如果把某个函数代入微分方程使它成为恒等式,这个函数就叫作该**微分方程的解**. 确切地说,如果在区间 I 上,成立

$$F[x,\ \varphi(x),\ \varphi'(x),\ \cdots,\ \varphi^{(n)}(x)] = 0, \tag{8}$$

那么函数 $y = \varphi(x)$ 就叫作微分方程(6)在区间 I 上的解.

如果关系式 $F(x,\ y)=0$ 确定的隐函数 $y=\varphi(x)$ 是方程(6)的解,则称 $F(x,\ y)=0$ 为方程(6)的隐式解. 例如,一阶微分方程 $y'=-\dfrac{x}{y}$ 有解 $y=\sqrt{1-x^2}$ 和 $y=-\sqrt{1-x^2}$,而关系式 $x^2+y^2=1$ 就是它的隐式解. 为简便起见,以后不把解和隐式解加以区分,通称为方程的解.

如果微分方程的解中含有任意常数,且独立任意常数的个数与微分方程的阶数相同,这样的解叫作微分方程的**通解**. 这里,所谓的独立任意常数,是指它们不能合并使得任意常数的个数减少. 例如,函数(4)是方程(2)的解,它含有两个独立任意常数,而方程(2)是二阶的,所以函数(4)是方程(2)的通解.

在很多问题中,需要从通解中挑出在某一点具有规定值的一个解. 规定值称为**初始条件**(也叫**初值条件**),而确定这样一个解的问题称为**初值问题**. 这一术语来源于力学问题,因为在力学问题中这些条件往往反映了运动物体的初始状态.

微分方程满足初始条件的解称为微分方程的**特解**. 初始条件不同,对应的特解也不同. 一般来说,特解可以通过初始条件的限制,从通解中确定任意常数而得到. 例如函数(5)是方程(2)满足初始条件(3)的特解.

微分方程的解的图形是一条曲线,叫作微分方程的**积分曲线**.

一阶微分方程的初值问题

$$\begin{cases} y' = f(x,\ y) \\ y\,|_{x=x_0} = y_0 \end{cases}$$

的几何意义,就是求通过点 $(x_0,\ y_0)$ 的那条积分曲线.

例 2　设微分方程 $y' = \dfrac{y}{x} + \varphi\left(\dfrac{x}{y}\right)$ 的通解为 $y = \dfrac{x}{\ln Cx}$(C 为任意常数),求 $\varphi(x)$.

解　由 $y = \dfrac{x}{\ln Cx}$ 得 $y' = \dfrac{1}{\ln Cx} - \dfrac{1}{\ln^2 Cx}$,代入得

$$\varphi(\ln Cx) = -\dfrac{1}{\ln^2 Cx}.$$

令 $u = \ln Cx$,则 $\varphi(u) = -\dfrac{1}{u^2}$,即 $\varphi(x) = -\dfrac{1}{x^2}$.

习题 8.1

1. 指出下列各微分方程的阶数,并回答是否是线性的:

(1) $(y')^2 + xy' - 3y^2 = 0$；　　　　(2) $(7x - 6y)\mathrm{d}x + (x + y)\mathrm{d}y = 0$；

(3) $xy'' - 5y' + 3xy = \sin x$；　　　　(4) $\sin\left(\dfrac{\mathrm{d}^2 y}{\mathrm{d}x^2}\right) + \mathrm{e}^y = x$；

(5) $y'y''' - 3(y')^2 = 0$；　　　　(6) $y^{(4)} - 4y'' + 4y = 6\mathrm{e}^{2x}$.

2.验证下列各题中的函数为所给微分方程的解：

(1) $\dfrac{\mathrm{d}y}{\mathrm{d}x} + 2y = 2, y = \mathrm{e}^{-2x} + 1$；

(2) $(1 + x^2)y'' + 4xy' + 2y = 0, y = \dfrac{1}{1 + x^2}$.

3.求以下列方程所确定的函数为通解的微分方程：

(1) $x^2 + Cy^2 = 1$（C 是任意常数）；

(2) $(y - C_2)^2 = 4C_1 x$（C_1, C_2 是任意常数）.

4.写出由下列条件确定的曲线所满足的微分方程：

(1)曲线在点 (x, y) 处的切线的斜率等于该点横坐标的平方；

(2)曲线上点 $P(x, y)$ 处的法线与 x 轴的交点为 Q，且线段 PQ 被 y 轴平分.

第 2 节　可分离变量的微分方程

在本节至第 4 节，我们将讨论能解出 y' 的一阶微分方程，它可以被写成如下形式
$$y' = f(x, y), \tag{1}$$
其中右边的表达式 $f(x, y)$ 具有各种具体的形式.

方程(1)最简单的情况是 $f(x, y)$ 和 y 无关的情形，这时(1)式变成
$$y' = f(x). \tag{2}$$

我们看到，求为微分方程(2)的通解问题就转化成了求 $f(x)$ 的不定积分问题.将(2)改写成
$$\mathrm{d}y = f(x)\mathrm{d}x,$$
两边积分，得
$$\int \mathrm{d}y = \int f(x)\mathrm{d}x \text{ 即 } y = \int f(x)\mathrm{d}x + C. \tag{3}$$

这里我们把 $\int f(x)\mathrm{d}x$ 理解为 $f(x)$ 的任意一个确定的原函数（如无特别声明，以后也作这样的理解），则(3)就是方程(2)的通解.

考虑一个比方程(2)稍微复杂一些的方程：
$$\dfrac{\mathrm{d}y}{\mathrm{d}x} = f(x)g(y), \tag{4}$$

称为**可分离变量的微分方程**,这里 $f(x),g(y)$ 分别是 x,y 的连续函数.

如果 $g(y) \neq 0$,将(3)改写成

$$\frac{\mathrm{d}y}{g(y)} = f(x)\mathrm{d}x. \tag{5}$$

这样,变量就"分离"开来了,即方程的一端只含 y 的函数和 $\mathrm{d}y$,另一端只含 x 的函数和 $\mathrm{d}x$.

像求解方程(2)一样,(5)两边积分,得

$$\int \frac{\mathrm{d}y}{g(y)} = \int f(x)\mathrm{d}x + C. \tag{6}$$

把(6)作为 y 是 x 的隐函数的关系式,则对任一常数 C,微分(6)的两边可知(6)所确定的隐函数 $y = y(x, C)$ 满足方程(4),因而(6)是(4)的通解,称之为**隐式通解**.

如果存在 y_0 使 $g(y_0) = 0$,直接代入可知 $y = y_0$ 也是(4)的解.

例 1　求微分方程 $f'(x) = f(x)$ 的通解.

解　我们用 y 代替 $f(x)$,而用 y' 代替 $f'(x)$,则原方程写成

$$\frac{\mathrm{d}y}{\mathrm{d}x} = y.$$

这是可分离变量的方程,分离变量后得

$$\frac{\mathrm{d}y}{y} = \mathrm{d}x,$$

两边积分

$$\int \frac{\mathrm{d}y}{y} = \int \mathrm{d}x,$$

得

$$\ln |y| = x + C_1,$$

从而

$$y = \pm\, \mathrm{e}^{x+C_1} = \pm\, \mathrm{e}^{C_1}\mathrm{e}^x,$$

这里 $\pm\, \mathrm{e}^{C_1}$ 是任意非零常数,又 $y = 0$ 也是原方程的解,所以原方程的通解为

$$y = C\mathrm{e}^x, \qquad C \text{ 是任意常数}.$$

例 2　求微分方程 $y' + \sin(x+y) = \sin(x-y)$ 的通解.

解　利用三角的差化积公式

$$\sin \alpha - \sin \beta = -2\cos\frac{\alpha+\beta}{2}\sin\frac{\alpha-\beta}{2},$$

原方程可写成

$$y' = -2\cos x\sin y.$$

分离变量,得

$$\frac{\mathrm{d}y}{\sin y} = -2\cos x \mathrm{d}x.$$

两边积分,得

$$\int \frac{\mathrm{d}y}{\sin y} = -2 \int \cos x \mathrm{d}x,$$

即

$$\ln|\csc y - \cot y| = -2\sin x + C_1.$$

由此求得方程的通解为

$$\csc y - \cot y = \pm e^{-2\sin x + C_1} \ \text{或} \ \tan \frac{y}{2} = Ce^{-2\sin x}(C = \pm e^{C_1}).$$

例 3 求方程 $\frac{\mathrm{d}y}{\mathrm{d}x} = 1 - x + y^2 - xy^2$ 满足初始条件 $y(0) = 1$ 的特解.

解 方程变形为

$$\frac{\mathrm{d}y}{\mathrm{d}x} = (1-x)(1+y^2),$$

分离变量,得

$$\frac{\mathrm{d}y}{1+y^2} = (1-x)\mathrm{d}x.$$

两边积分,得

$$\arctan y = x - \frac{1}{2}x^2 + C.$$

由 $y(0) = 1$ 得 $C = \frac{\pi}{4}$. 于是所求特解为

$$y = \tan\left(x - \frac{1}{2}x^2 + \frac{\pi}{4}\right).$$

例 4 元素衰变模型 英国物理学家卢瑟福因对元素衰变的研究获 1908 年的诺贝尔化学奖. 他发现,在任意时刻 t,物质的放射性与该物质当时的原子数 $N(t)$ 成正比. 设 $t = 0$ 时,放射性物质的原子数为 N_0,求放射性物质随时间的变化规律.

解 设比率为 $\lambda (> 0$,称为**衰变常数**),则有

$$\frac{\mathrm{d}N(t)}{\mathrm{d}t} = -\lambda N(t),$$

其中"—"号表示在衰变过程中原子数是递减的.

这是可分离变量方程,容易求得其通解为

$$N(t) = Ce^{-\lambda t}.$$

由 $N(0) = N_0$ 得 $C = N_0$,故放射性物质的衰变规律为

$$N(t) = N_0 e^{-\lambda t}.$$

为了描述元素衰变的快慢,物理上引进了**半衰期**的概念,即表示放射性元素的原子核有半数发生衰变的时间,记为 τ.

由 $\frac{1}{2}N_0 = N_0 e^{-\lambda t}$ 可知 $\tau = \frac{\ln 2}{\lambda}$.

例5　C^{14}年代测定法　长沙马王堆汉墓一号墓于 1972 年出土,专家们测得同时出土的木炭标本的 C^{14} 原子衰变为每分钟 29.78 次,而当时新烧成的木炭的 C^{14} 原子衰变为每分钟 38.37 次.已知 C^{14} 的半衰期为 5 730 年,试估算该墓建成的年代.

解　将半衰期公式 $\tau = \frac{\ln 2}{\lambda}$ 代入元素衰变模型,得

$$N(t) = N_0 e^{-\frac{\ln 2}{\lambda}t},$$

解得 $t = \frac{\tau}{\ln 2}\ln\frac{N_0}{N(t)}$.

由于已知的是衰变速度,为应用这个条件,对 $N(t)$ 求导得

$$N'(t) = -\lambda N_0 e^{-\lambda t} = -\lambda N(t),$$

代入 $t = 0$,得

$$N'(0) = -\lambda N_0.$$

两式相除,得

$$\frac{N'(0)}{N'(t)} = \frac{-\lambda N_0}{-\lambda N(t)} = \frac{N_0}{N(t)}.$$

代入前式,得

$$t = \frac{\tau}{\ln 2}\ln\frac{N'(0)}{N'(t)}.$$

将 $N'(0) = 38.37$ (次/分), $N'(t) = 29.78$ (次/分), $\tau = 5\,730$ (年)代入:

$$t = \frac{5\,730}{\ln 2}\ln\frac{38.37}{29.78} \approx 2\,095 \text{ (年)}.$$

因此,马王堆汉墓一号墓建成于大约出土前的 2100 年.

例6　冰层厚度的微分方程模型　当湖面结冰时,湖水的最上一层首先结冰,而冰层下面水中的热量则是通过冰层向上传播,然后散失在空气中.随着热量的流失,更多的水冻成了冰.这里需要考虑的问题是,作为时间的函数,冰层厚度是如何随时间变化的?

解　当大气温度低于湖水温度时,冰层厚度随时间增长而增加.另一方面,当冰层增厚时,湖水透过冰层向外传播热量的速度就会越来越慢.因此,冰层厚度增加的速度自然也会越来越慢.所以冰层厚度随时间变化的曲线将会是一条上凸曲线.

用 t 表示时间,y 表示冰层厚度.冰层厚度越大,湖水向外传播热量的速度就越小.因此可以假定冰层厚度增加的速度与已经结成的冰层厚度成反比,即存在整数 k,使得

$$\text{冰层厚度增加的速度} = \frac{k}{\text{冰层厚度}},$$

即

$$\frac{dy}{dt} = \frac{k}{y}.$$

分离变量得

$$ydy = kdt,$$

两边积分得

$$\frac{1}{2}y^2 = kt + C.$$

假定当 $t = 0$ 时 $y = 0$，则可得 $C = 0$. 由于冰层厚度 $y \geqslant 0$，于是得到

$$y = \sqrt{2kt}.$$

显然，$y(t)$ 是增函数. 又因为

$$y'' = -\frac{\sqrt{2k}}{4t^{\frac{3}{2}}} < 0, \quad t > 0.$$

所以曲线 $y(t)$ 是上凸的. 这完全符合我们在开始借助于物理常识对于冰层厚度变化规律的分析.

例 7 封闭环境中单一生物种群个体总量 $y(t)$ 随时间变化的过程满足微分方程

$$\frac{dy}{dt} = y(t)[a - by(t)],$$

其中 a, b 为正常数，一般 b 比较小.

求解这个微分方程可以得到 $y(t)$ 的表达式. 但是，无需求出 $y(t)$ 的表达式，我们也可以根据这个方程获得 $y(t)$ 的许多信息. 例如可以了解 $y(t)$ 的单调性、凹凸性、最大值，以及当 $t \to +\infty$ 时 $y(t)$ 的变化趋势等.

假定在开始时刻，该生物种群数量 $y(0) < \frac{a}{b}$.

首先知道 $y(t) > 0$. 其次看出，当 $y(t) < \frac{a}{b}$ 时，$\frac{dy}{dt} > 0$，$y(t)$ 单调增加；当 $y(t) > \frac{a}{b}$ 时，$\frac{dy}{dt} < 0$，$y(t)$ 单调减少. 从而 $\frac{a}{b}$ 是 $y(t)$ 的最大值.

以上分析说明，$y = \frac{a}{b}$ 是封闭环境对于该生物种群的最大承载量. 生物种群的个体达到这个数量之前，一直是随时间增长的，但是达到这个最大值以后，由于空间狭窄和资源短缺导致生存环境恶化，生物个体数量会单调减少.

在方程两边对 t 求导，得

$$\frac{\mathrm{d}^2 y}{\mathrm{d}t^2} = a\frac{\mathrm{d}y}{\mathrm{d}t} - 2by\frac{\mathrm{d}y}{\mathrm{d}t} = y(a-2by)(a-by).$$

前面已经知道, $\frac{a}{b}$ 是 $y(t)$ 的最大值, 所以 $a-2by \geqslant 0$. 则由上式可以看出:

当 $y(t) < \frac{a}{2b}$ 时, $\frac{\mathrm{d}^2 y}{\mathrm{d}t^2} > 0$, $y(t)$ 增加速度逐渐加快;

当 $\frac{a}{2b} < y(t) < \frac{a}{b}$ 时, $\frac{\mathrm{d}^2 y}{\mathrm{d}t^2} < 0$, $y(t)$ 增加速度逐渐趋缓.

所以当 $y = \frac{a}{2b}$ 时, 曲线 $y(t)$ 有拐点出现.

由此说明, 当 $y(t) < \frac{a}{2b}$ 时, 由于生存空间相对广阔和资源相对丰富, 生物个体增加越来越快; 但是当 $y(t) > \frac{a}{2b}$ 时, 由于生存空间逐渐狭窄和资源逐渐减少, 生物个体增加速度越来越慢, 并逐渐趋于停滞.

根据上面的描述, 就可以大致勾画出曲线 $y = y(t)$ 的简图了.

如果假定 $y(0) > \frac{a}{b}$, 则 $y(t)$ 将会单调减少趋向于 $\frac{a}{b}$.

习题 8.2

1. 求下列微分方程的通解:

(1) $xy' + y = 3$;

(2) $\frac{\mathrm{d}y}{\mathrm{d}x} + x + xy^2 = 1 + y^2$;

(3) $x^2 y' = (1-3x)y$;

(4) $x^2 y\mathrm{d}x = (1 - y^2 - x^2 y^2 + x^2)\mathrm{d}y$;

(5) $\sin x\cos x\mathrm{d}y - y\ln y\mathrm{d}x = 0$;

(6) $(\mathrm{e}^{x+y} - \mathrm{e}^x)\mathrm{d}x + (\mathrm{e}^{x+y} + \mathrm{e}^y)\mathrm{d}y = 0$.

2. 求下列微分方程满足所给初始条件的特解:

(1) $y' = \mathrm{e}^{2x-y}$, $y\big|_{x=0} = 0$;

(2) $\frac{\mathrm{d}y}{\mathrm{d}x} = \frac{\mathrm{e}^{-2y}}{3xy}$, $y\big|_{x=2} = 1$;

(3) $xy\mathrm{d}x + \sqrt{1-x^2}\,\mathrm{d}y = 0$, $y\big|_{x=0} = 2$;

(4) $y' = \frac{y^2+1}{2y\sqrt{1-x^2}}$, $y\big|_{x=0} = 1$;

(5) $\cos y\mathrm{d}x + (1 + \mathrm{e}^{-x})\sin y\mathrm{d}y = 0$, $y\big|_{x=0} = \frac{\pi}{4}$.

3. 一杯热茶放在桌子上,温度会慢慢降低,这是人们熟悉的生活常识.可牛顿却发现,如果环境温度保持不变的话,物体温度的变化率和物体与环境的温度差成正比(这被称为**牛顿冷却定律**).试由牛顿冷却定律导出物体温度的变化规律.

4. 高血压病人服用的一种球形药丸在胃里溶解时,直径的变化率与表面积成正比.药丸最初的直径是 0.50 分钟.试验中测得:药丸进入人胃 2 分钟后的直径是 0.36 厘米.问:多长时间后药丸的直径小于 0.02 厘米(此时认为药丸已基本溶解)?

5. 设曲线 $y = f(x)$ 过原点及点 $(2, 3)$,且 $f(x)$ 单调并有连续导数.在曲线上任取一点作两坐标轴的平行线,其中一条平行线与 Ox 轴和曲线 $y = f(x)$ 围成面积是另一条平行线与 Oy 轴和曲线 $y = f(x)$ 围成面积的两倍,求曲线 $y = f(x)$ 的方程.

第 3 节 一阶线性微分方程

形式如

$$\frac{\mathrm{d}y}{\mathrm{d}x} + P(x)y = Q(x) \tag{1}$$

的微分方程,称为**一阶线性微分方程**,因为它对于未知函数 y 及其导数 y' 是一次方程.

首先研究 (1) 右端 $Q(x) \equiv 0$ 的特殊情况.

方程

$$\frac{\mathrm{d}y}{\mathrm{d}x} + P(x)y = 0 \tag{2}$$

称为对应于 (1) 的**齐次线性方程**.

若 $Q(x) \not\equiv 0$,方程 (1) 称为**非齐次线性方程**.

方程 (2) 是可分离变量的方程,分离变量后得

$$\frac{\mathrm{d}y}{y} = -P(x)\mathrm{d}x,$$

两边积分,得

$$\ln |y| = -\int P(x)\mathrm{d}x + C_1,$$

即

$$y = \pm \mathrm{e}^{C_1} \mathrm{e}^{-\int P(x)\mathrm{d}x} = C \mathrm{e}^{-\int P(x)\mathrm{d}x}, \tag{3}$$

这就是方程 (1) 对应的齐次线性方程 (2) 的通解.

方程 (2) 是方程 (1) 的特殊情况,两者既有联系又有差别.因此设想它们的解也应该有一定的联系而又有差别.

将非齐次线性方程 (1) 写成

$$\frac{\mathrm{d}y}{y} = \left[-P(x) + \frac{1}{y}Q(x) \right]\mathrm{d}x,$$

两边积分,得

$$\ln |y| = \int \left[-P(x) + \frac{1}{y}Q(x) \right]\mathrm{d}x + \ln |C|,$$

即

$$y = Ce^{\int \frac{1}{y}Q(x)\mathrm{d}x} \cdot e^{-\int P(x)\mathrm{d}x}.$$

观察上面的结果,并注意到 $Ce^{\int \frac{1}{y}Q(x)\mathrm{d}x}$ 是 x 的函数. 这样我们就可以使用所谓**常数变易法**来求非齐次线性方程(1)的通解了. 在(3)中,将常数 C 变易为 x 的待定函数 $C(x)$ 使它满足方程(1),从而求出 $C(x)$. 为此,令

$$y = C(x)e^{-\int P(x)\mathrm{d}x}, \tag{4}$$

于是

$$\frac{\mathrm{d}y}{\mathrm{d}x} = C'(x)e^{-\int P(x)\mathrm{d}x} - P(x)C(x)e^{-\int P(x)\mathrm{d}x}. \tag{5}$$

将(4)和(5)代入方程(1)得

$$C'(x)e^{-\int P(x)\mathrm{d}x} - P(x)C(x)e^{-\int P(x)\mathrm{d}x} + P(x)C(x)e^{-\int P(x)\mathrm{d}x} = Q(x),$$

即

$$C'(x)e^{-\int P(x)\mathrm{d}x} = Q(x), \quad C'(x) = Q(x)e^{\int P(x)\mathrm{d}x}.$$

两边积分,得

$$C(x) = \int Q(x)e^{\int P(x)\mathrm{d}x}\mathrm{d}x + C.$$

把上式代入(4),便得非齐次线性方程(1)的通解为

$$y = e^{-\int P(x)\mathrm{d}x}\left(\int Q(x)e^{\int P(x)\mathrm{d}x}\mathrm{d}x + C \right). \tag{6}$$

将(6)式写成两项之和

$$y = Ce^{-\int P(x)\mathrm{d}x} + e^{-\int P(x)\mathrm{d}x}\int Q(x)e^{\int P(x)\mathrm{d}x}\mathrm{d}x,$$

上式右端第一项是对应的齐次线性方程(2)的通解,第二项是非齐次线性方程(1)的一个特解. 由此可知,一阶非齐次线性方程的通解等于对应的齐次方程的通解与非齐次方程的一个特解之和.

例 1　求方程 $\dfrac{\mathrm{d}y}{\mathrm{d}x} - \dfrac{2}{x+1}y = (x+1)^2 e^x$ 的通解.

解　这是一个非齐次线性方程,先求对应齐次方程

$$\frac{\mathrm{d}y}{\mathrm{d}x} - \frac{2}{x+1}y = 0$$

的通解.

分离变量,得

$$\frac{\mathrm{d}y}{y} = \frac{2}{x+1}\mathrm{d}x,$$

两边积分,得

$$\ln|y| = 2\ln|x+1| + \ln|C|.$$

所以对应齐次线性方程的通解为

$$y = C(x+1)^2.$$

用常数变易法,将 C 换成 $C(x)$,即令 $y = C(x)(x+1)^2$,那么

$$\frac{\mathrm{d}y}{\mathrm{d}x} = C'(x)(x+1)^2 + 2C(x)(x+1).$$

代入所给非齐次方程,得

$$C'(x) = \mathrm{e}^x.$$

两边积分,得

$$C(x) = \mathrm{e}^x + C.$$

再将上式代入所设,即得所求方程的通解为

$$y = (\mathrm{e}^x + C)(x+1)^2.$$

例 2 求微分方程 $y' - \dfrac{1}{x}y = -1$ 的通解.

解 这是一阶非齐次线性方程,其中 $P(x) = -\dfrac{1}{x}$,$Q(x) = -1$. 利用通解公式 (6),有

$$y = \mathrm{e}^{-\int(-\frac{1}{x})\mathrm{d}x}\left[\int(-1)\mathrm{e}^{\int(-\frac{1}{x})\mathrm{d}x}\mathrm{d}x + C\right] = \mathrm{e}^{\ln|x|}\left[\int(-1)\mathrm{e}^{-\ln|x|}\mathrm{d}x + C\right]$$

$$= \begin{cases} \mathrm{e}^{\ln x}\left[\int(-1)\mathrm{e}^{-\ln x}\mathrm{d}x + C\right] = x(-\ln x + C), & x > 0 \\ \mathrm{e}^{\ln(-x)}\left[\int(-1)\mathrm{e}^{-\ln(-x)}\mathrm{d}x + C\right] = x(-\ln x - C), & x < 0 \end{cases}.$$

由于 C 是任意常数,所以所求通解为

$$y = x(-\ln x + C).$$

从这个例子可以知道,在用通解公式求解时,指数中的对数部分可以不加绝对值.

例 3 求微分方程 $\dfrac{\mathrm{d}y}{\mathrm{d}x} - y\cot x = 2x\sin x$ 满足初始条件 $y\big|_{x=\frac{\pi}{2}} = 0$ 的特解.

解 这是一阶非齐次线性微分方程,由通解公式:

$$y = \mathrm{e}^{-\int(-\cot x)\mathrm{d}x}\left(\int 2x\sin x \cdot \mathrm{e}^{\int(-\cot x)\mathrm{d}x}\mathrm{d}x + C\right)$$

$$= \mathrm{e}^{\ln\sin x}\left(\int 2x\sin x \cdot \mathrm{e}^{-\ln\sin x}\,\mathrm{d}x + C\right) = \sin x\left(\int 2x\sin x \cdot \frac{1}{\sin x}\,\mathrm{d}x + C\right)$$

$$= \sin x \cdot (x^2 + C).$$

由 $y\big|_{x=\frac{\pi}{2}} = 0$ 得 $C = -\dfrac{\pi^2}{4}$，故所求特解为 $y = (x^2 - \dfrac{\pi^2}{4})\sin x$.

例 4　求微分方程 $\dfrac{\mathrm{d}y}{\mathrm{d}x} = \dfrac{y^2+1}{y^4 - 2xy}$ 的通解.

解　原方程改写成

$$\frac{\mathrm{d}x}{\mathrm{d}y} = \frac{y^4 - 2xy}{y^2+1}, \ 即 \ \frac{\mathrm{d}x}{\mathrm{d}y} + \frac{2y}{1+y^2}x = \frac{y^4}{1+y^2}.$$

这是以 x 为未知函数的一阶线性微分方程,由通解公式得

$$x = \mathrm{e}^{-\int P(y)\,\mathrm{d}y}\left[\int Q(y)\mathrm{e}^{\int P(y)\,\mathrm{d}y}\,\mathrm{d}y + C\right] = \mathrm{e}^{-\int \frac{2y}{1+y^2}\mathrm{d}y}\left(\int \frac{y^4}{1+y^2}\mathrm{e}^{\int \frac{2y}{1+y^2}\mathrm{d}y}\,\mathrm{d}y + C\right)$$

$$= \mathrm{e}^{-\ln(1+y^2)}\left(\int \frac{y^4}{1+y^2}\mathrm{e}^{\ln(1+y^2)}\,\mathrm{d}y + C\right)$$

$$= \frac{1}{1+y^2}\left(\int \frac{y^4}{1+y^2}\cdot(1+y^2)\,\mathrm{d}y + C\right) = \frac{y^5 + 5C}{5(1+y^2)}.$$

习题 8.3

1.求下列微分方程的通解:

(1) $y' - \dfrac{y}{x} = x^3$;

(2) $\dfrac{\mathrm{d}y}{\mathrm{d}x} - \dfrac{2y}{x+1} = (x+1)^{\frac{5}{2}}$;

(3) $(x^2-1)y' + 2xy - \cos x = 0$;

(4) $y' = y\tan x + \sec x$;

(5) $\dfrac{1}{y}\dfrac{\mathrm{d}y}{\mathrm{d}x} = 2x + \dfrac{x(1-x^2)}{y}$;

(6) $(1+y^2)\mathrm{d}x + (x - \arctan y)\mathrm{d}y = 0$;

(7) $(y^2 - 6x)\dfrac{\mathrm{d}y}{\mathrm{d}x} + 2y = 0$;

(8) $y\ln y\,\mathrm{d}x + (x - \ln y)\mathrm{d}y = 0$.

2.求下列微分方程满足所给初始条件的特解:

(1) $\dfrac{\mathrm{d}y}{\mathrm{d}x} + 3y = 8, y\big|_{x=0} = 2$;

(2) $\dfrac{\mathrm{d}y}{\mathrm{d}x} + y\cot x = 5\mathrm{e}^{\cos x}, y\big|_{x=\frac{\pi}{2}} = -4$;

(3) $\dfrac{\mathrm{d}y}{\mathrm{d}x} - xy = x\mathrm{e}^{x^2}, y(0) = 2$;

(4) $x^2\mathrm{d}y + (2xy - x + 1)\mathrm{d}x = 0, y\,|_{x=1} = 0$.

3. 已知微分方程

$$y' + p(x)y = 0, \hspace{6cm} ①$$

$$y' + p(x)y = Q(x)(\neq 0). \hspace{4cm} ②$$

证明:(1) 方程①的任意两个解的和或差仍是①的解;

(2) 方程①的任意一个解的常数倍仍是①的解;

(3) 方程①的一个解与方程②的一个解的和是方程②的解;

(4) 方程②的任意两个解的差是方程①的解.

4. 设有连接点 $O(0,0)$ 和 $A(1,1)$ 的一段凸的曲线弧 $\overset{\frown}{OA}$ 上的任一点 $P(x,y)$,曲线弧 $\overset{\frown}{OP}$ 与直线段 $\overline{OP}$ 所围图形的面积为 x^2,求曲线弧 $\overset{\frown}{OA}$ 的方程.

5. 求连续函数 $f(t)$,使之满足 $f(t) = \cos 2t + \displaystyle\int_0^t f(u)\sin u\,\mathrm{d}u$.

6. 已知 $\displaystyle\int_0^1 f(tx)\mathrm{d}t = \dfrac{1}{2}f(x) + 1$,其中 $f(x)$ 为连续函数,求 $f(x)$.

7. 设有微分方程 $y' + p(x)y = x^2$,其中 $p(x) = \begin{cases} 1, & x \leqslant 1, \\ \dfrac{1}{x}, & x > 1, \end{cases}$ 求在 $(-\infty, +\infty)$ 内的连续函数 $y = y(x)$,使其满足所给的微分方程,且满足条件 $y(0) = 2$.

8. 设 $y = \mathrm{e}^x$ 是微分方程 $xy' + p(x)y = x$ 的一个特解,求此微分方程满足初始条件 $y(\ln 2) = 0$ 的特解.

9. 已知 $f(x)$ 在 $(-\infty, +\infty)$ 内有定义,且对任意 x, y 满足

$$f(x + y) = \mathrm{e}^y f(x) + \mathrm{e}^x f(y),$$

又 $f'(0) = \mathrm{e}$,求 $f(x)$.

第4节　可用变量代换法求解的一阶微分方程

利用变量代换把一个微分方程化为变量可分离的方程,或化为已经知道其求解步骤的方程,这是解微分方程最常用的方法. 下面我们介绍几种简单的情形.

一、齐次方程

形式如

$$\frac{\mathrm{d}y}{\mathrm{d}x} = \varphi\left(\frac{y}{x}\right) \hspace{4cm} (1)$$

的微分方程,称为**齐次方程**,这里 $\varphi(u)$ 是 u 的连续函数.

在齐次方程(1)中,引进新的未知函数

$$u = \frac{y}{x}. \tag{2}$$

由(2)有

$$y = ux, \quad \frac{\mathrm{d}y}{\mathrm{d}x} = u + x\frac{\mathrm{d}u}{\mathrm{d}x},$$

代入方程(1),便得方程

$$u + x\frac{\mathrm{d}u}{\mathrm{d}x} = \varphi(u),$$

即

$$x\frac{\mathrm{d}u}{\mathrm{d}x} = \varphi(u) - u.$$

分离变量,得

$$\frac{\mathrm{d}u}{\varphi(u) - u} = \frac{\mathrm{d}x}{x}.$$

两边积分,得

$$\int \frac{\mathrm{d}u}{\varphi(u) - u} = \int \frac{\mathrm{d}x}{x}.$$

求出积分后,再以 $\frac{y}{x}$ 代替 u,便得所给齐次方程的通解.

例 1　解方程 $(xy - y^2)\mathrm{d}x - (x^2 - 2xy)\mathrm{d}y = 0$.

解　原方程可写成

$$\frac{\mathrm{d}y}{\mathrm{d}x} = \frac{xy - y^2}{x^2 - 2xy} = \frac{\dfrac{y}{x} - \left(\dfrac{y}{x}\right)^2}{1 - 2\dfrac{y}{x}},$$

因此是齐次方程.

令 $\dfrac{y}{x} = u$,则

$$y = ux, \quad \frac{\mathrm{d}y}{\mathrm{d}x} = u + x\frac{\mathrm{d}u}{\mathrm{d}x},$$

于是原方程变为

$$u + x\frac{\mathrm{d}u}{\mathrm{d}x} = \frac{u - u^2}{1 - 2u},$$

即

$$x\frac{\mathrm{d}u}{\mathrm{d}x}=\frac{u^2}{1-2u}.$$

分离变量,得

$$\left(\frac{1}{u^2}-\frac{2}{u}\right)\mathrm{d}u=\frac{\mathrm{d}x}{x}.$$

两边积分,得

$$-\frac{1}{u}-2\ln\mid u\mid=\ln\mid x\mid-C,$$

即

$$\ln\mid xu^2\mid=C-\frac{1}{u}.$$

将 $u=\frac{y}{x}$ 代回便得原方程的通解为

$$\ln\mid\frac{y^2}{x}\mid=C-\frac{x}{y}.$$

例 2 解方程 $\dfrac{\mathrm{d}y}{\mathrm{d}x}=\dfrac{1}{\mathrm{e}^{-\frac{x}{y}}+\dfrac{x}{y}}$.

解 原方程改写成

$$\frac{\mathrm{d}x}{\mathrm{d}y}=\mathrm{e}^{-\frac{x}{y}}+\frac{x}{y}.$$

设 $\dfrac{x}{y}=u$,则 $x=yu,\dfrac{\mathrm{d}x}{\mathrm{d}y}=u+y\dfrac{\mathrm{d}u}{\mathrm{d}y}$,代入上式得

$$u+y\frac{\mathrm{d}u}{\mathrm{d}y}=\mathrm{e}^{-u}+u.$$

分离变量,得

$$\mathrm{e}^{u}\mathrm{d}u=\frac{1}{y}\mathrm{d}y.$$

两边积分,得

$$\mathrm{e}^{u}=\ln y+C.$$

将 $u=\dfrac{x}{y}$ 代回得原方程的通解为

$$\mathrm{e}^{\frac{x}{y}}=\ln y+C.$$

二、可化为齐次的方程

形式如

$$\frac{\mathrm{d}y}{\mathrm{d}x} = f\left(\frac{ax + by + c}{a_1 x + b_1 y + c_1}\right) \tag{3}$$

的方程可以通过变换把它化为齐次方程.

下面分三种情形讨论：

情形 1　当 $c = c_1 = 0$ 时,这时方程(3)就是齐次的.

情形 2　当 $\dfrac{a}{a_1} = \dfrac{b}{b_1}$ 时,设此比值为 λ,则方程(3)可写成

$$\frac{\mathrm{d}y}{\mathrm{d}x} = f\left(\frac{\lambda(a_1 x + b_1 y) + c}{a_1 x + b_1 y + c_1}\right).$$

引入新变量 $u = a_1 x + b_1 y$,则

$$\frac{\mathrm{d}u}{\mathrm{d}x} = a_1 + b_1 \frac{\mathrm{d}y}{\mathrm{d}x} \ \text{或} \ \frac{\mathrm{d}y}{\mathrm{d}x} = \frac{1}{b_1}\left(\frac{\mathrm{d}u}{\mathrm{d}x} - a_1\right).$$

于是方程(3)成为

$$\frac{1}{b_1}\left(\frac{\mathrm{d}u}{\mathrm{d}x} - a_1\right) = f\left(\frac{\lambda u + c}{u + c_1}\right),$$

这是可分离变量的方程.

情形 3　当 $\dfrac{a}{a_1} \neq \dfrac{b}{b_1}$,且 c, c_1 不全为零时,由于

$$\begin{cases} ax + by + c = 0, \\ a_1 x + b_1 y + c_1 = 0 \end{cases}$$

表示平面上两条相交的直线,设交点为 (α, β).

显然 $\alpha \neq 0$ 或 $\beta \neq 0$. 因为若 $\alpha = \beta = 0$,即交点为坐标原点,那么必有 $c = c_1 = 0$,而这正是情形 1. 从几何上知道,将所考虑的情形化为情形 1,只需进行坐标平移,将坐标原点移至 (α, β) 就行了.

令

$$\begin{cases} X = x - \alpha, \\ Y = y - \beta, \end{cases}$$

这样方程(3)便化为齐次方程

$$\frac{\mathrm{d}Y}{\mathrm{d}X} = f\left(\frac{aX + bY}{a_1 X + b_1 Y}\right).$$

求出这齐次方程的通解后,在通解中以 $x - \alpha$ 代 X,$y - \beta$ 代 Y,便可得方程(3)的通解.

例 3　解方程 $\dfrac{\mathrm{d}y}{\mathrm{d}x} = \dfrac{x - y + 1}{x + y - 3}$.

解　解方程组

$$\begin{cases} x-y+1=0, \\ x+y-3=0, \end{cases}$$

得 $x=1, y=2$.

令 $x=X+1, y=Y+2$，则原方程成为

$$\frac{\mathrm{d}Y}{\mathrm{d}X} = \frac{X-Y}{X+Y} = \frac{1-\dfrac{Y}{X}}{1+\dfrac{Y}{X}},$$

这是齐次方程.

令 $\dfrac{Y}{X}=u$，则 $Y=uX, \dfrac{\mathrm{d}Y}{\mathrm{d}X}=u+X\dfrac{\mathrm{d}u}{\mathrm{d}X}$，于是方程变为

$$u+X\frac{\mathrm{d}u}{\mathrm{d}X} = \frac{1-u}{1+u} \text{ 或 } X\frac{\mathrm{d}u}{\mathrm{d}X} = \frac{1-2u-u^2}{1+u}.$$

分离变量，得

$$\frac{1+u}{1-2u-u^2}\mathrm{d}u = \frac{\mathrm{d}X}{X}.$$

两边积分，得

$$-\frac{1}{2}\ln|1-2u-u^2| = \ln|X| - \ln|C|, \text{ 即 } X^2(1-2u-u^2)=C.$$

以 $u=\dfrac{Y}{X}$ 代回，得

$$X^2-2XY-Y^2=C.$$

以 $X=x-1, Y=y-2$ 代入上式并化简，得

$$x^2-2xy-y^2+2x+6y=C_1,$$

其中 $C_1=C+5$

三、伯努利方程

形如

$$\frac{\mathrm{d}y}{\mathrm{d}x}+P(x)y=Q(x)y^n \quad (n\neq 0, 1) \tag{4}$$

的方程，称为**伯努利**（Bernoulli）**方程**.

当 $n=0$ 或 $n=1$ 时，这是线性微分方程. 当 $n\neq 0$ 或 $n\neq 1$ 时，这方程不是线性的，但是通过变量的代换，便可把它化为线性的. 事实上，以 y^n 除方程(4)两边，得

$$y^{-n}\frac{\mathrm{d}y}{\mathrm{d}x}+P(x)y^{1-n}=Q(x) \tag{5}$$

注意到，上式左端第一项与 $\dfrac{\mathrm{d}(y^{1-n})}{\mathrm{d}x}$ 只差一个常数因子 $(1-n)$，因此引入新的因

变量

$$z = y^{1-n}, \tag{6}$$

那么

$$\frac{\mathrm{d}z}{\mathrm{d}x} = (1-n)y^{-n}\frac{\mathrm{d}y}{\mathrm{d}x}. \tag{7}$$

将 (6)(7) 代入 (5), 得到

$$\frac{\mathrm{d}z}{\mathrm{d}x} + (1-n)P(x)z = (1-n)Q(x).$$

这是线性方程, 求出这方程的通解后, 以 y^{1-n} 代 z 便得到伯努利方程的通解.

例 4　求方程 $\dfrac{\mathrm{d}y}{\mathrm{d}x} - xy = -\mathrm{e}^{-x^2}y^3$ 的通解.

解　以 y^3 除方程两端, 得

$$y^{-3}\frac{\mathrm{d}y}{\mathrm{d}x} - xy^{-2} = -\mathrm{e}^{-x^2}, \quad \text{即} \quad -\frac{1}{2}\frac{\mathrm{d}(y^{-2})}{\mathrm{d}x} - xy^{-2} = -\mathrm{e}^{-x^2}.$$

令 $z = y^{-2}$, 则上述方程成为

$$\frac{\mathrm{d}z}{\mathrm{d}x} + 2xz = 2\mathrm{e}^{-x^2}.$$

这是一个线性方程, 它的通解为

$$z = \mathrm{e}^{-\int 2x\mathrm{d}x}\left(\int 2\mathrm{e}^{-x^2}\mathrm{e}^{\int 2x\mathrm{d}x}\mathrm{d}x + C\right) = \mathrm{e}^{-x^2}(2x + C).$$

以 y^{-2} 代 z, 得所求方程的通解为

$$y^2 = \mathrm{e}^{x^2}(2x + C)^{-1}.$$

习题 8.4

1. 求下列微分方程的通解:

(1) $y^2 + x^2\dfrac{\mathrm{d}y}{\mathrm{d}x} = xy\dfrac{\mathrm{d}y}{\mathrm{d}x}$;

(2) $\dfrac{\mathrm{d}y}{\mathrm{d}x} - \dfrac{y}{x} = \dfrac{1}{\ln(x^2 + y^2) - 2\ln x}$;

(3) $(1 + 2\mathrm{e}^{\frac{x}{y}})\mathrm{d}x + 2\mathrm{e}^{\frac{x}{y}}(1 - \dfrac{x}{y})\mathrm{d}y = 0$;

(4) $(2x\sin\dfrac{y}{x} + 3y\cos\dfrac{y}{x})\mathrm{d}x - 3x\cos\dfrac{y}{x}\mathrm{d}y = 0$;

(5) $(x^3 + y^3)\mathrm{d}x - 3xy^2\mathrm{d}y = 0$;

(6) $x^2 y' + y(x - y) = 0$;

(7) $\dfrac{\mathrm{d}y}{\mathrm{d}x} = -\dfrac{2x + y - 4}{x + y - 1}$;

(8) $(x+y)\mathrm{d}x + (3x+3y-4)\mathrm{d}y = 0$;

(9) $\dfrac{\mathrm{d}y}{\mathrm{d}x} + \dfrac{y}{x} = a(\ln x)y^2$;

(10) $y' - y = -2xy^{-1}$；

(11) $\dfrac{\mathrm{d}y}{\mathrm{d}x} = \dfrac{4}{x}y + x\sqrt{y}\,(y>0, x\neq 0)$.

2. 求下列微分方程满足所给初始条件的特解：

(1) $(y^2 - 3x^2)\mathrm{d}y + 2xy\mathrm{d}x = 0, y\mid_{x=0} = 1$；

(2) $\dfrac{\mathrm{d}y}{\mathrm{d}x} = \dfrac{xy}{x^2 - y^2}, y(0) = 1$；

(3) $\dfrac{\mathrm{d}y}{\mathrm{d}x} = \dfrac{2x^3 y}{x^4 + y^2}, y(1) = 1$.

3. 观察下列方程，通过引入新变量，使之转化为我们熟悉的某些特殊类型的方程，并求解：

(1) $x\dfrac{\mathrm{d}y}{\mathrm{d}x} + x + \sin(x+y) = 0$；

(2) $\dfrac{\mathrm{d}y}{\mathrm{d}x} = \dfrac{1}{x-y}$；

(3) $x\dfrac{\mathrm{d}y}{\mathrm{d}x} - y = x^2 + y^2$；

(4) $xy' + y = y(\ln x + \ln y)$；

(5) $y' = y^2 + 2(\sin x - 1)y + \sin^2 x - 2\sin x - \cos x + 1$；

(6) $y'\cos y = (1+\cos x \sin y)\sin y$.

第5节　二阶常系数线性微分方程

这一节我们讨论在实际问题中应用得较多的**二阶线性微分方程**，它的一般形式是

$$\frac{\mathrm{d}^2 y}{\mathrm{d}x^2} + P(x)\frac{\mathrm{d}y}{\mathrm{d}x} + Q(x)y = f(x). \tag{1}$$

当方程右端 $f(x) \equiv 0$ 时，方程叫作**齐次**的；当 $f(x) \not\equiv 0$ 时，方程叫作**非齐次**的.

一、线性微分方程的解的结构

先讨论二阶齐次线性方程

$$y'' + P(x)y' + Q(x)y = 0. \tag{2}$$

定理 1　如果函数 $y_1(x)$ 与 $y_2(x)$ 是方程(2)的两个解，那么

$$y = C_1 y_1(x) + C_2 y_2(x) \tag{3}$$

也是(2)的解,其中 C_1,C_2 是任意常数.

证　将(3)式代入(2)式左端,得
$$[C_1y_1''+C_2y_2'']+P(x)[C_1y_1'+C_2y_2']+Q(x)[C_1y_1+C_2y_2]$$
$$=C_1[y_1''+P(x)y_1'+Q(x)y_1]+C_2[y_2''+P(x)y_2'+Q(x)y_2].$$

由于 y_1 与 y_2 是方程(2)的解,上式右端括号中的表达式都恒等于零,因而整个式子恒等于零,所以(3)式是方程(2)的解.

解(3)从形式上来看含有 C_1 与 C_2 两个任意常数,但它不一定是方程(2)的通解.例如 $y_1(x)$ 是(2)的一个解,则 $y_2(x)=2y_1(x)$ 也是(2)的解.这时(3)式成为 $y=C_1y_1(x)+2C_2y_1(x)=Cy_1(x)$,其中 $C=C_1+2C_2$,这显然不是(2)的通解.那么在什么情况下(3)式才是方程(2)的通解呢? 要解决这个问题,我们先解释一下两个函数线性相关与线性无关的概念.

设 $y_1(x)$、$y_2(x)$ 是定义在区间 I 上两个函数,如果它们的比是常数,那么就称它们**线性相关**;否则就称**线性无关**.

这样,我们有如下关于二阶齐次线性微分方程(2)的通解结构的定理.

定理 2　如果 $y_1(x)$ 与 $y_2(x)$ 是方程(2)的两个线性无关的特解,那么
$$y=C_1y_1(x)+C_2y_2(x)　(C_1,C_2 是任意常数)$$
就是方程(2)的通解.

例如,方程 $(x-1)y''-xy'+y=0$ 是二阶齐次方程[这里 $P(x)=-\dfrac{x}{x-1}$,$Q(x)=\dfrac{1}{x-1}$].容易验证 $y_1=x,y_2=\mathrm{e}^x$ 是所给方程的两个解,且 $\dfrac{y_2}{y_1}=\dfrac{\mathrm{e}^x}{x}\not\equiv$ 常数,即它们是线性无关的.因此方程的通解是
$$y=C_1x+C_2\mathrm{e}^x.$$

下面我们讨论二阶非齐次线性方程(1)解的结构.

称方程(2)为非齐次方程(1)对应的齐次方程.

在第 3 节中我们已经看到,一阶非齐次线性微分方程的通解由两部分构成:一部分是对应的齐次方程的通解;另一部分是非齐次方程本身的一个特解.实际上,不仅一阶非齐次线性微分方程的通解具有这样的结构,而且二阶非齐次线性微分方程的通解也具有同样的结构.

定理 3　设 $y^*(x)$ 是二阶非齐次线性方程
$$y''+P(x)y'+Q(x)y=f(x). \tag{1}$$
的一个特解,$Y(x)$ 是与(1)对应的齐次方程(2)的通解,那么
$$y=Y(x)+y^*(x) \tag{4}$$
是二阶非齐次线性微分方程(1)的通解.

证 把(4)式代入方程(1)的左端,得

$$(Y'' + y^{*''}) + P(x)(Y' + y^{*'}) + Q(x)(Y + y^*)$$
$$= [Y'' + P(x)Y' + Q(x)Y] + [y^{*''} + P(x)y^{*'} + Q(x)y^*],$$

由于 Y 是方程(2)的解,y^* 是方程(1)的解,可知第一个括号的表达式恒等于零,第二个恒等于 $f(x)$. 这样 $y = Y(x) + y^*(x)$ 使(1)两端恒等,即(4)式是方程(1)的解.

由于对应的齐次方程(2)的通解 $Y = C_1 y_1 + C_2 y_2$ 中含有两个独立任意常数,所以 $y = Y(x) + y^*(x)$ 也含有两个独立任意常数,从而它就是二阶非齐次线性方程(1)的通解.

例如 $(x-1)y'' - xy' + y = (x-1)^2$ 是二阶非齐次线性微分方程,已知 $Y = C_1 x + C_2 e^x$ 是对应的齐次方程 $(x-1)y'' - xy' + y = 0$ 的通解;又容易验证 $y^* = -(x^2 + x + 1)$ 是所给方程的一个特解. 因此

$$y = C_1 x + C_2 e^x - (x^2 + x + 1)$$

是所给方程的通解.

非齐次线性微分方程(1)的特解有时可用下述定理帮助求出.

定理 4 设非齐次线性方程(1)的右端 $f(x)$ 是两个函数之和,即

$$y'' + P(x)y' + Q(x)y = f_1(x) + f_2(x). \tag{5}$$

而 $y_1^*(x)$ 与 $y_2^*(x)$ 分别是方程

$$y'' + P(x)y' + Q(x)y = f_1(x)$$

与

$$y'' + P(x)y' + Q(x)y = f_2(x)$$

的特解,那么 $y_1^*(x) + y_2^*(x)$ 就是原方程(5)的特解.

证 将 $y = y_1^*(x) + y_2^*(x)$ 代入方程(5)的左端,得

$$(y_1^* + y_2^*)'' + P(x)(y_1^* + y_2^*)' + Q(x)(y_1^* + y_2^*)$$
$$= [y_1^{*''} + P(x)y_1^{*'} + Q(x)y_1^*] + [y_2^{*''} + P(x)y_2^{*'} + Q(x)y_2^*]$$
$$= f_1(x) + f_2(x).$$

因此 $y_1^*(x) + y_2^*(x)$ 是方程(5)的一个特解.

这一定理通常称为线性微分方程的解的**叠加原理**.

以上我们讨论了二阶线性微分方程的通解在结构上的特征,需要指出的是,在一般情况下,由于方程(1)中的 $P(x),Q(x)$ 及 $f(x)$ 的多样性与复杂性,故没有什么通用的公式可以用来表达 y_1,y_2 及 y^*. 然而,如果方程(1)中的 $P(x)$ 与 $Q(x)$ 都是常数的话,那么事情就变得简单许多. 在下二目,我们分别讨论二阶常系数齐次线性微分方程与非齐次线性微分方程的通解的解法.

二、二阶常系数齐次线性微分方程

在方程(2)中,如果 y' 及 y 的系数 $P(x)$ 和 $Q(x)$ 都是常数,及方程(2)成为

$$y'' + py' + qy = 0, \tag{6}$$

其中 p,q 是常数,则称(6)为**二阶常系数齐次线性微分方程**.

常系数齐次线性方程是完全能解出的第一个一般类型的微分方程,它的解法首先是由欧拉在 1743 年建立的.除了它的历史意义外,这种方程出现在大量的应用问题中.所以对它的研究有实际的重要性,而且我们还能用显式公式给出所有的解.

由上一目的讨论可知,只要求出方程(6)的两个线性无关解 y_1 与 y_2,那么 $y = C_1 y_1 + C_2 y_2$ 就是方程(6)的通解.

当 r 为常数时,指数函数 $y = e^{rx}$ 及其各阶导数只相差一个常数因子.由于指数函数的这个特点,我们用 $y = e^{rx}$ 来尝试,看能否选取适当的常数 r,使 $y = e^{rx}$ 满足方程(6).

将 $y = e^{rx}$ 求导,得到

$$y' = re^{rx}, \qquad y'' = r^2 e^{rx}.$$

把 y,y' 与 y'' 代入方程(6),得到

$$(r^2 + pr + q)e^{rx} = 0,$$

由于 $e^{rx} \neq 0$,所以

$$r^2 + pr + q = 0. \tag{7}$$

由此可见,只要 r 满足代数方程(7),函数 $y = e^{rx}$ 就是微分方程(6)的解.我们称代数方程(7)为微分方程(6)的**特征方程**.

特征方程(7)是一个二次代数方程,其中 r^2,r 的系数及常数项恰好依次是微分方程(6)中 y'',y' 及 y 的系数.

特征方程(7)的两个根 r_1、r_2 可以用公式

$$r_{1,2} = \frac{-p \pm \sqrt{p^2 - 4q}}{2}$$

求出.它们有三种不同情形,相应地,微分方程(6)的通解也有三种不同的情形,现分别讨论如下:

(1)当 $p^2 - 4q > 0$ 时,r_1,r_2 是两个不相等的实根:

$$r_1 = \frac{-p + \sqrt{p^2 - 4q}}{2}, \quad r_2 = \frac{-p - \sqrt{p^2 - 4q}}{2}.$$

由上面的讨论知道,$y_1 = e^{r_1 x}$,$y_2 = e^{r_2 x}$ 是微分方程(6)的两个解,并且 $\frac{y_2}{y_1} = \frac{e^{r_2 x}}{e^{r_1 x}} = e^{(r_2 - r_1)x}$ 不是常数,因此微分方程(6)的通解为

$$y = C_1 e^{r_1 x} + C_2 e^{r_2 x}.$$

(2)当 $p^2 - 4q = 0$ 时,r_1,r_2 是两个相等的实根:

$$r_1 = r_2 = -\frac{p}{2}.$$

这时，只得到微分方程(6)的一个解

$$y_1 = \mathrm{e}^{r_1 x}.$$

为了得出微分方程(6)的通解，还需求出另一个解 y_2，并且要求 $\dfrac{y_2}{y_1}$ 不是常数. 为此设

$\dfrac{y_2}{y_1} = u(x)$，即 $y_2 = u(x)\mathrm{e}^{r_1 x}$，其中 $u(x)$ 为待定函数.

将 y_2 求导，得

$$y_2' = \mathrm{e}^{r_1 x}(u' + r_1 u),$$
$$y_2'' = \mathrm{e}^{r_1 x}(u'' + 2r_1 u' + r_1^2 u).$$

把 y_2, y_2', y_2'' 代入方程(6)，得到

$$\mathrm{e}^{r_1 x}\big[(u'' + 2r_1 u' + r_1^2 u) + p(u' + r_1 u) + qu\big] = 0,$$

即

$$u'' + (2r_1 + p)u' + (r_1^2 + pr_1 + q)u = 0.$$

由于 r_1 是特征方程(7)的二重根，因此 $r_1^2 + pr_1 + q = 0$，且 $2r_1 + p = 0$，于是得

$$u'' = 0.$$

因为只要得到一个不为常数的解，所以不妨选取 $u = x$，由此得到微分方程(6)的另一个解

$$y_2 = x\mathrm{e}^{r_1 x}.$$

从而微分方程(6)的通解为

$$y = C_1 \mathrm{e}^{r_1 x} + C_2 x \mathrm{e}^{r_1 x} = (C_1 + C_2 x)\mathrm{e}^{r_1 x}.$$

(3)当 $p^2 - 4q < 0$ 时，r_1, r_2 是一对共轭复根：

$$r_1 = \alpha + i\beta, \quad r_2 = \alpha - i\beta,$$

其中 $\alpha = -\dfrac{p}{2}, \beta = \dfrac{\sqrt{4q - p^2}}{2}$.

这时 $y_1 = \mathrm{e}^{(\alpha + i\beta)x}, y_2 = \mathrm{e}^{(\alpha - i\beta)x}$ 是微分方程(6)的两个解，但它们是复值形式. 为了得出实值函数形式的解，先利用欧拉公式 $\mathrm{e}^{i\theta} = \cos\theta + i\sin\theta$ 把 y_1, y_2 改写为

$$y_1 = \mathrm{e}^{\alpha x} \cdot \mathrm{e}^{i\beta x} = \mathrm{e}^{\alpha x}(\cos\beta x + i\sin\beta x),$$
$$y_2 = \mathrm{e}^{\alpha x} \cdot \mathrm{e}^{-i\beta x} = \mathrm{e}^{\alpha x}(\cos\beta x - i\sin\beta x).$$

由于复值函数 y_1 和 y_2 之间成共轭关系，因此，取它们的和除以 2 就得到它们的实部；取它们的差除以 $2i$ 就得到它们的虚部. 由于方程(6)的解符合叠加原理，所以实值函数

$$\bar{y}_1 = \frac{1}{2}(y_1 + y_2) = \mathrm{e}^{\alpha x}\cos\beta x,$$

$$\bar{y}_2 = \frac{1}{2i}(y_1 - y_2) = \mathrm{e}^{\alpha x}\sin\beta x$$

还是微分方程(6)的解,且 $\dfrac{\overline{y_2}}{y_1} = \dfrac{\mathrm{e}^{\alpha x} \sin \beta x}{\mathrm{e}^{\alpha x} \cos \beta x} = \tan \beta x$ 不是常数,所以微分方程(6)的通解为

$$y = \mathrm{e}^{\alpha x}(C_1 \cos \beta x + C_2 \sin \beta x).$$

综上所述,求二阶常系数齐次线性微分方程

$$y'' + py' + qy = 0, \tag{6}$$

的通解的步骤如下:

第一步:写出微分方程(6)的特征方程

$$r^2 + pr + q = 0. \tag{7}$$

第二步:求出特征方程(7)的两个根 r_1, r_2.

第三步:根据特征方程(7)的两个根的不同情形,按照下列表格写出微分方程(6)的通解:

特征方程 $r^2 + pr + q = 0$	齐次方程 $y'' + py' + qy = 0$ 的通解
两相异的实根 $r_1 \neq r_2$	$y = C_1 \mathrm{e}^{r_1 x} + C_2 \mathrm{e}^{r_2 x}$
两相等的实根 $r_1 = r_2$	$y = (C_1 + C_2 x)\mathrm{e}^{r_1 x}$
一对共轭复根 $r_{1,2} = \alpha \pm i\beta$	$y = \mathrm{e}^{\alpha x}(C_1 \cos \beta x + C_2 \sin \beta x)$

例 1　求微分方程 $y'' - 2y' - 3y = 0$ 的通解.

解　所给微分方程的特征方程为

$$r^2 - 2r - 3 = 0,$$

其根 $r_1 = -1, r_2 = 3$ 是两个不相等的实根,因此所求通解为

$$y = C_1 \mathrm{e}^{-x} + C_2 \mathrm{e}^{3x}.$$

例 2　求方程 $\dfrac{\mathrm{d}^2 y}{\mathrm{d}x^2} + 2\dfrac{\mathrm{d}y}{\mathrm{d}x} + y = 0$ 满足初始条件 $y\,|_{x=0} = 4, y'\,|_{x=0} = -2$ 的特解.

解　所给微分方程的特征方程为

$$r^2 + 2r + 1 = 0,$$

其根 $r_1 = r_2 = -1$ 是两个相等的实根,因此所求微分方程的通解为

$$y = (C_1 + C_2 x)\mathrm{e}^{-x}.$$

将条件 $y\,|_{x=0} = 4$ 代入通解,得 $C_1 = 4$,从而

$$y = (4 + C_2 x)\mathrm{e}^{-x}.$$

将上式对 x 求导,得

$$y' = (C_2 - 4 - C_2 x)\mathrm{e}^{-x}.$$

再把条件 $y'\,|_{x=0} = -2$ 代入上式,得 $C_2 = 2$. 于是所求特解为

$$y = (4 + 2x)\mathrm{e}^{-x}.$$

例 3　求微分方程 $y'' - 2y' + 5y = 0$ 的通解.

解　所给微分方程的特征方程为

$$r^2 - 2r + 5 = 0,$$

其根 $r_{1,2} = 1 \pm 2i$ 为一对共轭复根,因此所求通解为

$$y = \mathrm{e}^x (C_1 \cos 2x + C_2 \sin 2x).$$

三、二阶常系数非齐次线性微分方程

二阶常系数非齐次线性微分方程的一般形式是

$$y'' + py' + qy = f(x), \tag{8}$$

其中 p, q 是常数.

由定理 3 可知,求二阶常系数非齐次线性微分方程的通解,归结为求对应的齐次方程

$$y'' + py' + qy = 0 \tag{6}$$

的通解和非齐次方程(8)本身的一个特解. 由于二阶常系数齐次线性微分方程的通解的求法已在第二目得到解决,这里只需讨论二阶常系数非齐次线性微分方程的一个特解 y^* 的方法.

下面介绍当方程(8)中的 $f(x)$ 取两种常见形式时求 y^* 的方法,这种方法的特点是先确定解的形式,再把形式解代入方程定出解中包含的常数的值,称为**待定系数法**.

类型 1　$f(x) = \mathrm{e}^{\lambda x} P_m(x)$,其中 λ 是常数,$P_m(x)$ 为 x 的一个 m 次多项式.

此时,(8)式右端 $f(x)$ 是多项式 $P_m(x)$ 与指数函数 $\mathrm{e}^{\lambda x}$ 的乘积,而多项式与指数函数乘积的导数仍然是多项式与指数函数的乘积,因此我们推测 $y^* = Q(x)\mathrm{e}^{\lambda x}$(其中 $Q(x)$ 是某个多项式)可能是方程(8)的特解. 为此,将

$$y^* = Q(x)\mathrm{e}^{\lambda x},$$
$$y^{*\prime} = \mathrm{e}^{\lambda x}[\lambda Q(x) + Q'(x)],$$
$$y^{*\prime} = \mathrm{e}^{\lambda x}[\lambda^2 Q(x) + 2\lambda Q'(x) + Q''(x)],$$

代入方程(8)并消去 $\mathrm{e}^{\lambda x}$,得

$$Q''(x) + (2\lambda + p)Q'(x) + (\lambda^2 + p\lambda + q)Q(x) = P_m(x). \tag{9}$$

如果 λ 不是(6)的特征方程 $r^2 + pr + q = 0$ 的根,即 $\lambda^2 + p\lambda + q \neq 0$,由于 $P_m(x)$ 是一个 m 次多项式,要使(9)的两端恒等,$Q(x)$ 必须是一个 m 次多项式,设

$$Q(x) = b_0 x^m + b_1 x^{m-1} + \cdots + b_{m-1} x + b_m,$$

代入方程(8),比较等式两端 x 同次幂的系数,就得到以 $b_0, b_1, \cdots, b_m$ 作为未知数的 $m+1$ 个方程的联立方程组,从而可以定出这些 $b_i (i = 0, 1, \cdots, m)$,并得到所求的特解 $y^* = Q(x)\mathrm{e}^{\lambda x}$.

如果 λ 是特征方程 $r^2 + pr + q = 0$ 的单根,即 $\lambda^2 + p\lambda + q = 0$,但 $2\lambda + p \neq 0$,要使 (9) 的两端恒等,那么 $Q'(x)$ 必须是 m 次多项式. 此时可令

$$Q(x) = xQ_m(x),$$

并且可用同样的方法来确定 $Q_m(x)$ 的系数 $b_i(i = 0, 1, \cdots, m)$.

如果 λ 是特征方程 $r^2 + pr + q = 0$ 的重根,即 $\lambda^2 + p\lambda + q = 0$,且 $2\lambda + p = 0$,要使 (9) 的两端恒等,那么 $Q''(x)$ 必须是 m 次多项式. 此时可令

$$Q(x) = x^2 Q_m(x),$$

并用同样的方法来确定 $Q_m(x)$ 中的系数.

综上所述,我们有如下结论:

如果 $f(x) = P_m(x)e^{\lambda x}$,则二阶常系数非齐次线性微分方程(8)具有形如

$$y^* = x^k Q_m(x)e^{\lambda x} \tag{10}$$

的特解,其中 $Q_m(x)$ 是与 $P_m(x)$ 同次的多项式,而 k 按 λ 不是特征方程的根、是特征方程的单根或是特征方程的重根依次取 0、1 或 2.

例 4 求微分方程 $y'' - 2y' - 3y = 3x + 1$ 的一个特解.

解 这是二阶常系数非齐次线性方程,且 $f(x)$ 是 $P_m(x)e^{\lambda x}$ 型(其中 $P_m(x) = 3x + 1, \lambda = 0$).

所给方程对应的齐次方程 $y'' - 2y' - 3y = 0$ 的特征方程为

$$r^2 - 2r - 3 = 0.$$

由于 $\lambda = 0$ 不是特征方程的根,所以应设特解为

$$y^* = b_0 x + b_1.$$

把它代入所给方程,得

$$-3b_0 x - 2b_0 - 3b_1 = 3x + 1,$$

比较两端 x 同次幂的系数,得

$$\begin{cases} -3b_0 = 3, \\ -2b_0 - 3b_1 = 1. \end{cases}$$

由此解得 $b_0 = -1, b_1 = \dfrac{1}{3}$. 于是求得一个特解为

$$y^* = -x + \frac{1}{3}.$$

例 5 求微分方程 $y'' - 3y' + 2y = xe^{2x}$ 的通解.

解 所给方程也是二阶常系数非齐次线性方程,且 $f(x)$ 是 $P_m(x)e^{\lambda x}$ 型(其中 $P_m(x) = x, \lambda = 2$).

与所给方程对应的齐次方程 $y'' - 3y' + 2y = 0$ 的特征方程为

$$r^2 - 3r + 2 = 0$$

有两个实根 $r_1 = 1, r_2 = 2$. 于是所给方程对应齐次方程的通解为

$$Y = C_1 e^x + C_2 e^{2x}.$$

由于 $\lambda = 2$ 是特征方程的单根，所以应设特解为

$$y^* = x(b_0 x + b_1) e^{2x}.$$

把它代入所给方程，得

$$2b_0 x + 2b_0 + b_1 = x.$$

比较两端同次幂的系数，得

$$\begin{cases} 2b_0 = 1, \\ 2b_0 + b_1 = 0. \end{cases}$$

解得 $b_0 = \dfrac{1}{2}, b_1 = -1$. 因此求得一个特解为

$$y^* = x\left(\frac{1}{2}x - 1\right)e^{2x}.$$

从而所求通解为

$$y = C_1 e^x + C_2 e^{2x} + \frac{1}{2}(x^2 - 2x)e^{2x}.$$

类型 2　$f(x) = e^{\lambda x}[P_l(x)\cos \omega x + P_n(x)\sin \omega x]$，其中 λ、ω 是常数，$P_l(x)$、$P_n(x)$ 分别是 x 的 l 次、n 次多项式.

应用欧拉公式可以将三角函数表示为复指数函数的形式，从而有

$$\begin{aligned} f(x) &= e^{\lambda x}[P_l(x)\cos \omega x + P_n(x)\sin \omega x] \\ &= e^{\lambda x}\left[P_l(x) \cdot \frac{e^{i\omega x} + e^{-i\omega x}}{2} + P_n(x) \cdot \frac{e^{i\omega x} - e^{-i\omega x}}{2i}\right] \\ &= \left[\frac{P_l(x)}{2} + \frac{P_n(x)}{2i}\right]e^{(\lambda+i\omega)x} + \left[\frac{P_l(x)}{2} - \frac{P_n(x)}{2i}\right]e^{(\lambda-i\omega)x} \\ &= P(x)e^{(\lambda+i\omega)x} + \overline{P}(x)e^{(\lambda-i\omega)x}, \end{aligned}$$

其中　　$P(x) = \dfrac{P_l(x)}{2} + \dfrac{P_n(x)}{2i} = \dfrac{P_l(x)}{2} - i\dfrac{P_n(x)}{2}$,

$$\overline{P}(x) = \frac{P_l(x)}{2} - \frac{P_n(x)}{2i} = \frac{P_l(x)}{2} + i\frac{P_n(x)}{2}$$

是互为共轭的 m 次复系数多项式（即它们对应项的系数是共轭复数），而

$$m = \max\{l, n\}.$$

应用类型 1 中的结果，对于 $f(x)$ 中的第一项 $P(x)e^{(\lambda+i\omega)x}$，可以求出一个 m 次复系数多项式 $Q_m(x)$，使得 $y_1^* = x^k Q_m(x)e^{(\lambda+i\omega)x}$ 是方程

$$y'' + py' + qy = P(x)e^{(\lambda+i\omega)x}$$

的特解，其中 k 按 $\lambda + i\omega$ 不是特征方程根或是特征方程的单根而依次取为 0 或 1. 由于

$f(x)$ 的第二项 $\overline{P}(x)\mathrm{e}^{(\lambda-i\omega)x}$ 与第一项 $P(x)\mathrm{e}^{(\lambda+i\omega)x}$ 成共轭,所以与 y_1^* 成共轭的函数 $y_2^* = x^k\overline{Q}_m(x)\mathrm{e}^{(\lambda-i\omega)x}$ 必然是方程

$$y'' + py' + qy = \overline{P}(x)\mathrm{e}^{(\lambda-i\omega)x}$$

的特解,这里 $\overline{Q}_m$ 表示与 Q_m 成共轭的 m 次多项式.于是,根据定理 4,方程(8)具有形如

$$y^* = x^k Q_m(x)\mathrm{e}^{(\lambda+i\omega)x} + x^k\overline{Q}_m(x)\mathrm{e}^{(\lambda-i\omega)x}$$

的特解.上式可以写成

$$
\begin{aligned}
y^* &= x^k\mathrm{e}^{\lambda x}\left[Q_m(x)\mathrm{e}^{i\omega x} + \overline{Q}_m(x)\mathrm{e}^{-i\omega x}\right] \\
&= x^k\mathrm{e}^{\lambda x}\left[Q_m(x)(\cos\omega x + i\sin\omega x) + \overline{Q}_m(x)(\cos\omega x - i\sin\omega x)\right].
\end{aligned}
$$

由于括号内的两项相互共轭,相加后无虚部,故可以写成实函数的形式:

$$y^* = x^k\mathrm{e}^{\lambda x}\left[R_m^{(1)}(x)\cos\omega x + R_m^{(2)}(x)\sin\omega x\right].$$

综上所述,我们有如下结论:

如果 $f(x) = \mathrm{e}^{\lambda x}\left[P_l(x)\cos\omega x + P_n(x)\sin\omega x\right]$,则二阶常系数非齐次线性微分方程 (8)的特解可设为

$$y^* = x^k\mathrm{e}^{\lambda x}\left[R_m^{(1)}(x)\cos\omega x + R_m^{(2)}(x)\sin\omega x\right], \tag{11}$$

其中 $R_m^{(1)}(x), R_m^{(2)}(x)$ 是 m 次多项式,$m = \max\{l, n\}$,而 k 按 $\lambda + i\omega$(或 $\lambda - i\omega$)不是特征根、或是特征方程的单根取 0 或 1.

例 6　求微分方程 $y'' - y = \mathrm{e}^x\cos 2x$ 的一个特解.

解　所给方程是二阶常系数非齐次线性方程,且 $f(x)$ 属 $\mathrm{e}^{\lambda x}\left[P_l(x)\cos\omega x + P_n(x)\sin\omega x\right]$ 型(其中 $\lambda = 1, \omega = 2, P_l(x) = 1, P_n(x) = 0$).

特征方程为 $r^2 - 1 = 0$,由于 $\lambda + i\omega = 1 + 2i$ 不是特征方程的根,所以应设特解为

$$y^* = \mathrm{e}^x(a\cos 2x + b\sin 2x).$$

求导得

$$
\begin{aligned}
y^{*\prime} &= \mathrm{e}^x\left[(a + 2b)\cos 2x + (-2a + b)\sin 2x\right], \\
y^{*\prime\prime} &= \mathrm{e}^x\left[(-3a + 4b)\cos 2x + (-4a - 3b)\sin 2x\right].
\end{aligned}
$$

代入所给方程,得

$$4\mathrm{e}^x\left[(-a + b)\cos 2x - (a + b)\sin 2x\right] = \mathrm{e}^x\cos 2x,$$

比较两端同类项的系数,得

$$
\begin{cases}
-a + b = \dfrac{1}{4}, \\
a + b = 0.
\end{cases}
$$

由此解得 $a = -\dfrac{1}{8}, b = \dfrac{1}{8}$.于是求得一个特解为

$$y^* = \frac{1}{8}\mathrm{e}^x(\sin 2x - \cos 2x).$$

例 7 求微分方程 $y'' - y = 4x\sin x$ 的通解.

解 所给方程是二阶常系数非齐次线性方程,且 $f(x)$ 属 $e^{\lambda x}[P_l(x)\cos \omega x + P_n(x)\sin \omega x]$ 型(这里 $\lambda = 0, \omega = 1, P_l(x) = 4x, P_n(x) = 0$).

与所给方程对应的齐次方程 $y'' - y = 0$ 的特征方程为

$$r^2 - 1 = 0$$

有两个实根 $r_1 = -1, r_2 = 1$. 于是所给方程对应齐次方程的通解为

$$Y = C_1 e^{-x} + C_2 e^x.$$

由于 $\lambda + i\omega = i$ 不是特征根,所以应设特解为

$$y^* = x^0 e^{0 \cdot x}[(ax+b)\cos x + (cx+d)\sin x] = (ax+b)\cos x + (cx+d)\sin x.$$

代入所给方程,得

$$(-2ax - 2b + 2c)\cos x + (-2cx - 2a - 2d)\sin x = 4x\sin x.$$

比较两端同类项的系数,有

$$\begin{cases} -2a = 0, \\ -2b + 2c = 0, \\ -2c = 4, \\ -2a - 2d = 0. \end{cases}$$

解得 $a = 0, b = -2, c = -2, d = 0$. 于是所给方程的一个特解为

$$y^* = -2\cos x - 2x\sin x.$$

从而所求的通解为

$$y = C_1 e^{-x} + C_2 e^x - 2(\cos x + x\sin x).$$

习题 8.5

1. 验证 $y_1 = e^{x^2}$ 及 $y_2 = xe^{x^2}$ 都是方程 $y'' - 4xy' + (4x^2 - 2)y = 0$ 的解,并写出该方程的通解.

2. 验证 $y = \dfrac{1}{x}(C_1 e^x + C_2 e^{-x}) + \dfrac{e^x}{2}$($C_1, C_2$ 是任意常数)是方程 $xy'' + 2y' - xy = e^x$ 的通解.

3. 已知 $y_1 = 3, y_2 = 3 + x^2, y_3 = 3 + e^x$ 是二阶线性非齐次方程的解,求方程通解及方程.

4. 求 $u_1(x) = e^{2x}, u_2(x) = xe^{2x}$ 所满足的二阶常系数线性齐次微分方程.

5. 求下列各微分方程的通解:

(1) $y'' - 3y' + 2y = xe^x$;

(2) $2y'' + y' - y = 2e^x$;

(3) $y'' + y = x^3$;

(4) $y'' - y' - 2y = 3x$；

(5) $y'' - 2y' - 3y = \mathrm{e}^{-x}$；

(6) $y'' - 2y' - ky = \mathrm{e}^x (k \geqslant -1)$；

(7) $y'' + 4y' + 4y = \cos 2x$；

(8) $y'' + y = x\cos 2x$；

(9) $y'' - 2y' + 5y = \mathrm{e}^x \sin 2x$；

(10) $y'' - 3y' + 2y = 3x - 2\mathrm{e}^x$；

(11) $y'' - 2y' = 2\cos^2 x$；

(12) $y'' + 16y = \sin(4x + \alpha)$，其中 α 是常数.

6. 求下列各微分方程满足已给初始条件的特解：

(1) $y'' - 3y' + 2y = 2\mathrm{e}^{3x}, y(0) = 0, y'(0) = 0$；

(2) $y'' - y = 4x\mathrm{e}^x, y(0) = 0, y'(0) = 1$；

(3) $y'' - 2y' + y = x\mathrm{e}^x - \mathrm{e}^x, y(1) = 1, y'(1) = 0$；

(4) $y'' + 4y' + 3y = \mathrm{e}^{-x} + 1, y(0) = 1, y'(0) = 1$；

(5) $y'' + 2y' + 2y = \mathrm{e}^{-x}\sin x, y(0) = 0, y'(0) = 1$.

7. 设函数 $\varphi(x)$ 连续，且满足 $\varphi(x) = \mathrm{e}^x - \int_0^x (x - t)\varphi(t)\mathrm{d}t$，试求 $\varphi(x)$.

8. 利用变换 $y = u(\mathrm{e}^x)$ 将方程 $y'' - (2\mathrm{e}^x + 1)y' + \mathrm{e}^{2x}y = \mathrm{e}^{3x}$ 化简，并求出原方程的通解.

第 6 节　差分方程初步

这一节介绍差分及一阶线性常系数差分方程的解.

一、差分的概念

定义 1　设函数 $y_t = y(t)$ 的定义域为非负整数集 $\mathbf{N}$，称

$$\Delta y_t = y_{t+1} - y_t, t = 0, 1, 2, \cdots$$

为函数 y_t 在时刻 t 的**一阶差分**.

根据定义，容易得到差分的四则运算法则：

(1) $\Delta(y_t \pm z_t) = \Delta y_t \pm \Delta z_t$；

(2) $\Delta(y_t \cdot z_t) = y_{t+1} \cdot \Delta z_t + z_t \cdot \Delta y_t$；

(3) $\Delta\left(\dfrac{y_t}{z_t}\right) = \dfrac{z_t \cdot \Delta y_t - y_t \cdot \Delta z_t}{z_t \cdot z_{t+1}}$.

证　(1) $\Delta(y_t \pm z_t) = (y_{t+1} \pm z_{t+1}) - (y_t \pm z_t) = (y_{t+1} - y_t) \pm (z_{t+1} - z_t)$

$$= \Delta y_t \pm \Delta z_t.$$

(2) $\Delta(y_t \cdot z_t) = y_{t+1} \cdot z_{t+1} - y_t \cdot z_t = y_{t+1} \cdot z_{t+1} - y_{t+1} \cdot z_t + y_{t+1} \cdot z_t - y_t \cdot z_t$

$$= y_{t+1} \cdot (z_{t+1} - z_t) + z_t \cdot (y_{t+1} - y_t) = y_{t+1} \cdot \Delta z_t + z_t \cdot \Delta y_t.$$

显然有 $\Delta(Cy_t) = C\Delta y_t$，这说明常数因子可以直接提到差分符号外面.

(3) $\Delta\left(\dfrac{y_t}{z_t}\right) = \dfrac{y_{t+1}}{z_{t+1}} - \dfrac{y_t}{z_t} = \dfrac{z_t \cdot y_{t+1} - y_t \cdot z_{t+1}}{z_t \cdot z_{t+1}}$

$$= \frac{z_t \cdot y_{t+1} - z_t \cdot y_t + z_t \cdot y_t - y_t \cdot z_{t+1}}{z_t \cdot z_{t+1}}$$

$$= \frac{z_t \cdot (y_{t+1} - y_t) - y_t \cdot (z_{t+1} - z_t)}{z_t \cdot z_{t+1}} = \frac{z_t \cdot \Delta y_t - y_t \cdot \Delta z_t}{z_t \cdot z_{t+1}}.$$

下面引进高阶差分的概念.

定义 2 函数 $y_t = y(t)$ 一阶差分的差分称为函数 y_t 的**二阶差分**，记为 $\Delta^2 y_t$，即

$$\Delta^2 y_t = \Delta(\Delta y_t) = \Delta y_{t+1} - \Delta y_t = (y_{t+2} - y_{t+1}) - (y_{t+1} - y_t) = y_{t+2} - 2y_{t+1} + y_t.$$

同样，二阶差分的差分称为**三阶差分**，记为 $\Delta^3 y_t$，即

$$\Delta^3 y_t = \Delta(\Delta^2 y_t) = \Delta(y_{t+2} - 2y_{t+1} + y_t) = y_{t+3} - 3y_{t+2} + 3y_{t+1} - y_t.$$

依次类推，函数 y_t 的 n **阶差分**为

$$\Delta^n y_t = \Delta(\Delta^{n-1} y_t) = \Delta^{n-1} y_{t+1} - \Delta^{n-1} y_t = \sum_{k=0}^{n} (-1)^k \frac{n!}{k!(n-k)!} y_{t+n-k}.$$

例 1 设 $y_t = e^{2t}$，求 $\Delta y_t, \Delta^2 y_t$.

解 $\Delta y_t = y_{t+1} - y_t = e^{2(t+1)} - e^{2t} = e^{2t} \cdot (e^2 - 1)$,

$\Delta^2 y_t = \Delta(\Delta y_t) = (e^2 - 1)\Delta(e^{2t}) = (e^2 - 1) \cdot (e^{2(t+1)} - e^{2t}) = e^{2t} \cdot (e^2 - 1)^2$.

例 2 已知 $y_t = 3t^2 - 4t + 2$，求 $\Delta y_t, \Delta^2 y_t, \Delta^3 y_t$.

解 $\Delta y_t = 3\Delta(t^2) - 4\Delta(t) + \Delta(2) = 3(2t + 1) - 4 + 0 = 6t - 1$,

$\Delta^2 y_t = \Delta(6t - 1) = \Delta(6t) - \Delta(1) = 6$,

$\Delta^3 y_t = \Delta(6) = 0$.

一般地，对于 k 次多项式，它的 k 阶差分为常数，而 $k+1$ 阶以上的差分均为零.

二、差分方程的概念

定义 3 含有自变量 t 和两个或两个以上函数 $y_t, y_{t+1}, \cdots$ 的函数方程，称为（常）**差分方程**，它的一般形式为

$$F(t, y_t, y_{t+1}, y_{t+n}) = 0, \tag{1}$$

这里 F 为已知函数，且 y_t 和 y_{t+1} 必定要出现.

定义 4 差分方程(1)中未知函数下标的最大差，称为**差分方程的阶**.

例如方程 $y_{t+3} - 4y_{t+1} + 3y_t - 2 = 0$ 中未知函数最大下标与最小下标的差是 $(t+3) -$

$t=3$，故是三阶差分方程. 又如方程 $\Delta^3 y_t + \Delta^2 y_t - \Delta y_t - y_t = 0$，虽然它含有三阶差分 $\Delta^3 y_t$，但实际上是一阶差分方程. 这是因为将 $\Delta y_t = y_{t+1} - y_t$，$\Delta^2 y_t = y_{t+2} - 2y_{t+1} + y_t$，$\Delta^3 y_t = y_{t+3} - 3y_{t+2} + 3y_{t+1} - y_t$ 代入后方程可化简为 $y_{t+3} - 2y_{t+2} = 0$，或再作变量变换 $t+2 = x$ 化为 $y_{x+1} - 2y_x = 0$.

定义 5　若函数 $y_t = \varphi(t)$ 代入方程(1)，使之对一切的 t 均成为恒等式，则称 $y_t = \varphi(t)$ 为差分方程(1)的**解**.

含有 n 个独立的任意常数 C_1，C_2，$\cdots$，C_n 的解

$$y_t = \varphi(t, C_1, C_2, \cdots, C_n),$$

称为 n 阶差分方程(1)的**通解**.

确定通解中任意常数的条件称为**初始条件**. 不含任意常数的解称为差分方程的**特解**.

三、一阶常系数线性差分方程

一阶常系数线性差分方程的一般形式为

$$y_{t+1} - py_t = f(t), \tag{2}$$

其中 f 为已知函数，p 为非零常数.

当 $f(t) = 0$ 时，方程(2)变为

$$y_{t+1} - py_t = 0, \tag{3}$$

我们称(2)为**一阶常系数非齐次线性差分方程**，称(3)为其对应的**一阶常系数齐次线性差分方程**.

1. 一阶常系数线性差分方程的解的结构

一阶常系数线性差分方程的解具有与一阶常系数线性微分方程的解同样的结构：

定理 1　若 y_t 为齐次差分方程(3)的解，则 Cy_t 为齐次差分方程(3)的通解.

定理 2　若 Y_t 为齐次差分方程(3)的通解，y_t^* 是非齐次差分方程(2)的一个特解，则 $Y_t + y_t^*$ 为非齐次差分方程(2)的通解.

定理 3　若 y_t 与 $\tilde{y}_t$ 分别是非齐次差分方程 $y_{t+1} - py_t = f_1(t)$ 和 $y_{t+1} - py_t = f_2(t)$ 的解，则 $y_t + \tilde{y}_t$ 是差分方程 $y_{t+1} - py_t = f_1(t) + f_2(t)$ 的解.

2. 一阶常系数齐次线性差分方程的求解

对于一阶常系数齐次线性差分方程 $y_{t+1} - py_t = 0$，一般有两种解法.

(1)迭代法

将方程(3)写成 $y_{t+1} = py_t$，逐次迭代得

$$y_1 = py_0, y_2 = py_1 = p^2 y_0, \cdots, y_t = p^t y_0.$$

由定理 1 知，$Y_t = Cp^t$（C 为任意常数）是齐次差分方程(3)的通解.

（2）特征根法

将方程（3）写成 $\Delta y_t + (1-p)y_t = 0$，可以猜测 y_t 的形式为某个指数函数.于是设 $y_t = r^t (r \neq 0)$，代入方程得 $r^{t+1} - pr^t = 0$，即 $r - p = 0$，得 $r = p$.称 $r - p = 0$ 为齐次差分方程（3）的**特征方程**，称 $r = p$ 为**特征根**，于是 $y_t = p^t$ 是齐次差分方程（3）的一个解，因而

$$Y_t = Cp^t \ (C \text{ 为任意常数})$$

是齐次差分方程（3）的通解.

例 3　求差分方程 $y_{t+1} + 5y_t = 0$ 的通解.

解　由于 $p = -5$，所以原齐次差分方程的通解为 $Y_t = C(-5)^t (C$ 为任意常数).

例 4　求差分方程 $2y_t - y_{t-1} = 0$ 满足初始条件 $y_0 = 3$ 的特解.

解　原差分方程改写为 $2y_{t+1} - y_t = 0$，其特征方程为 $2r - 1 = 0$，特征根为 $r = \frac{1}{2}$.

于是原方程的通解为 $Y_t = C(\frac{1}{2})^t$.

由 $y_0 = 3$ 可得 $C = 3$.因此所求的特解为 $\bar{Y}_t = 3(\frac{1}{2})^t$.

3.一阶常系数线性非齐次差分方程的求解

由定理 2 可知，非齐次差分方程（2）的通解由该方程的一个特解与相应的齐次差分方程（3）的通解之和构成.由于一阶线性齐次差分方程（3）的通解的求解已得到解决，所以这里只需讨论求一阶线性非齐次差分方程（2）的一个特解 y_t^* 的方法.

当方程（2）右端函数 $f(t)$ 取某些特定形式的时候，我们可以凭经验推测相应特解所具有的形式，再利用待定系数法就可以确定这些特解.

下面分别介绍 $f(t)$ 取三种不同形式时特解 y_t^* 的求法.

类型 1　$f(t) = P_m(t)$，$P_m(t)$ 为 t 的 m 次多项式.

此时，方程（2）为 $y_{t+1} - py_t = P_m(t)$，改写为 $\Delta y_t + (1-p)y_{t+1} = P_m(t)$.设 y_t^* 是它的特解，代入得

$$\Delta y_t^* + (1-p)y_{t+1}^* = P_m(t). \tag{4}$$

因为（4）式右端 $P_m(t)$ 是多项式，因此 y_t^* 应该也是多项式（由于当 y_t^* 是 m 次多项式时，Δy_t^* 是 $m-1$ 次多项式）.

如果 1 不是特征根，即 $1 - p \neq 0$ 时，那么 y_t^* 是一个 m 次多项式.于是令

$$y_t^* = Q_m(t) = B_0 t^m + B_1 t^{m-1} + \cdots + B_{m-1}t + B_m,$$

代入方程（4），比较等式两端 t 同次幂的系数，就得到以 $B_0, B_1, \cdots B_m$ 作为未知量的 $m+1$ 个方程的联立方程组.从而可以定出这些 $B_i (i = 0, 1, 2, \cdots, n)$，并得到所求的特解 $y_t^* = Q_m(t)$.

如果 1 是特征根,即 $1 - p = 0$ 时,那么 y_t^* 是一个 $m + 1$ 次多项式. 于是令
$$y_t^* = tQ_m(t) = t(B_0 t^m + B_1 t^{m-1} + \cdots + B_{m-1} t + B_m),$$
并且可用同样的方法来确定 $Q_m(t)$ 系数 $B_i(i = 0, 1, 2, \cdots, n)$.

综上所述,我们有如下结论:

如果 $f(t) = P_m(t)$,则一阶线性非齐次差分方程(2)的特解可设为
$$y_t^* = t^k Q_m(t),$$
其中 $Q_m(t)$ 是 t 的 m 次多项式,当 1 不是特征根,即 $p \neq 1$ 时,取 $k = 0$;当 1 是特征根,即 $p = 1$ 时,取 $k = 1$.

例 5　求差分方程 $3y_{t+1} + 6y_t - 2t = 0$ 的通解.

解　将原差分方程化为标准形式 $y_{t+1} + 2y_t = \dfrac{2}{3} t$,对应齐次差分方程为 $y_{t+1} + 2y_t = 0$,其特征方程为 $r + 2 = 0$,特征根为 $r = -2$,所以对应齐次差分方程的通解为 $Y_t = C(-2)^t$.

由于 $p = -2 \neq 1$,设原非齐次差分方程的特解 $y_t^* = B_0 t + B_1$. 代入原差分方程得
$$B_0(t+1) + B_1 + 2B_0 t + 2B_1 = \frac{2}{3} t, \text{ 即 } 3B_0 t + (B_0 + 2B_1) = \frac{2}{3} t.$$

比较系数知 $B_0 = \dfrac{2}{9}, B_1 = -\dfrac{2}{27}$.

因此原差分方程的通解为
$$y_t^* = Y_t + y_t^* = C(-2)^t + \frac{2}{9} t - \frac{2}{27}.$$

例 6　求差分方程 $y_{t+1} - y_t = 2t$ 的通解.

解　相应的齐次差分方程为 $y_{t+1} - y_t = 0$,特征方程为 $r - 1 = 0$,特征根为 $r = 1$,则齐次差分方程的通解为 $Y_t = C$.

由于 $p = 1$,所以令特解 $y_t^* = t(B_0 + B_1 t)$. 代入原差分方程得
$$\left[B_0(t+1) + B_1(t+1)^2 \right] - (B_0 t + B_1 t^2) = 2t,$$
$$2B_1 t + (B_0 + B_1) = 2t.$$

比较同类项系数,应有 $2B_1 = 2, B_1 = 1$;$B_0 + B_1 = 0, B_0 = -B_1 = -1$,所以 $y_t^* = t^2 - t$.

因此原差分方程的通解为
$$y_t = Y_t + y_t^* = C + t^2 - t.$$

例 7　在多数市场中,供应商都必须在了解产品的未来价格之前做出供给决策. 如果供应商将当前的流行价格视为他们的产品将来抵达市场时的售价,并依此做出供给决策,那么价格的波动将是不可避免的.

市场需求函数由下式给出：

$$D_t = a - bP_t,$$

其中 D_t 为 t 时期的需求量，P_t 是 t 时期的市场主导价格.

假定供给决策是在产品上市的前一期做出的. 供应商预期下一期的市场价格等于当前的市场价格，那么 t 时期的供应量由下式给出：

$$S_t = -c + dP_{t-1}.$$

假定每一期价格都会调整到市场出清水平，那么每一期的供给和需求都相等，这意味着

$$a - bP_t = -c + dP_{t-1}.$$

整理得

$$P_t + \frac{d}{b}P_{t-1} = \frac{a+c}{b}.$$

上式说明，价格的时间路径服从一个一阶线性非齐次差分方程. 容易求得它的通解为

$$P_t = C\left(-\frac{d}{b}\right)^t + \frac{a+c}{b+d}.$$

如果初始价格为 P_0，代入通解得 $C = P_0 - \dfrac{a+c}{b+d}$，则

$$P_t = \left(P_0 - \frac{a+c}{b+d}\right)\left(-\frac{d}{b}\right)^t + \frac{a+c}{b+d}.$$

这就是商品价格的波动规律.

类型 2　$f(t) = d^t P_m(t)$，$P_m(t)$ 为 t 的 m 次多项式，$d > 0, d \neq 1$.

此时，方程(2)为 $y_{t+1} - py_t = d^t P_m(t)$. 作变换 $y_t = d^t z_t$，代入方程得

$$d^{t+1}z_{t+1} - pd^t z_t = d^t P_m(t),$$

消去 d^t 即得

$$dz_{t+1} - pz_t = P_m(t).$$

对此方程可按类型 1 求解.

综上所述，我们有如下结论：

如果 $f(t) = d^t P_m(t)$，则一阶线性非齐次差分方程(2)的特解可设为

$$y_t^* = t^k d^t Q_m(t),$$

其中 $Q_m(t)$ 为 t 的 m 次待定多项式，当 1 不是特征根，即 $d \neq p$ 时，取 $k = 0$；当 1 是特征根，即 $d = p$ 时，取 $k = 1$.

例 8　求差分方程 $y_{t+1} - 4y_t = 12 \cdot 4^t$ 的通解.

解　原方程对应差分方程为 $y_{t+1} - 4y_t = 0$，其特征方程为 $r - 4 = 0$，特征根为 $r =$

4，所以对应齐次差分方程的通解为 $Y_t = C4^t$.

由于 $d = 4 = p$，所以原方程待定特解的形式为 $y_t^* = Bt4^t$，代入原方程得

$$B(t+1)4^{t+1} - 4Bt4^t = 12 \cdot 4^t,$$

所以 $B = 3$.

因此原方程通解为

$$y_t = Y_t + y_t^* = (C + 3t)4^t.$$

例 9　差分方程 $y_{t+1} - 4y_t = t2^t$ 的通解.

解　相应的齐次差分方程 $y_{t+1} - 4y_t = 0$ 的通解为 $Y_t = C4^t$.

由于 $d = 2 \neq 4 = p$，故设原非齐次差分方程的特解为 $y_t^* = (at+b)2^t$，代入原方程得

$$[a(t+1) + b]2^{t+1} - 4(at+b)2^t = t2^t, \quad \text{即} -2at + 2a - 2b = t.$$

比较同类项系数，应有 $-2a = 1, a = -\dfrac{1}{2}; 2a - 2b = 0, b = a = -\dfrac{1}{2}$.

因此，原方程的通解为

$$y_t^* = Y_t + y_t^* = C4^t - \frac{1}{2}(t+1)2^t.$$

类型 3　$f(t) = b_1 \cos \omega t + b_2 \sin \omega t$，其中 b_1, b_2, ω 均为常数，b_1, b_2 不同时为零，$\omega > 0$.

此时，方程(2)为 $y_{t+1} - py_t = b_1 \cos \omega t + b_2 \sin \omega t$. 猜测它的特解为

$$y_t^* = B_1 \cos \omega t + B_2 \sin \omega t.$$

代入方程并整理得

$$\begin{cases} (\cos \omega - p)B_1 + \sin \omega B_2 = b_1, \\ -\sin \omega B_1 + (\cos \omega - p)B_2 = b_2. \end{cases} \tag{5}$$

当 $D = (\cos \omega - p)^2 + \sin^2 \omega \neq 0$ 时，方程组(5)有唯一解

$$\begin{cases} B_1 = \dfrac{1}{D}[b_1(\cos \omega - p) - b_2 \sin \omega], \\ B_2 = \dfrac{1}{D}[b_2(\cos \omega - p) + b_1 \sin \omega]. \end{cases}$$

当 $D = (\cos \omega - p)^2 + \sin^2 \omega = 0$ 时，方程组(5)无解或有无穷多解. 上述方法失效. 这时猜测它的特解为 $y_t^* = t(B_1 \cos \omega t + B_2 \sin \omega t)$，代入得

$[(\cos \omega - p)B_1 + B_2 \sin \omega]t\cos \omega t + (B_1 \cos \omega + B_2 \sin \omega)\cos \omega t + [(\cos \omega - p)B_2 + B_1 \sin \omega]t\sin \omega t + (B_2 \cos \omega + B_1 \sin \omega)\sin \omega t = b_1 \cos \omega t + b_2 \sin \omega t.$

由 $D = (\cos \omega - p)^2 + \sin^2 \omega = 0$ 知 $\cos \omega - p = 0, \sin \omega = 0$，即 $\cos \omega = \pm 1, \sin \omega = 0$. 由此解得

$$\begin{cases} B_1 = b_1, \\ B_2 = b_2 \end{cases} \text{或} \begin{cases} B_1 = -b_1, \\ B_2 = -b_2. \end{cases}$$

综上所述,我们有如下结论:

如果 $f(t) = b_1 \cos \omega t + b_2 \sin \omega t$,则一阶线性非齐次差分方程(2)具有形如

$$y_t^* = t^k(B_1 \cos \omega t + B_2 \sin \omega t)$$

的特解,其中 b_1,b_2 是待定常数. 当 $D = (\cos \omega - p)^2 + \sin^2 \omega \neq 0$ 时,取 $k = 0$;当 $D = (\cos \omega - p)^2 + \sin^2 \omega = 0$ 时,取 $k = 1$.

例 10　求差分方程 $y_{t+1} - y_t = 4\sin \dfrac{\pi}{2}t$ 的通解.

解　原方程对应齐次方程的通解为 $Y_t = C \cdot 1^t = C$.

由于 $\left(\cos \dfrac{\pi}{2} - 1\right)^2 + \sin^2 \dfrac{\pi}{2} = (0-1)^2 + 1^2 = 2 \neq 0$,故设原非齐次方程的特解为

$$y_t^* = B_1 \cos \frac{\pi}{2}t + B_2 \sin \frac{\pi}{2}t.$$

代入原方程得

$$B_1 \cos \frac{\pi}{2}(t+1) + B_2 \sin \frac{\pi}{2}(t+1) - B_1 \cos \frac{\pi}{2}t - B_2 \sin \frac{\pi}{2}t = 4\sin \frac{\pi}{2}t,$$

整理得

$$(-B_1 - B_2)\sin \frac{\pi}{2}t + (B_2 - B_1)\cos \frac{\pi}{2}t = 4\sin \frac{\pi}{2}t.$$

比较同类项系数得 $-B_1 - B_2 = 4$,$B_2 - B_1 = 0$. 解得 $B_1 = B_2 = -2$.

因此原方程的通解为

$$y_t = Y_t + y_t^* = C - 2\cos \frac{\pi}{2}t - 2\sin \frac{\pi}{2}t.$$

习题 8.6

1.求下列函数的一阶、二阶差分:

(1) $y_t = 8t^3 + 2t - 1$;　　　　　　　　(2) $y_t = \ln(2t - 1)$.

2.证明:(1) $\Delta(y_t \cdot z_t) = y_t \cdot \Delta z_t + z_{t+1} \cdot \Delta y_t$;

(2) $\Delta\left(\dfrac{y_x}{z_x}\right) = \dfrac{z_{t+1} \cdot \Delta y_t - y_{t+1} \cdot \Delta z_t}{z_t \cdot z_{t+1}}$.

3.将函数 $y_t = f(t)$ 在不同时期的值 y_{t+n} 表示成 y_t 及其各阶差分的线性组合.

4.求下列差分方程的通解:

(1) $y_{t+1} - y_t = 5$;

(2) $y_{t+1} - 2y_t = 3t^2$.

(3) $y_{t+1} - 2y_t = t2^t$;

(4) $y_{t+1} - \alpha y_t = e^\beta$,$\alpha,\beta$ 为常数, $\alpha \neq 0$;

(5) $y_{t+1} + 2y_t = t^2 + 4^t$；

(6) $y_{t+1} - 5y_t = \cos \dfrac{\pi}{2}t$.

5. 求下列差分方程满足所给初始条件的特解：

(1) $y_{t+1} + 5y_t = 5, y_0 = 3$；　　　　(2) $y_{t+1} - y_t = t + 1, y_0 = 1$.

6. 设 y_t 是 t 期国民收入，C_t 为 t 期消费，I_t 为 t 期投资，它们之间有如下关系

$$\begin{cases} C_t = \alpha y_t + a, \\ I_t = \beta y_t + b, \\ y_t - y_{t-1} = \theta(y_{t-1} - C_{t-1} - I_{t-1}), \end{cases}$$

其中 α, β, a, b 和 θ 均为常数，且 $0 < \alpha < 1, 0 < \beta < 1, 0 < \theta < 1, 0 < \alpha + \beta < 1, a \geq 0$，$b \geq 0$. 若基期的国民收入为 y_0 已知，试求出 y_t 与 t 的函数关系.

7. 已知某人欠债 25 000 元，月利率为 1%，计划在 12 个月内采用每月等额付款的方式还清债务，问他每月应付多少钱？

复习题八

一、单项选择题

1. 若连续函数 $f(x)$ 满足关系式

$$f(x) = \int_0^{2x} f\left(\frac{t}{2}\right) \mathrm{d}t + \ln 2,$$

则 $f(x)$ 等于（　　）.

(A) $\mathrm{e}^x \ln 2$ 　　　　　　　　(B) $\mathrm{e}^{2x} \ln 2$

(C) $\mathrm{e}^x + \ln 2$ 　　　　　　　　(D) $\mathrm{e}^{2x} + \ln 2$

2. 已知函数 $y = f(x)$ 在任意点 x 处的增量 $\Delta y = \dfrac{y\Delta x}{1+x} + o(\Delta x)(\Delta x \to 0), y(0) = 1$，则 $y(1) = $（　　）.

(A) -1 　　　　(B) 0 　　　　(C) 1 　　　　(D) 2

3. 设线性无关的函数 y_1, y_2, y_3 都是二阶非齐次线性方程

$$y'' + p(x)y' + q(x)y = f(x)$$

的解，C_1, C_2 是任意常数，则该非齐次方程的通解是（　　）.

(A) $C_1 y_1 + C_2 y_2 + y_3$ 　　　　(B) $C_1 y_1 + C_2 y_2 - (C_1 + C_2)y_3$

(C) $C_1 y_1 + C_2 y_2 - (1 - C_1 - C_2)y_3$ 　(D) $C_1 y_1 + C_2 y_2 + (1 - C_1 - C_2)y_3$

4. 微分方程 $y'' - y = \mathrm{e}^x + 1$ 的一个特解应具有形式（式中 a, b 为常数）（　　）.

(A) $a\mathrm{e}^x + b$ 　　　　　　　　(B) $ax\mathrm{e}^x + b$

(C) $ae^x + bx$ (D) $axe^x + bx$

5. 设 $y = y(x)$ 是二阶常系数微分方程 $y'' + py' + qy = e^{3x}$ 满足初始条件 $y(0) = y'(0) = 0$ 的特解, 则当 $x \to 0$ 时, 函数 $\dfrac{\ln(1 + x^2)}{y(x)}$ 的极限（   ）.

(A) 不存在   (B) 等于 1

(C) 等于 2   (D) 等于 3

二、填空题

1. $xy''' + 2x^2 y'^2 + x^3 y = x^4 + 1$ 是 ＿＿＿＿＿＿＿ 阶微分方程.

2. 设 $y = y(x)$, 如果 $\displaystyle\int y \, dx \cdot \int \dfrac{1}{y} \, dx = -1, y(0) = 1$, 且当 $x \to +\infty$ 时, $y \to 0$, 则 $y = $ ＿＿＿＿＿＿.

3. 设某商品的需求函数为 $Q(p)$, 需求弹性为 $\dfrac{p}{p - 20}$, 其中 p 为价格, 且 $Q(10) = 50$, 则 $Q(p) = $ ＿＿＿＿＿＿＿＿.

4. 设 $u(t)$ 使得 $\dfrac{du(t)}{dt} = u(t) + \displaystyle\int_0^1 u(s) \, ds, u(0) = 1$. 则 $u(t) = $ ＿＿＿＿＿.

5. 设函数 $y = f(x)$ 具有二阶导数, 且 $f'(x) = f(\dfrac{\pi}{2} - x)$, 则该函数满足微分方程为 ＿＿＿＿＿＿＿＿.

6. 设二阶非齐次线性微分方程 $y'' + P(x)y' + Q(x)y = f(x)$ 的三个特解 $y_1 = x$, $y_2 = e^x, y_2 = e^{2x}$, 则此方程满足条件 $y(0) = 1, y'(0) = 3$ 的特解是 ＿＿＿＿＿＿＿.

7. 设 $y_t = t^2$ 是 $y_{t+1} + py_t = b_1 t + b_2$ 的解, 则 $p = $ ＿＿＿＿＿, $b_1 = $ ＿＿＿＿＿, $b_2 = $ ＿＿＿＿＿.

8. 某公司每年的工资总额在比上一年增加 20% 的基础上再追加 2 百万元. 若以 W_t 表示第 t 年的工资总额（单位：百万元）, 则 W_t 满足的差分方程是 ＿＿＿＿＿＿＿.

9. 差分方程 $y_{t+1} - y_t = t2^t$ 的通解为 ＿＿＿＿＿＿＿.

10. 差分方程 $2y_{t+1} + 10y_t - 5t = 0$ 的通解为 ＿＿＿＿＿＿＿.

三、解答题

1. 求下列微分方程的通解：

(1) $3e^x \tan y \, dx + (1 - e^x) \sec^2 y \, dy = 0$;

(2) $xy' + 2y = 3x$;

(3) $\left(x \dfrac{dy}{dx} - y\right) \arctan \dfrac{y}{x} = x$;

(4) $\dfrac{dy}{dx} = \dfrac{1}{kx - y^2}$ (k 是常数);

(5) $y' = \dfrac{1}{2x - y^2}$;

(6) $\dfrac{dy}{dx} = \dfrac{y}{2x} + \dfrac{1}{2y} \tan \dfrac{y^2}{x}$;

(7) $y'' + y = e^x + \cos x$;

(8) $y'' + 4y = x \sin^2 x$.

2. 求下列微分方程满足所给初始条件的特解：

(1) $y' \sin x = y \ln y, y \mid_{x = \frac{\pi}{2}} = e$;

(2) $(e^y + e^{-y} + 2) dx - (x + 2)^2 dy = 0, y(0) = 0$;

(3) $y' - \dfrac{y}{x \ln x} = \ln x, y \mid_{x = e} = e$;

(4) $y^3 dx + 2(x^2 - xy^2) dy = 0, y(1) = 1$;

(5) $xy' - y = \sqrt{x^2 + y^2}, y(1) = 0$;

(6) $(1 - x) y' + y = x, y \mid_{x = 0} = 2$;

(7) $y'' - y' = (x + 1) e^x, y(0) = 2, y'(0) = 1$;

(8) $y'' + 4y = f(x), y(0) = 0, y'(0) = 1$, 其中 $f(x) = \begin{cases} \sin x, & 0 < x \leqslant \dfrac{\pi}{2}, \\ 1, & x > \dfrac{\pi}{2}. \end{cases}$

3. 设函数 $f(x), g(x)$ 满足条件 $f'(x) = g(x), g'(x) = f(x), f(0) = 0, g(x) \neq 0$. 又 $F(x) = \dfrac{f(x)}{g(x)}$, 试建立 $F(x)$ 所满足的微分方程, 并求 $F(x)$.

4. 设函数 $f(x)$ 在 $(0, +\infty)$ 内连续, $f(1) = \dfrac{5}{2}$, 且对所有 $x, t \in (0, +\infty)$ 满足条件

$$\int_1^{xt} f(u) du = t \int_1^x f(u) du + x \int_1^t f(u) du,$$

求 $f(x)$ 的表达式.

5. 设 $y(x)$ 是初值问题

$$\begin{cases} y' = x^2 + y^2, \\ y(0) = 0 \end{cases}$$

的解. 试研究函数 $y(x)$ 的增减性和凹凸性, 并求 $\lim\limits_{x \to 0} \dfrac{y(x)}{x^3}$.

6. 求微分方程 $xy' + ay = 1 + x^2$ 满足初始条件 $y(1) = 1$ 的解 $y(x, a)$, 其中 a 为参数, 并证明 $\lim\limits_{a \to 0} y(x, a)$ 是方程 $xy' = 1 + x^2$ 的解.

7. 设某农作物长高到 0.1 米后, 高度的增长速率与现有高度 y 及 $(1 - y)$ 之积成正比

例（比例系数 $k>0$），求此农作物生长高度的变化规律（高度以米为单位）.

8. 设质量为 m 的物质在某种介质中受重力 G 的作用自由下坠，期间它还受到介质的浮力 B 与阻力 R 的作用. 已知阻力 R 与下坠的速度 v 成正比，比例系数为 λ，即 $R=\lambda v$. 试求该落体的速度与位移的关系.

9. 求通过点 $(1,1)$ 的曲线方程 $y=f(x)(f(x)>0)$，使此曲线在 $[1,x]$ 上所形成的曲边梯形面积的值等于曲线终点的横坐标 x 与纵坐标 y 之比的 2 倍减去 2，其中 $x\geqslant 1$.

10. 设函数 $y=y(x)$ 是微分方程 $x\mathrm{d}y+(x-2y)\mathrm{d}x=0$ 满足条件 $y(1)=2$ 的解，求曲线 $y=y(x)$ 与 x 轴所围图形的面积 S.

11. 设连续函数 $\varphi(x)$ 满足 $\varphi(x)\cos x+2\displaystyle\int_0^x \varphi(t)\sin t\mathrm{d}t=x+1$，求 $\varphi(x)$.

12. 设 $f(t)$ 连续，且 $f(t)=\displaystyle\iint\limits_{D} x\left[1+\frac{f(\sqrt{x^2+y^2})}{x^2+y^2}\right]\mathrm{d}x\mathrm{d}y$，其中 $D:x^2+y^2\leqslant t^2, x\geqslant 0, y\geqslant 0(t>0)$，求 $f(x)$.

13. 求满足 $x=\displaystyle\int_0^x f(t)\mathrm{d}t+\int_0^x tf(t-x)\mathrm{d}t$ 的可微函数 $f(x)$.

14. 利用变换 $t=\tan x$ 把微分方程

$$\cos^4 x\cdot\frac{\mathrm{d}^2 y}{\mathrm{d}x^2}+2\cos^2 x(1-\sin x\cos x)\frac{\mathrm{d}y}{\mathrm{d}x}+y=\tan x$$

化成 y 关于 t 的微分方程，并求原方程的通解.

15. 设函数 $y=y(x)$ 在 $(-\infty,+\infty)$ 内具有二阶导数，且 $y'\neq 0$，$x=x(y)$ 是 $y=y(x)$ 的反函数.

(1) 试将 $x=x(y)$ 所满足的微分方程 $\dfrac{\mathrm{d}^2 x}{\mathrm{d}y^2}+(y+\sin x)\left(\dfrac{\mathrm{d}x}{\mathrm{d}y}\right)^3=0$ 变换为 $y=y(x)$ 满足的微分方程.

(2) 求变换后的微分方程满足初始条件 $y(0)=0, y'(0)=\dfrac{3}{2}$ 的特解.

习题答案与提示

第 5 章

习题 5.1(第 11 页)

1.(1) $\dfrac{1}{3}$;   (2) $e-1$.

2.略.

3.(1) $\dfrac{\pi}{9} \leqslant \int_{\frac{1}{\sqrt{3}}}^{\sqrt{3}} x\arctan x\,\mathrm{d}x \leqslant \dfrac{2}{3}\pi$;   (2) $\dfrac{1}{2} \leqslant \int_{\frac{\pi}{4}}^{\frac{\pi}{2}} \dfrac{\sin x}{x}\,\mathrm{d}x \leqslant \dfrac{\sqrt{2}}{2}$;

(3) $\sqrt{2}\,e^{-\frac{1}{2}} \leqslant \int_{-\frac{1}{\sqrt{2}}}^{\frac{1}{\sqrt{2}}} e^{-x^2}\,\mathrm{d}x \leqslant \sqrt{2}$.

4.略.

5.(1) $\int_0^1 x^2\,\mathrm{d}x > \int_0^1 x^3\,\mathrm{d}x$;   (2) $\int_1^2 x^2\,\mathrm{d}x < \int_1^2 x^3\,\mathrm{d}x$;

(3) $\int_1^2 \ln x\,\mathrm{d}x > \int_1^2 \ln^2 x\,\mathrm{d}x$;   (4) $\int_0^1 x\,\mathrm{d}x > \int_0^1 \ln(1+x)\,\mathrm{d}x$.

6. 6.

7.略.

习题 5.2(第 17 页)

1.当 $x=0$ 时,函数取得唯一极小值.

2. $\dfrac{1}{5}$.

3. $\dfrac{\ln\cos x}{2ye^{y^2}}$.

4. $\dfrac{\pi}{4}$.

5. 略.

6. $\dfrac{3x^2}{\sqrt{1+x^{12}}} - \dfrac{2x}{\sqrt{1+x^8}}.$

7. $-2.$

8. (1) 1;   (2) 2;   (3) $\dfrac{1}{2}$;   (4) 1.

9. (1) $\dfrac{20}{3}$;   (2) $\dfrac{21}{8}$;   (3) $-\ln 2$;   (4) $1 + \dfrac{\pi}{4}$;

    (5) $1 - \dfrac{\pi}{4}$;   (6) $2\sqrt{2}$;   (7) $\dfrac{4}{15}(2 + \sqrt{2})$;   (8) $10 - \dfrac{8}{3}\sqrt{2}.$

10. $I(x) = \begin{cases} 1 - \cos x, & |x| < \dfrac{\pi}{2}, \\ 1, & |x| \geqslant \dfrac{\pi}{2}. \end{cases}$

11. 略.

12. 略.

13. 略.

14. 略.

15. 略.

习题 5.3(第 27 页)

1. (1) $\dfrac{51}{512}$;   (2) $\ln 5$;

    (3) $\dfrac{1}{6}$;   (4) $\pi - \dfrac{4}{3}$;

    (5) 1;   (6) $\arctan e - \dfrac{\pi}{4}$;

    (7) $\dfrac{\sqrt[4]{2}}{3}$;   (8) $-\ln 2$;

    (9) $\dfrac{22}{3}$;   (10) 6;

    (11) $2 - \dfrac{\pi}{2}$;   (12) $\begin{cases} \dfrac{1}{2}\ln 2, & n = 0, \\ \dfrac{1}{n}\ln\dfrac{2^{n+1}}{2^n + 1}, & n \neq 0; \end{cases}$

    (13) $\dfrac{64}{15}$;   (14) $\dfrac{\pi}{12} - \dfrac{\sqrt{3}}{8}$;

(15) $\sqrt{2}-\dfrac{2\sqrt{3}}{3}$；

(16) $\dfrac{\pi}{12}$；

(17) $\ln\left(1+\dfrac{2}{\sqrt{3}}\right)$；

(18) $\dfrac{8\pi}{3\sqrt{3}}+1$；

(19) 2；

(20) 2π；

(21) $\dfrac{\sqrt{2}}{2}$；

(22) 2.

2. $\tan\dfrac{1}{2}-\dfrac{1}{2}e^{-4}+\dfrac{1}{2}$.

3. $\ln^2 x$.

4. 略.

5. 略.

6. 略.

7. 略.

8. 提示：连续函数 $f(x)$ 的原函数的一般表达式为 $F(x)=\displaystyle\int_0^x f(t)\,dt+C$.

9. (1) $\dfrac{1}{2}(1-\ln 2)$；

(2) $\dfrac{1}{4}(e^2+1)$；

(3) $\dfrac{\pi}{8}-\dfrac{1}{4}\ln 2$；

(4) $\dfrac{\pi}{8}$；

(5) $\pi-2$；

(6) $\dfrac{\pi}{2}$；

(7) $5\ln 2-3\ln 3$；

(8) $2(1-\dfrac{1}{e})$；

(9) $-\dfrac{\pi}{3\sqrt{3}}+\dfrac{\pi}{4}+\dfrac{1}{2}\ln\dfrac{3}{2}$；

(10) $\dfrac{\pi^3}{6}-\dfrac{\pi}{4}$；

(11) $1-\sqrt{3}+\dfrac{5\pi}{6}$；

(12) $2-\dfrac{\pi}{2}$；

(13) $\dfrac{e}{2}(\sin 1-\cos 1)+\dfrac{1}{2}$；

(14) $\dfrac{1}{5}(e^\pi-2)$；

(15) $\dfrac{4}{3}\pi-\sqrt{3}$.

10. 3.

11. 略.

习题 5.4(第 40 页)

1. (1) $\dfrac{1}{3}$；　　(2) 发散；　　(3) 2；　　(4) $\dfrac{\pi}{\sqrt{5}}$；

(5) $\dfrac{\pi}{4}$;   (6) $\dfrac{2-\sqrt{3}}{\sqrt{3}\,a^2}$;   (7) $\dfrac{\pi}{4}$;   (8) $\dfrac{1}{2}$;

(9) 1 ;   (10) $\dfrac{\pi}{2}$;   (11) $\dfrac{8}{3}$;   (12) $\dfrac{\pi}{4}$;

(13) 发散;   (14) 发散;   (15) $-\dfrac{9}{4}$.

2. 略.

3. $I_n = n!$.

4. (1) 收敛;   (2) 收敛;   (3) 收敛;   (4) 收敛;

(5) 收敛;   (6) 发散;   (7) 发散;   (8) 收敛;

(9) 收敛;   (10) 发散;   (11) 发散;   (12) 收敛;

(13) 收敛.

5. 略.

习题 5.5(第 52 页)

1. (1) $\dfrac{1}{6}$;   (2) 1 ;   (3) $\dfrac{32}{3}$;   (4) $\dfrac{9}{2}$;

(5) $\dfrac{3}{2} - \ln 2$;   (6) $\ln 2 - \dfrac{1}{2}$;   (7) $\dfrac{10 - 4\sqrt{2}}{3}$;   (8) $2\sqrt{2} - 2$.

2. $\dfrac{4}{3}$.

3. $\dfrac{9}{4}$.

4. $6\dfrac{3}{4}$.

5. $1 + \dfrac{2\sqrt{2}}{3}$.

6. (1) $\dfrac{38}{15}\pi$;   (2) $\dfrac{13}{6}\pi$;   (3) $\dfrac{\pi}{10}$;   (4) 2π .

7. $V_x = \dfrac{19}{48}\pi$; $V_y = \dfrac{7\sqrt{3}}{10}\pi$.

8. (I) $V = \dfrac{\pi}{2}$;   (II) $a = 1$.

9. (1) $C(Y) = 3\sqrt{Y} + 70$;   (2) $C(196) - C(100) = 12$.

10. 机器应 10 年后报废;总赢利为 1 500(万元).

11. 应当选择第二种方式.

复习题五(第 53 页)

一、单项选择题

1. A.　　　　　2. A.　　　　　3. B.　　　　　4. A.

5. A.　　　　　6. A.　　　　　7. C.　　　　　8. B.

9. C.　　　　　10. C.

二、填空题

1. $\dfrac{2}{\pi}$.

2. $[0,1]$.

3. $-\dfrac{1}{2e^4}$.

4. $\dfrac{\pi}{3}$.

5. $2e^2-2$.

6. $\dfrac{4}{3}$.

7. $\dfrac{29}{270}$.

8. $\dfrac{\pi}{4}$.

9. $\cos x - x\sin x - 1$.

10. $\dfrac{1}{2}$.

11. $\dfrac{9}{2}\pi$.

12. 19(万元).

三、解答题

1. 略.

2. 略.

3. 提示:构造辅助函数 $g(x)=e^{-x}\displaystyle\int_a^x f(t)\mathrm{d}t$.

4. 最大值为 6,最小值为 $-\dfrac{3}{4}$.

5. $f(x)=\dfrac{x}{1+x^2}, C=\dfrac{1}{2}(\ln 2-1)$.

6. (1) $2\left(\dfrac{1}{3}+\ln 2\right)$;　　　　　(2) $\dfrac{\pi}{4}+\sqrt{3}-\dfrac{1}{2}\ln(2+\sqrt{3})$;

　(3) $\dfrac{\pi}{4}$;　　　　　(4) $\dfrac{\pi}{12}+\dfrac{\sqrt{3}}{2}-1$;

　(5) 2.

7. (1) $\dfrac{\pi}{4}$;　(2) $\dfrac{35}{128}\pi a^4$.

8. (1)收敛;　　(2)收敛;　　(3)收敛;　　(4)收敛.

9. 略.

10. (1)0；　(2)1；　(3)−1；　(4)最小值 0,最大值 $\dfrac{e^{-\frac{\pi}{2}}+1}{2}$.

11. 略.

12. (1)$\dfrac{5}{6}$；　(2)16；　(3) $\dfrac{3}{2}+\dfrac{3}{4}\pi$.

13. $c=\dfrac{1}{3}$.

14. (1)$A(1,1)$；　(2)$\dfrac{2}{5}\pi$.

15. $a=-\dfrac{5}{3}, b=2, c=0$.

第 6 章

习题 6.1(第 65 页)

1. (1) $\{(x,y)\mid y>-x, y<x\}$；
   (2) $\{(x,y)\mid -3\leqslant x\leqslant 3, -2\leqslant y\leqslant 2\}$；
   (3) $\{(x,y)\mid y^2<x, 2\leqslant x^2+y^2\leqslant 4\}$；
   (4) $\{(x,y)\mid y<x, xy>0\}$.

2. $t^2 f(x,y)$.

3. $x+y+(xy)^2-xy-1$.

4. 不一定.

5. (1)e^2；　　　(2)4；　　　　(3)2；　　　　(4)e；
   (5)0；　　　(6)0.

6. 略.

7. $\{(x,y)\mid x=0 \text{ 或 } y=0\}$.

8. 不连续.

习题 6.2(第 70 页)

1. (1) $\dfrac{\partial z}{\partial x}=3x^2-3y, \dfrac{\partial z}{\partial y}=3y^2-3x$；

   (2) $\dfrac{\partial z}{\partial x}=\dfrac{x}{x^2+y^2}, \dfrac{\partial z}{\partial y}=\dfrac{y}{x^2+y^2}$；

   (3) $\dfrac{\partial z}{\partial x}=\dfrac{-\mid x\mid y}{x^2\sqrt{x^2-y^2}}, \dfrac{\partial z}{\partial y}=\dfrac{\mid x\mid}{x\sqrt{x^2-y^2}}$；

(4) $\dfrac{\partial z}{\partial x} = yx^{y-1} - \sqrt{\dfrac{y}{x}}, \dfrac{\partial z}{\partial y} = x^y \ln x - \sqrt{\dfrac{x}{y}}$;

(5) $\dfrac{\partial z}{\partial x} = \dfrac{y}{x^2 + y^2}, \dfrac{\partial z}{\partial y} = \dfrac{-x}{x^2 + y^2}$;

(6) $\dfrac{\partial z}{\partial x} = \dfrac{1}{\sqrt{x^2 + y^2}}, \dfrac{\partial z}{\partial y} = \dfrac{y}{x^2 + y^2 + x\sqrt{x^2 + y^2}}$;

(7) $\dfrac{\partial z}{\partial x} = y^2(1 + xy)^{y-1}, \dfrac{\partial z}{\partial y} = (1 + xy)^y \left[\ln(1 + xy) + \dfrac{xy}{1 + xy} \right]$;

(8) $\dfrac{\partial u}{\partial x} = \dfrac{y}{z} x^{\left(\frac{y}{z}-1\right)}, \dfrac{\partial u}{\partial y} = \dfrac{1}{z} x^{\frac{y}{z}} \cdot \ln x, \dfrac{\partial u}{\partial z} = -\dfrac{y}{z^2} x^{\frac{y}{z}} \cdot \ln x$.

2. $f_x(2,1) = 4$.

3. $f_x(0, 0) = 0, f_y(0, 0) = 1$.

4. $\dfrac{\partial f(x,y)}{\partial x} = y$.

5. 略.

6. 0.

7. (1) $\dfrac{\partial^2 z}{\partial x^2} = 12x^2 - 8y^2, \dfrac{\partial^2 z}{\partial y^2} = 12y^2 - 8x^2, \dfrac{\partial^2 z}{\partial x \partial y} = \dfrac{\partial^2 z}{\partial y \partial x} = -16xy$;

(2) $\dfrac{\partial^2 z}{\partial x^2} = \dfrac{x + 2y}{(x + y)^2}, \dfrac{\partial^2 z}{\partial y^2} = -\dfrac{x}{(x + y)^2}, \dfrac{\partial^2 z}{\partial x \partial y} = \dfrac{\partial^2 z}{\partial y \partial x} = \dfrac{y}{(x + y)^2}$;

(3) $\dfrac{\partial^2 z}{\partial x^2} = y^x \ln^2 y, \dfrac{\partial^2 z}{\partial y^2} = x(x - 1) y^{x-2}, \dfrac{\partial^2 z}{\partial x \partial y} = \dfrac{\partial^2 z}{\partial y \partial x} = y^{x-1}(x \ln y + 1)$.

8. $\pi^2 e^{-2}$.

9. $-2e^{-(xy)^2}$.

10. 略.

习题 6.3(第 75 页)

1. (1) $\dfrac{1}{2x + 3y}(2dx + 3dy)$;

(2) $\ln y \cdot y^{\sin x} \cdot \cos x dx + \sin x \cdot y^{\sin x - 1} dy$;

(3) $\dfrac{e^{\sqrt{x^2 + y^2}}}{\sqrt{x^2 + y^2}}(x dx + y dy)$;

(4) $\dfrac{-y dx + x dy}{x^2 + y^2}$;

(5) $-\dfrac{x}{(x^2 + y^2)^{3/2}}(y dx - x dy)$;

(6) $(y+z)\mathrm{d}x+(x+z)\mathrm{d}y+(x+y)\mathrm{d}z$.

2. $\dfrac{1}{3}\mathrm{d}x+\dfrac{2}{3}\mathrm{d}y$.

3. 略.

4. $a=1,b=-1$.

5. $0.25\mathrm{e}$.

6. -0.002(米).

7. 2.95.

习题 6.4(第 81 页)

1. (1) $\dfrac{t-2}{\mathrm{e}^t}$;   (2) $\dfrac{6\sqrt{t}-1}{2\sqrt{t-t}(3t-\sqrt{t})^2}$;   (3) $\sin x\mathrm{e}^{ax}$.

2. (1) $\dfrac{\partial z}{\partial x}=\dfrac{2x\ln(3x-2y)}{y^2}+\dfrac{3x^2}{(3x-2y)y^2}$,

 $\dfrac{\partial z}{\partial y}=-\dfrac{2x^2\ln(3x-2y)}{y^3}-\dfrac{2x^2}{y^2(3x-2y)}$;

 (2) $\dfrac{\partial z}{\partial s}=\dfrac{-t}{s^2+t^2},\dfrac{\partial z}{\partial s}=\dfrac{s}{s^2+t^2}$;

 (3) $\dfrac{\partial z}{\partial x}=2(3x^2+y^2)^{2x+2}\big[3x(2x+3)+(3x^2+y^2)\ln(3x^2+y^2)\big]$,

 $\dfrac{\partial z}{\partial y}=2y(2x+3)(3x^2+y^2)^{2x+2}$;

3. (1) $\dfrac{\partial z}{\partial x}=2xyf'_1-\dfrac{y}{x^2}\mathrm{e}^{\frac{y}{x}}f'_2,\dfrac{\partial z}{\partial y}=x^2f'_1+\dfrac{1}{x}\mathrm{e}^{\frac{y}{x}}f'_2$;

 (2) $\dfrac{\partial z}{\partial x}=2xf'_1+y\mathrm{e}^{xy}f'_2,\dfrac{\partial z}{\partial y}=-2yf'_1+x\mathrm{e}^{xy}f'_2$;

 (3) $\dfrac{\partial u}{\partial x}=\dfrac{1}{y}f'_1,\dfrac{\partial u}{\partial y}=\dfrac{1}{z}f'_2-\dfrac{x}{y^2}f'_1,\dfrac{\partial u}{\partial z}=-\dfrac{y}{z^2}f'_2$;

 (4) $\dfrac{\partial u}{\partial x}=f'_1+yf'_2+yzf'_3,\dfrac{\partial u}{\partial y}=xf'_2+xzf'_3,\dfrac{\partial u}{\partial z}=xyf'_3$.

4. $2z$.

5. $\dfrac{\partial z}{\partial x}=f_x-\dfrac{1}{x^2}f_u,\dfrac{\partial^2 z}{\partial x\partial y}=-\dfrac{1}{xy^2}f_{xu}+\dfrac{1}{x^3y^3}f_{uu}+\dfrac{1}{x^2y^2}f_u$.

6. $\dfrac{\partial^2 z}{\partial x^2}=2f'+4x^2f,\dfrac{\partial^2 z}{\partial x\partial y}=4xyf,\dfrac{\partial^2 z}{\partial y^2}=2f'+4y^2f$;

7. $\dfrac{\partial^2 z}{\partial x^2}=4f''_{11}+4y\cos xf''_{12}+y^2\cos^2 xf''_{22}-y\sin xf'_2$,

$$\frac{\partial^2 z}{\partial x \partial y} = -2f''_{11} + (2\sin x - y\cos x)f''_{12} + y\sin x\cos xf''_{22} + \cos xf'_2,$$

$$\frac{\partial^2 z}{\partial y^2} = f''_{11} - 2\sin xf''_{12} + \sin^2 xf''_{22}.$$

8. $\dfrac{\partial^2 u}{\partial y^2} = \dfrac{2x}{y^3}f'_2 + \dfrac{x^2}{y^4}f''_{22}, \dfrac{\partial^2 u}{\partial x \partial y} = -\dfrac{1}{y^2}f'_2 - \dfrac{x}{y^2}f''_{21} - \dfrac{x}{y^3}f''_{22}.$

9. $\dfrac{\partial^2 z}{\partial x \partial y} = \mathrm{e}^y(x\mathrm{e}^y f_{uu} + xf_{xu} + f_{uy}) + f_{xy} + \mathrm{e}^y f_u.$

10. 略.

习题 6.5(第 85 页)

1. $\dfrac{\mathrm{e}^y\sin x - \mathrm{e}^x\sin y}{\mathrm{e}^x\cos y + \mathrm{e}^y\cos x}.$

2. $\dfrac{x+y}{x-y}.$

3. $\dfrac{\partial z}{\partial x} = -\dfrac{\mathrm{e}^x z + yz}{\mathrm{e}^x + xy + z}, \dfrac{\partial z}{\partial y} = -\dfrac{xz}{\mathrm{e}^x + xy + z}.$

4. $\dfrac{\partial z}{\partial x} = \dfrac{f'_1 + yzf'_2}{1 - f'_1 - xyf'_2}, \dfrac{\partial z}{\partial y} = \dfrac{f'_1 + xzf'_2}{1 - f'_1 - xyf'_2}.$

5. $\dfrac{(1+\mathrm{e}^z)^2 - xy\mathrm{e}^z}{(1+\mathrm{e}^z)^3}.$

6. $\dfrac{2}{\mathrm{e}}.$

7. $\left[f_x + \dfrac{1+y}{\mathrm{e}^z(1+z)}f_z\right]\mathrm{d}x + \left[f_y + \dfrac{2+x}{\mathrm{e}^z(1+z)}f_z\right]\mathrm{d}y.$

8. $\dfrac{f'_1 + yf'_2 + xf'_2 g_1}{f'_1 - xf'_2 g_2}.$

9. 略.

10. 略.

习题 6.6(第 89 页)

1. (1)极大值 $f(2,-2) = 8$;　　　　(2)极小值 $f\left(\dfrac{1}{2},-1\right) = -\dfrac{\mathrm{e}}{2}$;

　(3)极小值 $f(\pm 1,0) = -1$;　　　　(4)极大值 $f\left(\dfrac{\pi}{6},\dfrac{\pi}{6}\right) = \dfrac{3}{2}$;

　(5)极小值 $f(-1,-1) = -2, f(1,1) = -2.$

2. 最大值为 $f(2,1) = 4$, 最小值为 $f(4,2) = -64.$

3. 当产量 $x = 35, y = 10$ 时,工厂可获得最大利润,最大利润为 $L(35,10) = 1\,936$.

4. 当 $P_1 = 80, P_2 = 120$ 时,企业获得最大总利润,最大利润为 605.

习题 6.7(第 93 页)

1. 最短距离为 $\dfrac{7}{8}\sqrt{2}$.

2. 当两边都是 $\dfrac{\sqrt{2}}{2}l$ 时,可得最大的周长.

3. 当矩形的边长为 $\dfrac{2p}{3}$ 及 $\dfrac{p}{3}$ 时,绕短边旋转所得圆柱体的体积最大.

4. 极大值 $z\left(\dfrac{1}{2}, \dfrac{1}{2}\right) = \dfrac{1}{4}$.

5. 最大值为 $1 + \dfrac{\sqrt{3}}{2}$,最小值为 $1 - \dfrac{\sqrt{3}}{2}$.

6. 当 $x = 18, y = 22$ 时,利润达到最大 $L(18, 22) = 2\,861$.

7. 投入 500 单位劳力数,50 单位资本数时,产出最大.

8. (1) 当电台广告费为 1.5 万元,报纸广告费为 1 万元时,销售收入最大;

   (2) 把 1.5 万元全部用于报纸广告,可使销售收入最大.

习题 6.8(第 107 页)

1. $\dfrac{1}{6}$.

2. $\displaystyle\iint\limits_{D} (x + y)^3 \mathrm{d}\sigma \leqslant \iint\limits_{D} (x + y)^2 \mathrm{d}\sigma$.

3. $0 \leqslant \displaystyle\iint\limits_{D} \sin^2 x \sin^2 y \mathrm{d}\sigma \leqslant \pi^2$.

4. (1) $\displaystyle\int_0^2 \mathrm{d}x \int_0^{4-2x} f(x,y)\mathrm{d}y$ 或 $\displaystyle\int_0^4 \mathrm{d}y \int_0^{2-\frac{1}{2}y} f(x,y)\mathrm{d}x$;

   (2) $\displaystyle\int_0^2 \mathrm{d}x \int_x^{2x} f(x,y)\mathrm{d}y$ 或 $\displaystyle\int_0^2 \mathrm{d}y \int_{\frac{y}{2}}^y f(x,y)\mathrm{d}x + \int_2^4 \mathrm{d}y \int_{\frac{y}{2}}^2 f(x,y)\mathrm{d}x$.

   (3) $\displaystyle\int_{-r}^r \mathrm{d}x \int_0^{\sqrt{r^2-x^2}} f(x,y)\mathrm{d}y$ 或 $\displaystyle\int_0^r \mathrm{d}y \int_{-\sqrt{r^2-y^2}}^{\sqrt{r^2-y^2}} f(x,y)\mathrm{d}x$.

5. (1) $\dfrac{13}{6}$;　　　　(2) $2\ln 2 - \dfrac{3}{4}$;　　(3) $\dfrac{64}{15}$;　　　　　　(4) $\mathrm{e} - \mathrm{e}^{-1}$;

(5) $\dfrac{1}{2}\left(1-\dfrac{1}{e}\right)$；(6) $\dfrac{1}{2}$；　　　　　(7) $1-\sin 1$.

6. 略.

7. (1) $\displaystyle\int_0^1 \mathrm{d}y \int_{e^y}^{e} f(x,y)\mathrm{d}x$；

(2) $\displaystyle\int_0^1 \mathrm{d}x \int_{1-x}^1 f(x,y)\mathrm{d}y + \int_1^2 \mathrm{d}x \int_{\sqrt{x-1}}^1 f(x,y)\mathrm{d}y$；

(3) $\displaystyle\int_0^1 \mathrm{d}y \int_{2-y}^{1+\sqrt{1-y^2}} f(x,y)\mathrm{d}x$；

(4) $\displaystyle\int_0^2 \mathrm{d}y \int_{\sqrt{2y}}^{\sqrt{8-y^2}} f(x,y)\mathrm{d}x$.

8. (1) $\dfrac{\pi}{4}(2\ln 2 - 1)$；　　　　　(2) $-6\pi^2$；

(3) $-a^2$；　　　　　(4) $\dfrac{\pi}{6}-\dfrac{2}{9}$.

9. (1) $\displaystyle\int_0^{\frac{\pi}{2}} \mathrm{d}\theta \int_0^{2a\cos\theta} r^2 \cdot r\mathrm{d}r, \dfrac{3}{4}\pi a^4$；

(2) $\displaystyle\int_0^{\frac{\pi}{4}} \mathrm{d}\theta \int_0^{\sec\theta\tan\theta} \dfrac{1}{r} \cdot r\mathrm{d}r, \sqrt{2}-1$；

(3) $\displaystyle\int_0^{\frac{\pi}{2}} \mathrm{d}\theta \int_0^a r^2 \cdot r\mathrm{d}r, \dfrac{\pi}{8}a^4$；

(4) $\displaystyle\int_0^{\frac{\pi}{4}} \mathrm{d}\theta \int_0^{a\sec\theta} r \cdot r\mathrm{d}r, \dfrac{a^3}{6}\left[\sqrt{2}+\ln(\sqrt{2}+1)\right]$.

10. 略.

11. 略.

复习题六(第 109 页)

一、单项选择题

1. B.　　　　2. C.　　　　3. A.　　　　4. A.

5. C.　　　　6. B.　　　　7. D.　　　　8. B.

9. A.　　　　10. B.　　　　11. D.

二、填空题

1. $3^3(3\ln 3 + 2)$.　　　　　2. $\cos(x+y)f_1 + ye^{xy}f_2$.

3. $\mathrm{d}x + \dfrac{1}{e^2}\mathrm{d}y$.　　　　　4. $\dfrac{1}{xy}y^{\ln x}(\ln x \cdot \ln y + 1)$.

5. 12π.　　　　　6. $\displaystyle\int_0^1 \mathrm{d}y \int_{2-y}^{1+\sqrt{1-y^2}} f(x,y)\mathrm{d}x$.

7. $\int_0^1 \mathrm{d}y \int_{\sqrt{y}}^{2-y} f(x,y)\mathrm{d}x.$ 8. $\dfrac{\pi}{8}(\mathrm{e}-1).$

三、解答题

1. 51.

2. 0.

3. $\dfrac{\partial f}{\partial x} - \dfrac{y}{x}\dfrac{\partial f}{\partial y} + \left[1 - \dfrac{\mathrm{e}^x(x-z)}{\sin(x-z)}\right]\dfrac{\partial f}{\partial z}.$

4. $-2f_{11}(0,0) - 2\pi f_2(0,0) - \pi f_{12}(0,0).$

5. $-34.$

6. 当 $2a^2 - b^2 > 0$ 且 $a < 0$ 时,有唯一极小值;当 $2a^2 - b^2 > 0$ 且 $a > 0$ 时,有唯一极大值.

7. 最大值是 $z\left(-\dfrac{2}{3}, -\dfrac{1}{3}\right) = 4$;最小值是 $z\left(\dfrac{2}{3}, \dfrac{1}{3}\right) = 4.$

8. $\dfrac{1}{24}.$

9. $\dfrac{11}{15}.$

10. $\pi\left(\dfrac{\pi}{2} - 1\right).$

11. $\dfrac{2}{3}.$

12. 2.

13. $\sqrt{1-x^2-y^2} + \dfrac{8}{9\pi} - \dfrac{2}{3}.$

14. 略.

15. 略.

16. 略.

第 7 章

习题 7.1(第 118 页)

1. (1) $\dfrac{1}{2} + \dfrac{1\cdot3}{2\cdot4} + \dfrac{1\cdot3\cdot5}{2\cdot4\cdot6} + \dfrac{1\cdot3\cdot5\cdot7}{2\cdot4\cdot6\cdot8} + \dfrac{1\cdot3\cdot5\cdot7\cdot9}{2\cdot4\cdot6\cdot8\cdot10} + \cdots;$

  (2) $\dfrac{1}{5} - \dfrac{1}{5^2} + \dfrac{1}{5^3} - \dfrac{1}{5^4} + \dfrac{1}{5^5} - \cdots;$

$(3)\ \dfrac{1!}{1}+\dfrac{2!}{2^2}+\dfrac{3!}{3^3}+\dfrac{4!}{4^4}+\dfrac{5!}{5^5}+\cdots.$

2. $u_1=1,u_n=-\dfrac{2}{n(n+1)}(n>2).$

3.(1)发散；　(2)收敛.

4.(1)收敛；　(2)发散；　(3)发散；　(4)发散；　(5)收敛.

5.略.

习题 7.2(第 130 页)

1.(1)发散；　　(2)发散；　　(3)收敛；　　(4)收敛；　　(5)收敛；

(6) $a>1$ 时收敛，$0<a\leqslant1$ 时发散.

2.(1)发散；　　(2)收敛；　　(3)收敛；　　(4)收敛；　　(5)收敛；　　(6)收敛.

3.(1)收敛；　　(2)收敛；　　(3) $0<a<1$ 时发散，$a\geqslant1$ 时发散.

4.(1)收敛；　　(2)发散；　　(3)发散；　　(4)收敛.

5.(1)条件收敛；　　(2)条件收敛；　　(3)绝对收敛；　　(4)条件收敛；

(5)发散；　　　　(6)绝对收敛.

6.略.

7.略.

8.略.

习题 7.3(第 138 页)

1. $[0,6).$

2.(1) $(-1,1)$；　　(2) $(-\infty,+\infty)$；　(3) $[-1,1]$；　　　(4) $[-3,3]$；

(5) $[-1,1]$；　　(6) $(-\sqrt{2},\sqrt{2})$；　(7) $(-2,0].$

3.(1) $\dfrac{3x^4-2x^5}{(1-x)^2},-1<x<1$；

(2) $\dfrac{2x}{(1-x)^3},-1<x<1$；

(3) $\dfrac{1}{2}\ln\dfrac{1+x}{1-x},-1<x<1$；

(4) $\dfrac{1}{4}\ln\dfrac{1+x}{1-x}+\dfrac{1}{2}\arctan x-x,-1<x<1.$

习题 7.4(第 145 页)

1.(1) $\dfrac{\mathrm{e}^x-\mathrm{e}^{-x}}{2}=\displaystyle\sum_{n=1}^{\infty}\dfrac{1}{(2n-1)!}x^{2n-1},-\infty<-x<+\infty$；

(2) $a^x = \sum\limits_{n=0}^{\infty} \dfrac{(\ln a)^n}{n!} x^n$, $-\infty < -x < +\infty$;

(3) $\ln(a+x) = \ln a + \sum\limits_{n=1}^{\infty} \dfrac{(-1)^{n-1}}{na^n} x^n$, $-a < x \leqslant a$;

(4) $[(1+x)\ln(1+x)] = x + \sum\limits_{n=2}^{\infty} \dfrac{(-1)^n}{(n-1)n} x^n$, $-1 < x \leqslant 1$.

2. $\ln \dfrac{x}{x+1} = -\ln 2 + \sum\limits_{n=1}^{\infty} \dfrac{(-1)^{n-1}}{n} \left(1 - \dfrac{1}{2^n}\right)(x-1)^n$, $0 < x \leqslant 2$.

3. $\dfrac{1}{x} = -\sum\limits_{n=0}^{\infty} \dfrac{(x+2)^n}{2^{n+1}}$, $-4 < x < 0$.

4. $\dfrac{2x+1}{x^2+x-2} = \sum\limits_{n=0}^{\infty} (-1)^n \left(\dfrac{1}{2^{n+1}} + \dfrac{1}{5^{n+1}}\right)(x-3)^n$, $1 < x < 5$.

复习题七(第 145 页)

一、单项选择题

1. C.　　　　2. D.　　　　3. D.　　　　4. C.

5. C.　　　　6. C.　　　　7. A.　　　　8. B.

二、填空题

1. 必要,充分.　　2. 充分必要.　　3. 收敛,发散.

4. $\dfrac{2}{2-\ln 3}$.　　5. 收敛.　　6. $\dfrac{5}{2}$.

7. $\dfrac{2}{3}$.　　8. $[-1, 1)$.　　9. $(-2, 4)$.

三、解答题

1. (1)发散;　　(2)收敛;　　(3)收敛;　　(4)发散;　　(5)收敛;

(6) $a < 1$ 时收敛, $a > 1$ 时发散, $a = 1$ 时, $s > 1$ 收敛, $s \leqslant 1$ 发散.

2. 略.

3. 不一定.

4. 略.

5. 略.

6. 略.

7. (1)绝对收敛;　　(2)发散.

8. 略.

9. $-\dfrac{4}{3} \leqslant x < -\dfrac{2}{3}$.

10. (1) $s(x) = -\frac{1}{2}x\ln(1-x^2), -1 < x < 1$;

(2) $s(x) = e^{\frac{x^4}{4}} - 1, -\infty < x < +\infty$.

(3) $s(x) = \begin{cases} -\frac{2+x}{1+x} + \frac{2}{x}\ln(1+x), & -1 < x < 0 \text{ 或 } 0 < x < 1, \\ 0, & x = 0; \end{cases}$

(4) $s(x) = \frac{(x-1)^3}{3-(x-1)^3} - \ln[1-(x-1)^3], 0 \leqslant x < 2$.

11. (1) $\frac{9}{4}$； (2) $2e$； (3) $\frac{1}{2} - \frac{3}{8}\ln 3$； (4) $-\frac{8}{27}$.

12. (1) $\ln(1 + x - 2x^2) = \sum_{n=1}^{\infty} \frac{(-1)^{n-1}2^n - 1}{n}x^n, -\frac{1}{2} < x \leqslant \frac{1}{2}$;

(2) $\frac{1}{(2-x)^2} = \sum_{n=1}^{\infty} \frac{n}{2^{n+1}}x^{n-1}, -2 < x < 2$;

(3) $\arctan\frac{2x}{1-x^2} = 2\sum_{n=0}^{\infty} \frac{(-1)^n}{2n+1}x^{2n+1}, -1 < x < 1$.

13. $f^{(99)}(0) = \frac{99!}{47!}, f^{(100)}(0) = 0$.

14. $f^{(0)}(0) = \frac{(-1)^{n-1}n!}{n-2}$.

15. $\int_0^{\frac{1}{2}} e^{-x^2} \, dx \approx 0.461$.

第 8 章

习题 8.1(第 151 页)

1. (1)一阶非线性； (2)一阶非线性； (3)二阶线性；
   (4)二级非线性； (5)三阶非线性； (6)四阶线性.

2. 略.

3. (1) $xy + (1-x^2)y' = 0$； (2) $2xy'' + (y')^2 = 0$.

4. (1) $y' = x^2$； (2) $yy' + 2x = 0$.

习题 8.2(第 157 页)

1. (1) $y = \frac{C}{x} + 3$；

(2) $\arctan y = x - \frac{1}{2}x^2 + C$；

(3) $y = Cx^{-3} e^{-\frac{1}{x}}$;

(4) $x - \arctan x = \ln |y| - \frac{1}{2} y^2 + C$;

(5) $y = e^{C\tan x}$;

(6) $(e^y - 1)(e^x + 1) = C$.

2.(1) $y = \ln(e^{2x} + 1) - \ln 2$;

(2) $(2y - 1)e^{2y} = \frac{4}{3} \ln |x| + e^2 - \frac{4\ln 2}{3}$.

(3) $y = 2e^{\sqrt{1-x^2}-1}$;

(4) $\ln(y^2 + 1) = \arcsin x + \ln 2$;

(5) $e^x + 1 = 2\sqrt{2} \cos y$.

3. 物体在 t 时刻的温度 $T(t) = (T_0 - T^*)e^{-kt} + T^*$，其中 T_0 是开始时的温度，T^* 是环境温度.

4. 约 2 小时零 3 分钟.

5. $y^2 = \frac{9}{2} x$.

习题 8.3(第 161 页)

1.(1) $y = \frac{1}{3} x^4 + Cx$;

(2) $y = (x+1)^2 \left[\frac{2}{3}(x+1)^{\frac{3}{2}} + C \right]$;

(3) $y = \frac{\sin x + C}{x^2 - 1}$;

(4) $y = \frac{x + C}{\cos x}$;

(5) $y = \frac{1}{2} x^2 + Ce^{x^2}$;

(6) $y = Ce^{-\arctan y} + \arctan y - 1$;

(7) $x = \frac{y^2}{2} + Cy^3$;

(8) $x = \frac{1}{\ln y} \left(\frac{1}{2} \ln^2 y + C \right)$.

2.(1) $y = \frac{2}{3}(4 - e^{-3x})$;

(2) $y = \frac{1 - 5e^{\cos x}}{\sin x}$;

(3) $y = e^{x^2} + e^{\frac{1}{2}x^2}$;

(4) $y = \frac{1}{2} - \frac{1}{x} + \frac{1}{2x^2}$.

3. 略.

4. $y = \begin{cases} x(-4\ln x + C), & x > 0, \\ 0, & x = 0. \end{cases}$

5. $f(t) = 4(\cos t - 1) + e^{1 - \cos t}$.

6. $f(x) = 2 + Cx$.

7. $y = \begin{cases} x^2 - 2x + 2, & x \leqslant 1, \\ \frac{1}{4} x^3 + \frac{3}{4x}, & x > 1. \end{cases}$

8. $y = e^x - e^{x + e^{-x} - \frac{1}{2}}$.

9. $f(x) = x\mathrm{e}^{x+1}$.

习题 8.4(第 167 页)

1. (1) $\ln |y| = \dfrac{y}{x} + C$；

(2) $\dfrac{y}{x}\left[\ln(x^2 + y^2) - 2\ln x - 2\right] + 2\arctan\dfrac{y}{x} - \ln x = C$；

(3) $x + 2y\mathrm{e}^{\frac{x}{y}} = C$；

(4) $\sin^3\dfrac{y}{x} = Cx^2$；

(5) $x^3 - 2y^3 = Cx$；

(6) $y = \dfrac{2x}{1 - Cx^2}$；

(7) $2x^2 + 2xy + y^2 - 8x - 2y = C$；

(8) $x + 3y + 2\ln |x + y - 2| = C$；

(9) $yx\left(C - \dfrac{a}{2}\ln^2 x\right) = 1$；

(10) $y^2 = C\mathrm{e}^{2x} + 2x + 1$；

(11) $y^2 = x^4\left(\dfrac{1}{2}\ln x + C\right)^2$.

2. (1) $y^3 = y^2 - x^2$；　(2) $y = \mathrm{e}^{-\frac{x^2}{2y^2}}$；　(3) $x^4 = y^2(2\ln y + 1)$.

3. (1) $x\left[\csc(x + y) - \cot(x + y)\right] = C$；

(2) $\ln |x + y + 1| - y = C$；

(3) $\arctan\dfrac{y}{x} = x + C$ 或 $y = x\tan(x + C)$；

(4) $xy = \mathrm{e}^{Cx}$；

(5) $y = 1 - \sin x - \dfrac{1}{x + C}$；

(6) $\dfrac{2}{\sin y} + \cos x + \sin x = C\mathrm{e}^{-x}$.

习题 8.5(第 178 页)

1. 略.

2. 略.

3. $y = C_1 x^2 + C_2\mathrm{e}^x + 3$; $(2x - x^2)y'' + (x^2 - 2)y' + 2(1 - x)y = 6(1 - x)$.

4. $y'' - 4y' + 4y = 0$.

5. (1) $y = C_1 \mathrm{e}^x + C_2 \mathrm{e}^{2x} - \dfrac{1}{2} x^2 \mathrm{e}^x - x\mathrm{e}^x$;

   (2) $y = C_1 \mathrm{e}^{\frac{1}{2}x} + C_2 \mathrm{e}^{-x} + \mathrm{e}^x$;

   (3) $y = C_1 \cos x + C_2 \sin x + x^3 - 6x$;

   (4) $y = C_1 \mathrm{e}^{-x} + C_2 \mathrm{e}^{2x} - \dfrac{3}{2} x + \dfrac{3}{4}$;

   (5) $y = C_1 \mathrm{e}^{3x} + C_2 \mathrm{e}^{-x} - \dfrac{1}{4} x\mathrm{e}^{-x}$;

   (6) $y = (C_1 + C_2 x)\mathrm{e}^x + \dfrac{1}{2} x^2 \mathrm{e}^x$;

   (7) $y = (C_1 + C_2 x)\mathrm{e}^{-2x} + \dfrac{1}{8}\sin 2x$;

   (8) $y = C_1 \cos x + C_2 \sin x - \dfrac{1}{3} x\cos 2x + \dfrac{4}{9}\sin 2x$;

   (9) $y = \mathrm{e}^x (C_1 \cos 2x + C_2 \sin 2x) - \dfrac{1}{4} x\mathrm{e}^x \cos 2x$;

   (10) $y = C_1 \mathrm{e}^x + C_2 \mathrm{e}^{2x} + \dfrac{3}{2} x + \dfrac{9}{4} + 2x\mathrm{e}^x$;

   (11) $y = C_1 + C_2 \mathrm{e}^{2x} - \dfrac{1}{2} x - \dfrac{1}{8}\cos 2x - \dfrac{1}{8}\sin 2x$;

   (12) $y = C_1 \cos 4x + C_2 \sin 4x - \dfrac{1}{8} x\cos(4x + \alpha)$.

6. (1) $y = \mathrm{e}^x - 2\mathrm{e}^{2x} + \mathrm{e}^{3x}$;

   (2) $y = (x^2 - x + 1)\mathrm{e}^x - \mathrm{e}^{-x}$;

   (3) $y = \left[\dfrac{2}{\mathrm{e}} - \dfrac{1}{6} + \left(\dfrac{1}{2} - \dfrac{1}{\mathrm{e}}\right)x\right]\mathrm{e}^x + \dfrac{1}{6} x^2 (x - 3)\mathrm{e}^x$;

   (4) $y = \dfrac{5}{4}\mathrm{e}^{-x} - \dfrac{7}{12}\mathrm{e}^{-3x} + \dfrac{1}{2} x\mathrm{e}^{-x} + \dfrac{1}{3}$;

   (5) $y = \dfrac{3}{2}\mathrm{e}^{-x}\sin x - \dfrac{1}{2} x\mathrm{e}^{-x}\cos x$.

7. $\varphi(x) = \dfrac{1}{2}(\cos x + \sin x + \mathrm{e}^x)$.

8. $u''(t) - 2u'(t) + u(t) = t$; $y = (C_1 + C_2 \mathrm{e}^x)\mathrm{e}^{\mathrm{e}^x} + \mathrm{e}^x + 2$.

习题 8.6(第 186 页)

1. (1) $\Delta y_t = 24t^2 + 24t + 10$, $\Delta^2 y_t = 48t + 48$;

(2) $\Delta y_t = \ln(2t+1) - \ln(2t-1)$, $\Delta^2 y_t = \ln\dfrac{4t^2+4t-3}{4t^2+4t+1}$.

2. 略.

3. $y_{t+n} = \sum\limits_{k=0}^{n} C_n^k \Delta^k y_t$.

4. (1) $y_t = C + 5t$;

(2) $y_t = C \cdot 2^t - 3t^2 - 6t - 9$;

(3) $y_t = C2^t + \dfrac{t}{4}(t-1)2^t$;

(4) $y_t = \begin{cases} C\alpha^t + \dfrac{1}{e^\beta - \alpha}e^{\beta t}, & e^\beta \neq \alpha, \\ (C + te^{-\beta})e^{\beta t}, & e^\beta = \alpha; \end{cases}$

(5) $y_t = C(-2)^t + \dfrac{1}{3}t^2 - \dfrac{2}{9}t - \dfrac{1}{27} + \dfrac{1}{6}4^t$;

(6) $y_t = C \cdot 5^t - \dfrac{5}{26}\cos\dfrac{\pi}{2}t + \dfrac{1}{26}\sin\dfrac{\pi}{2}t$.

5. (1) $\bar{y}_t = \dfrac{13}{6}(-5)^t + \dfrac{5}{6}$;　(2) $\bar{y}_t = 1 + \dfrac{1}{2}t^2 + \dfrac{1}{2}t$.

6. $y_t = \left(y_0 - \dfrac{a+b}{1-\alpha-\beta}\right)[1 + \theta(1-\alpha-\beta)]^t + \dfrac{a+b}{1-\alpha-\beta}$.

7. 每月应付款约 2221.22 元.

复习题八(第 187 页)

一、单项选择题

1. B.　　　　2. D.　　　　3. D.　　　　4. B.　　　　5. C.

二、填空题

1. 3.

2. e^{-x}.

3. $100 - 5p$.

4. $\dfrac{2e^t - e + 1}{3 - e}$.

5. $f''(x) + f(x) = 0$.

6. $y = 2e^{2x} - e^x$.

7. $p = -1, b_1 = 2, b_2 = 1$.

8. $W_t = 1.2W_{t-1} + 2$.

9. $y_t = C + (t-2)2^t$.

10. $y_t = C(-5)^t + \dfrac{5}{12}\left(t - \dfrac{1}{6}\right)$.

三、解答题

1. (1) $\tan y = C(e^x - 1)^3$;

(2) $y = \dfrac{C}{x^2} + x$;

(3) $C\sqrt{x^2 + y^2} = \mathrm{e}^{\frac{y}{x}\arctan\frac{y}{x}}$;

(4) $x = \begin{cases} -\dfrac{1}{3}y^3 + C, & k = 0, \\[2mm] C\mathrm{e}^{ky} + \dfrac{1}{k}y^2 + \dfrac{2}{k^2}y + \dfrac{2}{k^2}, & k \neq 0; \end{cases}$

(5) $x = C\mathrm{e}^{2y} + \dfrac{1}{2}y^2 + \dfrac{1}{2}y + \dfrac{1}{4}$;

(6) $\sin\dfrac{y^2}{x} = Cx$;

(7) $y = C_1\cos x + C_2\sin x + \dfrac{1}{2}\mathrm{e}^x + \dfrac{1}{2}x\sin x$;

(8) $y = C_1\cos 2x + C_2\sin 2x + \dfrac{1}{8}x - \dfrac{1}{32}x\cos 2x - \dfrac{1}{16}x^2\sin 2x$.

2.(1) $y = \mathrm{e}^{\csc x - \cot x}$;

(2) $y = \ln(x+1)$;

(3) $y = x\ln x$;

(4) $y^2 = x(2\ln|y| + 1)$;

(5) $y = \dfrac{1-x^2}{2}$;

(6) $\dfrac{y-1}{x-1} = -\ln|x-1| - 1$;

(7) $y = 1 + \mathrm{e}^x + \dfrac{1}{2}x^2\mathrm{e}^x$;

(8) $y = \begin{cases} -\dfrac{1}{6}\sin 2x + \dfrac{1}{3}\sin x, & 0 < x \leqslant \dfrac{\pi}{2}, \\[2mm] -\dfrac{1}{12}\cos 2x - \dfrac{1}{6}\sin 2x + \dfrac{1}{4}, & x > \dfrac{\pi}{2}. \end{cases}$

3. $\dfrac{\mathrm{d}F}{\mathrm{d}x} = 1 - F^2$; $F = \dfrac{\mathrm{e}^{2x}-1}{\mathrm{e}^{2x}+1}$.

4. $f(x) = \dfrac{5}{2}(1 + \ln x)$.

5. $y(x)$ 单调增加；在 $(0, +\infty)$ 下凸（凹）；$\lim\limits_{x\to 0}\dfrac{y(x)}{x^3} = \dfrac{1}{3}$.

6. $y(x, a) = \dfrac{a^2-2}{a(a+2)}x^{-a} + \dfrac{x^2}{a+2} + \dfrac{1}{a}$.

7. $y = \dfrac{e^{kt}}{e^{kt}+9}$.

8. $-\dfrac{v}{\lambda} - \dfrac{G-B}{\lambda^2}\ln\left(\dfrac{G-B-\lambda v}{G-B}\right) = \dfrac{x}{m}$.

9. $y = \dfrac{\sqrt{2}\,x}{\sqrt{1+x^2}}$.

10. $\dfrac{1}{6}$.

11. $\varphi(x) = \sin x + \cos x$.

12. $f(x) = -x^2 - 2x - 2 + 2e^x$.

13. $f(x) = \cos x - \sin x$.

14. $\dfrac{d^2 y}{dt^2} + 2\dfrac{dy}{dt} + y = t$; $y = (C_1 + C_2 \tan x)e^{-\tan x} + \tan x - 2$.

15. (1) $y'' - y = \sin x$; (2) $y = e^x - e^{-x} - \dfrac{1}{2}\sin x$.